高等学校“十一五”规划教材

可靠性工程技术

姜兴渭　宋政吉　王晓晨　编著

哈爾濱工業大學出版社

内容提要

本书是作者在总结多年教学和科研经验的基础上撰写而成的。书中主要内容包括可靠性数学基础、基本概念、可靠性试验与可靠性增长、系统可靠性模型与分析、故障模式与故障树分析、可靠性预计、可靠度分配、电子可靠性与结构可靠性设计、可靠性评估与软件可靠性，还配有紧密结合航天实际的例题和习题。

本书可作为普通高等院校学生的教材，也可供广大工程技术人员参考。

图书在版编目(CIP)数据

可靠性工程技术/姜兴渭等编著.—哈尔滨:哈尔滨工业大学出版社,2005.10(2025.10 重印)

ISBN 978-7-5603-2184-4

Ⅰ.可…　Ⅱ.姜…　Ⅲ.系统可靠性　Ⅳ.N945.17

中国版本图书馆 CIP 数据核字(2005)第 091068 号

责任编辑　杜　燕
封面设计　卞秉利
出版发行　哈尔滨工业大学出版社
社　　址　哈尔滨市南岗区复华四道街 10 号　邮编 150006
传　　真　0451-86414749
网　　址　http://hitpress.hit.edu.cn
印　　刷　哈尔滨久利印刷有限公司
开　　本　787mm×960mm　1/16　印张 16.75　字数 350 千字
版　　次　2005 年 10 月第 1 版　2025 年 10 月第 8 次印刷
书　　号　ISBN 978-7-5603-2184-4
定　　价　49.80 元

前　言

随着科学技术的飞速发展,可靠性技术日益受到人们的关注,目前可靠性技术已经成为科研和生产中不可或缺的内容了。可靠性技术是随着事故与灾难的发生而发展起来的,残酷的事实给人们带来了巨大的灾难,也教育了人们寻找避免的办法与克服的措施。

自从第一次世界大战起,人们就开始研究延长产品、武器的寿命,提高可靠性。但发展的速度不够明显,由于科学技术的进一步发展,尤其是计算机的出现,才使得可靠性技术得到飞速的发展,不但出现了一些实用的计算方法,而且出现了保证设计质量与提高可靠性的具体措施。国际上,美国 1950 年就成立了"电子设备可靠性顾问团"(AGREE),并于 1957 年发表了关于可靠性特征及可靠性试验的报告。从此可靠性技术在世界各地得到了迅速发展。国内的可靠性研究也适应社会的发展与国际竞争的需要,出现了一种崭新的气象。为了适应形势与教学的需求,根据作者多年的教学和科研经验撰写了本书。

本书的宗旨是为初学者和应用者打下基础,因此书中以基本概念为主,以应用为目的,并通过介绍概念给出应用公式而略去冗长的推导。为了应用方便,在书中还给出了计算框图与程序,以及详细步骤。

全书共八章,第 2、4、5、6、7 章由姜兴渭撰写,第 1、3 章由宋政吉撰写,第 8 章由王晓晨撰写,全书由姜兴渭统稿。本书的绘图、打字、排版等工作主要由姜彩、龙兵、安若铭等负责。

在撰写过程中,借鉴了国内外的一些优秀教材及最新文献,在此一并向相关作者表示衷心的谢意!

由于作者水平有限,撰写过程中不足和疏漏之处在所难免,欢迎批评指正。

编著者

2005 年 7 月

目　录

第 1 章　可靠性数学基础

1.1　产品可靠性与随机事件概述

我国国家标准 GB 3187—1982(可靠性基本名词术语及定义)中对可靠性的定义为“产品在规定的条件下和规定的时间内完成规定功能的能力”。也就是说,产品是否可靠,取决于这样一个试验结果,即产品在规定的条件下和规定的时间内是否完成了规定功能。为了得到这样的结果,工程中往往需要进行科学试验,以揭示结果发生的内在规律性。如果所进行的科学试验具有以下特点,那么,我们称这种试验为随机试验,简称试验。

① 可以在相同的条件下重复进行。

② 每个试验的可能结果不止一个,并且能事先预测试验的所有可能结果。

③ 进行一次试验之前不能确定哪一个结果会出现。

把随机试验的任何一个可能发生的结果称为随机事件,简称事件。常用大写字母 A,B,C 等表示。显然,随机试验的一个基本结果就是一个事件,这个事件称为基本事件。随机试验的若干基本结果也可组成一个事件,这种事件称为复合事件,即复合事件是由若干基本事件组成的事件。举例说明如下。

① 掷一颗骰子,各点出现的次数。“出现 1 点”,“出现 2 点”,……,“出现 6 点”都是基本事件。如果“出现偶数点”,偶数包括 2、4、6,所以是复合事件,是由“出现 2 点”,“出现 4 点”和“出现 6 点”3 个基本事件组成的。

② 电子仪器在 1 h 内受到的冲击次数。A = 冲击次数不多于 3 次,B = 冲击次数至少 3 次,则 A,B 都是复合事件。

③ 一台冰箱在家用条件下使用的寿命。C = “寿命不超过 10 000 h”,D = “寿命在 15 000 ~20 000 h 之间”,则 C,D 都是复合事件。

在随机事件中还有两种事件必须考虑,一种是必然事件,另一种是不可能事件。在一定条件下,每次试验必然会发生的事件称为必然事件,记为 Ω;一定不可能发生的事件称为不可能事件,记为 ϕ。可以看出,必然事件是由其全体基本事件组成,不可能事件则不包含有任何基本事件。为了方便起见,我们把必然事件和不可能事件也视为随机事件。

根据可靠度的定义(见 2.2.1 节),产品可靠度的数学表达式为

$$R(t) = P(T > t) \tag{1.1}$$

式中　t—— 规定的时间;

T—— 产品寿命。

$R(t)$ 描述了产品在$(0,t)$ 时间段内完好的概率，且 $R(0) = 1, R(+\infty) = 0$。

式(1.1) 中 $T > t$ 表示产品“寿命 $T > t$”，从上面随机事件的定义可知，$T > t$ 是随机事件。因此，产品是否可靠是一个随机事件，从集合论出发，产品的可靠度表示为 $R = P(A)$。其中 A 代表产品在规定的条件下和规定的时间内完成规定的功能这一事件，它可以是一个独立事件，也可以是若干独立事件的集合，因此，为明确表达完成规定功能这一事件，必须借助集合论的相关知识。$P(A)$ 代表集合 A 发生的可能性，也就是 A 发生的频率或概率。因此计算产品的可靠性必须掌握概率论的相关知识。此外，可靠性试验一定是有限次的，而且，试验次数越少，费时、费资越少，成本越低。因此，如何通过少量试验就能对随机现象的产品可靠性有比较清楚准确的了解，并具有相应的可信度，这就是统计推断(数理统计) 要解决的问题。因此，本章重点阐述集合运算、概率分布与可靠性相关的理论基础知识，为下面的可靠性研究提供必要的参考和数学基础。

1.2 事件、集合与集合代数

一个随机现象可以用所有可能的结果来描述，把所有可能的结果规定为一个集合 S(也可称为样本集)，那么用 S 构造一个幂集$\rho(S)$，则 $\rho(S)$ 是该随机现象的全部随机事件的集合。S 的单个子集只含一个可能结果，即由一个可能结果定义的事件。空集 $\varnothing$ 是 $\rho(S)$ 的元，是一个事件，但由于它不含任何可能结果，每一次试验结束，它都不可能发生，所以是不可能事件。S 本身是$\rho(S)$ 的一个元，由于它包含所有可能结果，是完备的，每次试验它都发生，所以是必然事件；若集合 S 是可列无限集合，通常，单元子集和相邻若干个可能结果构成的子集，是有实用价值的事件。若集合 S 是不可列无限集合，那么单元子集不能算做事件，而一个连续区段构成的子集可以作为一个事件。

由上所述，表征产品可靠性的随机事件可由集合来描述，因此，现介绍一下集合的概念与集合代数。从最一般化的意义上讲，集合是一些事物的集体。这个集体(即集合) 往往构成一个新事物、新概念。构成集合的每一个具体事物，称为集合的成员，或称为该集合的元。

① 两个集合 A, B。若 A 的每一个成员都是 B 的成员，则称 A 是 B 的子集，记为 $A \subset B$。

② 两个集合 A, B。若 A 和 B 具有完全相同的成员，则称 A 和 B 相等，记为 $A = B$。

③ 凡是不含任何成员的集合称为空集，记为 $\varnothing$。空集是没有任何成员的集合。

④ 包含研究范围内的全部研究对象(成员) 的集合称为全集，记为 E。

⑤ 设 A 为一非空的有限集合，则由集合 A 的所有子集构成的集族，称为幂集，记为 $\rho(A)$。空集和全集也是幂集的元，幂集的成员个数为 2^n。

1.3　可靠度计算的概率基础

1.3.1　随机事件的概率

随机事件可用集合来描述，而随机事件在一次试验中是否发生，我们虽然不能预先知道，但是它在一次试验中发生的可能性是有大小之分的，“事件的概率”就是对事件发生的可能性大小的数量描述。下面给出概率的统计定义。

假定在相同条件下进行 n 次重复试验，事件 A 发生了 k 次，则事件 A 发生的频率为

$$f_A = \frac{k}{n}$$

当试验次数 n 趋向无穷时，上式频率的极限定义为事件 A 发生的概率，记为 $P(A)$，即

$$P(\mathrm{A}) = \lim_{n\to\infty} f_A = \lim_{n\to\infty} \frac{k}{n}$$

显然事件 A 的概率具有以下两条性质：$0 \leqslant P(\mathrm{A}) \leqslant 1$；$\rho(\Omega) = 1$，$\rho(\phi) = 0$。

一般来讲，当试验次数 n 充分大时，常用下列近似公式

$$P(\mathrm{A}) \approx \frac{k}{n}$$

因此，任何一个事件的概率都可以用“大量重复试验”所得到的频率去解释它。

1.3.2　概率论的公理与事件的独立性

【公理 1.1】

$$0 \leqslant P\{X\} \leqslant 1 \tag{1.2}$$

用 $\widetilde{X}$ 表示非 X 事件，若 X 表示失效，则 $\widetilde{X}$ 表示通过测试。显然，通过测试的概率 $P\{\widetilde{X}\}$ 必须满足概率论第 2 个公理(公理 1.2)。

【公理 1.2】

$$P\{\widetilde{X}\} = 1 - P\{X\} \tag{1.3}$$

用 $X \cap Y$ 表示事件 X 和事件 Y 都发生，则显然有 $X \cap Y = Y \cap X$，X 和 Y 都发生的概率用 $P\{X \cap Y\}$ 表示。综合事件 $X \cap Y$ 可利用图 1.1 所示的文氏图加以说明，设正方形的面积为 1，则标明 X 和 Y 的圆面积分别为概率 $P\{X\}$ 和 $P\{Y\}$，事件 X 和 Y 都发生的概率 $P\{X \cap Y\}$ 用斜线阴影部分的面积表示。由于这个原因是指 X 和 Y 的交，或简称为 X 与 Y。设一个事件，如 X 依赖于第 2 个事件 Y，则定义在给定事件 Y 时，事件 X 的条件概率为

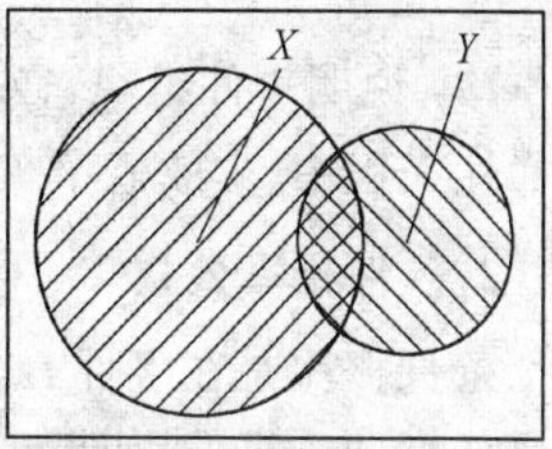

图 1.1　交集的文氏图

$P\{X \mid Y\}$。概率论第 3 个公理(公理 1.3) 如下。

【公理 1.3】

$$P\{X \cap Y\} = P\{X \mid Y\}P\{Y\} \tag{1.4}$$

式(1.4) 表示 X 和 Y 都将发生的概率就是 Y 发生的概率乘以给定 Y 发生时 X 发生的概率。

两个或多个事件的独立性是随机事件间的一个重要性质,对于独立事件,一个事件发生的概率不取决于另一个事件的发生或不发生,因此

$$P\{X \mid Y\} = P\{Y\} \tag{1.5}$$

若 X 和 Y 为独立事件,则式(1.4) 成为

$$P\{X \cap Y\} = P\{X\}P\{Y\} \tag{1.6}$$

这就是独立的定义,即两个事件发生的概率就等于每个事件发生概率的乘积。这种情况也出现在互相排斥的事件中,即如果 X 发生,则 Y 不可能发生,反之亦然,则 $P\{X \mid Y\} = 0$,且 $P\{Y \mid X\} = 0$,或对于互斥事件,可更简单地写成 $P\{X \cap Y\} = 0$,称为 X 与 Y 不相容。

1.3.3 概率运算的基本公式

有了 3 个概率论公理和独立的定义,我们可以考虑事件 X 或事件 Y 发生,或二者都发生的情况,这就是指的 X 和 Y 的并,或简写为 $X \cup Y$。

1.概率的加法公式

设 A 与 B 是任意两个事件,则

$$P(A + B) = P(A) + P(B) - P(AB)$$

特别地:① 当 A 与 B 互不相容时,则

$$P(A + B) = P(A) + P(B)$$

② 若是 A 的对立事件,则

$$P(\bar{A}) = 1 - P(A)$$

上式可以推广为若事件组 $A_1, A_2, \cdots, A_n$ 两两不相容,则

$$P(A_1 + A_2 + \cdots + A_n) = \sum_{k=1}^{n} P(A_k) \tag{1.7}$$

式(1.7) 说明事件组 $A_1, A_2, \cdots, A_n$ 两两不相容时,和事件的概率等于各个事件概率的和,在可靠性工程中,失效概率 $P(A_i)$ 通常是很小的,数量级大约为 10^{-3} 或更小。

2.条件概率公式

条件概率是在事件 B 发生的条件下事件 A 的概率,记为 $P(A \mid B)$。由公理 3 可知,设 A 与 B 是任意两个事件,如果 $P(B) > 0$,则在事件 B 发生的条件下,事件 A 发生的概率为

$$P(A \mid B) = \frac{P(AB)}{P(B)} \tag{1.8}$$

由此可得下面的概率乘法公式。

3.概率乘法公式

设 A 与 B 是任意两个事件,则

$$P(AB) = P(B)P(A \mid B) \quad (P(B) > 0) \tag{1.9}$$

即积事件的概率等于一个事件的概率乘以另一个事件在已知前一个事件发生的条件下发生的概率。

乘法概率公式也可以推广到多个事件的情形,例如,对于 3 个事件 A,B,C,有

$$P(ABC) = P(A)P(B \mid A)P(C \mid AB) \tag{1.10}$$

若事件 A 与 B 相互独立,即事件 A 的发生不受事件 B 是否发生的影响,同样,事件 B 的发生也不受事件 A 是否发生的影响,此时有 $P(A \mid B) = P(A)$,$P(B \mid A) = P(B)$,故

$$P(AB) = P(A)P(B) \tag{1.11}$$

类似地,当事件组 $A_1,A_2,\cdots,A_n$ 相互独立时,有

$$P(A_1A_2\cdots A_n) = P(A_1)P(A_2)\cdots P(A_n) \tag{1.12}$$

即当事件组 $A_1,A_2,\cdots,A_n$ 相互独立时,积事件的概率等于各事件的概率之积。

4.全概率公式

如果事件组 $A_1,A_2,\cdots,A_n$ 满足:

(1) $A_1,A_2,\cdots,A_n$ 两两互不相容,且 $P(A_i) > 0 (i = 1,2,\cdots,n)$;

(2) $A_1 + A_2 + \cdots + A_n = \Omega$。

我们称事件组 $A_1,A_2,\cdots,A_n$ 为一完备事件组,则对任一事件 B,则有

$$P(B) = \sum_{i=1}^{n} P(A_i)P(B \mid A_i) \tag{1.13}$$

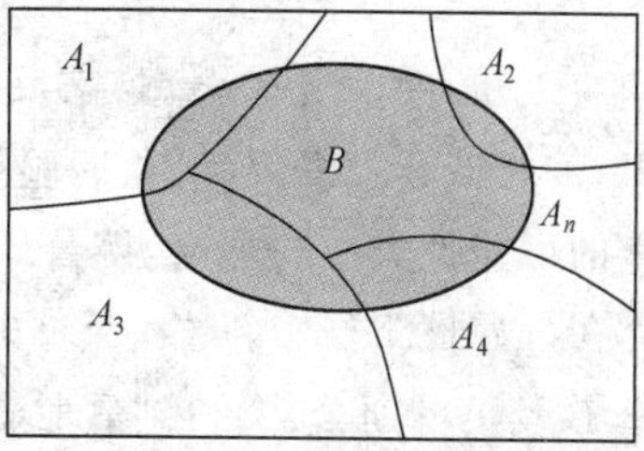

图 1.2　全概率公式的文氏图

证明　首先将事件 B 分解(见图 1.2),即

$$B = B\Omega = B(A_1 + A_2 + \cdots + A_n) = BA_1 + BA_2 + \cdots + BA_n \tag{1.14}$$

由于 $A_1,A_2,\cdots,A_n$ 两两互不相容,因此式(1.14)右边的 n 个事件也是两两互不相容的,于是由加法公式和乘法公式,有

$$\begin{aligned} P(B) = {} & P(BA_1) + P(BA_2) + \cdots + P(BA_n) = \\ & P(A_1)P(B \mid A_1) + P(A_2)P(B \mid A_2) + \cdots + P(A_n)P(B \mid A_n) = \\ & \sum_{i=1}^{n} P(A_i)P(B \mid A_i) \end{aligned} \tag{1.15}$$

全概率公式的一个最简单、也最常用的形式是

$$P(B) = P(A)P(B \mid A) + P(\bar{A})P(B \mid \bar{A})$$

在实际应用中，如果能分析一个事件的发生是由几个原因之一引起的，或者说该事件的发生受到几种因素的影响，并且这几种原因或因素成了一个完备组，那么可考虑使用全概率公式。只要知道了各种原因 A_i 发生条件下事件 B 发生的概率，该事件 B 的概率就可通过全概率公式求得。

如果已知各种原因的概率，设在随机试验中该事件 B 已发生，问在这个条件下，各种原因 A_i 发生原概率是多少?如在可靠性工程中，已知某产品有 n 种故障模式 $A_1,A_2,\cdots,A_n$，知道各故障模式发生的概率 $P(A_i)$，现在该产品发生了故障，那么由故障模式 A_1 引起的概率是多少?在这 n 种故障模式中，最大可能的是哪种故障模式引起的?类似这样的例子，在理论和实际中经常遇到，解决这类问题的公式就是下面讲述的贝叶斯(Bayes) 公式。

5.贝叶斯公式(逆概率公式)

设事件组 $A_1,A_2,\cdots,A_n$ 为一完备事件组，B 为任一事件，且 $P(B)>0$，则

$$P(A_j \mid B)=\frac{P(A_j)P(B \mid A_j)}{\sum_{i=1}^{n}P(A_i)P(B \mid A_i)} \quad (j=1,2,\cdots,n) \tag{1.16}$$

证明 由条件概率和全概率公式得

$$P(A_j \mid B)=\frac{P(A_jB)}{P(B)}=\frac{P(A_j)P(B \mid A_j)}{\sum_{i=1}^{n}P(A_i)P(B \mid A_i)} \quad (j=1,2,\cdots,n) \tag{1.17}$$

式中，$P(A_j)$ 称为先验概率，它反映了各种“原因”发生的可能性大小，而称 $P(A_j \mid B)$ 为后验概率。贝叶斯公式告诉我们，后验概率可通过一系列概率求得，它反映了试验之后对各种原因发生的可能性大小的理论。该公式在贝叶斯理论中占有十分重要的地位。

在可靠性工程中，$P(A_j)$ 可由过去的统计数据确定或由经验丰富的专家给出。利用当前样本 B 及贝叶斯公式，得到后验概率 $P(A_j \mid B)$，即在当前样本已经发生的条件下，事件 A_i 发生的概率。这就是说，贝叶斯公式综合了过去的先验信息和当前的样本信息。基于贝叶斯公式的贝叶斯理论已广泛地应用于各研究领域，特别是高可靠性小子样产品进行可靠性评估，用贝叶斯方法进行统计推断就比用经典方法优越。下面将常用的概率计算公式加以总结，如表 1.1 所示。

6.容斥原理

设有 n 个任意集合 $A_1,A_2,\cdots,A_n$，用数学归纳法可以证明容斥原理公式，即

$$|A_1 \cup A_2 \cup \cdots \cup A_n|=\sum_{i=1}^{n}|A_i|-\sum_{1\leqslant i\leqslant j\leqslant n}|A_iA_j|+\sum_{1\leqslant i<j\leqslant k\leqslant n}|A_iA_jA_k|\cdots\pm$$

$$\sum_{1\leqslant i<j\leqslant\cdots\leqslant n}|A_1A_2\cdots A_n|=\sum_{i=1}^{n}\Big[(-1)^{i-1}\sum_{1\leqslant j_1<j_2<\cdots\leqslant j_n}P_r(M_{j1}M_{j2}\cdots M_{ji})\Big] \tag{1.18}$$

其中

$$A_i=P_i(M_{ki})$$

式中,符号 $|A|$ 表示集合 A 内的元素数目(假设它是可数的和有限的),可表示文氏图中集合 A 的“面积”(假设其元素是不可数的)。

同理可以证明任意事件 $M_1,M_2,\cdots,M_n$ 的并事件发生的概率为

$$P_r(M_1 \cup M_2 \cup \cdots \cup M_n) = \sum_{i=1}^{n}\Big[(-1)^{i-1}\sum_{1\leqslant j_1<j_2<\cdots\leqslant j_n} P_r(M_{j1}M_{j2}\cdots M_{ji})\Big] \quad (1.19)$$

表 1.1　常用概率计算公式

公式名称	条　件	概率计算公式
加法公式	A,B 是两个任意事件	$P(A+B)=P(A)+P(B)-P(AB)$
	A,B 是两个互不相容事件 $(AB=\Phi)$	$P(A+B)=P(A)+P(B)$
	A,B 是相互独立事件	$P(A+B)=P(A)+P(B)-P(A)P(B)$
	$\bar{A}$ 是 A 的对立事件	$P(\bar{A})=1-P(A)$
	$A_1,A_2,\cdots,A_n$ 互不相容	$P(A_1+A_2+\cdots+A_n)=\sum_{k=1}^{n}P(A_k)$
	$A_1,A_2,\cdots,A_n$ 相容	容斥原理 $P(A_1+A_2+\cdots+A_n)=\sum_{k=1}^{n}\Big[(-1)^{k-1}\sum_{1\leqslant j_1<j_2\cdots j_k\leqslant n}P(A_{j1}+A_{j2}+\cdots+A_{jk})\Big]$
条件概率公式	A,B 是任意事件,且 $P(B)>0$	$P(A\mid B)=\dfrac{P(AB)}{P(B)}$
乘法公式	A,B 是两个任意事件	$P(AB)=P(B)P(A\mid B)$
	A,B 是相互独立事件	$P(AB)=P(A)P(B)$
	$A_1,A_2,\cdots,A_n$ 互不相容	$P(A_1A_2\cdots A_n)=P(A_1)P(A_2)\cdots P(A_n)$
全概率公式	$A_1,A_2,\cdots,A_n$ 构成完备事件组,B 是任意事件	$P(B)=\sum_{i=1}^{n}P(A_i)P(B\mid A_i)$
贝叶斯公式(逆概率公式)	$A_1,A_2,\cdots,A_n$ 构成完备事件组,B 是任意事件	$P(A_j\mid B)=\dfrac{P(A_j)P(B\mid A_j)}{\sum_{i=1}^{n}P(A_i)P(B\mid A_i)}$ $(j=1,2,\cdots,n)$

7.不交型算法

(1) 不交型布尔代数及其运算规则

“不交并”(即“逻辑不交和”) 运算“⊎”,是首先把输入变量(如欲计算的集合) 不交化处理后再进行布尔代数的“并” 运算“⊎” 的一种运算方法。如 A,B 为相交的两个集合,它们的并

$A \cup B = B \cup A$ 的文氏图见图 1.3(a)，而它们的不交并 $A \uplus B = B \cup A'B$ 和 $B \uplus A = B \cup B'A$ 的文氏图见图 1.3(b)、(c)。

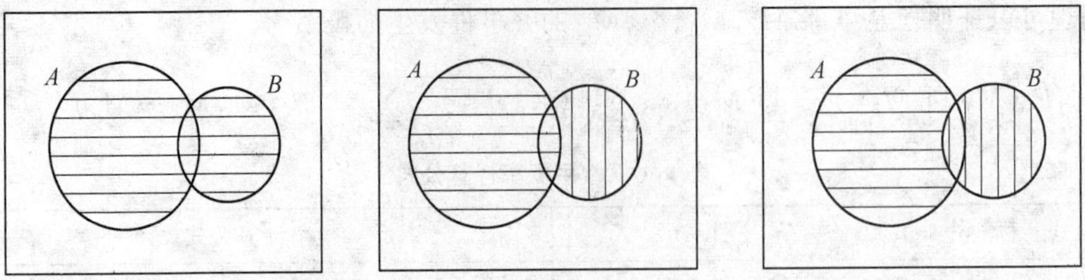

(a) $A \cup B$　　(b) $A \uplus B$　　(c) $B \uplus A$

图 1.3　不交并的文氏图

从图中可以明显地看出，虽然 $A \cup B = A \uplus B$，但等号左边是由两个相交的集合(A 和 B)进行并计算而得，而等号右边是由两个不相交的集合(A 和 $A'B$)进行并计算而得，$B \cup A = B \uplus A$ 的情况同样也是这样。

因为可靠性计算是概率计算，人们希望使用变量的不交并来进行概率计算。设变量为 $M_1, M_2, \cdots, M_n$，则它们的不交并计算式为

$$M_1 \uplus M_2 \uplus \cdots \uplus M_n = M_1 \cup M'_1 M_2 \cup M'_1 M'_2 M_3 \cup \cdots \cup M'_1 M'_2 \cdots M'_{n-1} M_n = M_1 + M'_1 M_2 + M'_1 M'_2 M_3 + \cdots + M'_1 M'_2 + \cdots + M'_{n-1} M_n \tag{1.20}$$

式中，$M'_i = 1 - M_i$。

(2) 直接不交化计算法

这里只介绍直接不交化计算的不交型 DeMorgan 定理。设变量为 $x_1, x_2, \cdots, x_n$，根据不交型 DeMorgan 定理，可得

$$(x_1 x_2 \cdots x_n)' = x'_1 \uplus x'_2 \uplus \cdots \uplus x'_n \tag{1.21}$$

根据式(1.20)，可得

$$x'_1 \uplus x'_2 \uplus \cdots \uplus x'_n = x'_1 + x_1 x'_2 + x_1 x_2 x'_3 + \cdots + x_1 x_2 \cdots x_{n-1} x'_n \tag{1.22}$$

故有

$$(x_1 x_2 \cdots x_n)' = x'_1 + x_1 x'_2 + x_1 x_2 x'_3 + \cdots + x_1 x_2 x_3 \cdots x_{n-1} x'_n \tag{1.23}$$

根据对偶定理，可得

$$(x_1 \uplus x_2 \uplus x_3 \uplus \cdots \uplus x_n)' = x'_1 x'_2 x'_3 \cdots x'_n \tag{1.24}$$

根据式(1.20) 和(1.24)，可得

$$(x_1 \uplus x_2 \uplus x_3 \uplus \cdots x_n)' = (x_1 + x'_1 x_2 + x'_1 x'_2 x_3 + \cdots + x'_1 x'_2 x'_3 \cdots x'_{n-1} x_n)' \tag{1.25}$$

故有

$$(x_1 + x'_1 x_2 + x'_1 x'_2 x_3 + \cdots + x'_1 x'_2 x'_3 \cdots x'_{n-1} x_n)' = x'_1 x'_2 x'_3 \cdots x'_n \quad (1.26)$$

以上即是直接不交化计算的不交型 DeMorgan 定理。

(3) 不交型积之和定理

设布尔积 $S_i = \prod_{t=1}^{p} x_{it}$，其中 x_{it} 为 S_i 中的元素，$t = \overline{1, p}$。

【定理 1.1】　若 S_i, S_j 不包含共同元素，则 $S_i' S_j$ 可用不交型运算规则直接展开。

例如，根据式(1.23) 和分配律，可得

$$(BC)'AF = (B' + BC')AF = B'AF + BC'AF$$

【定理 1.2】　若 S_i, S_j 包含一些共同元素，则

$$S_i' S_j = S'_{i \to j} S_j$$

式中，$S_{i \to j}$ 表示 S_i 具有的而 S_j 没有的元素的布尔积。

例如，$(ABC)'AE = (BC)'AE$，由定理 1.2 可以得到以下两个推论。

【推论 1.1】　若 $S_1, S_2, \cdots, S_n$ 都和 S_k 包含一些共同的元素，则

$$S'_1 S'_2 \cdots S'_n S_k = S'_{1 \to k} S'_{2 \to k} \cdots S'_{n \to k} S_k$$

式中，$S_{1 \to k}$ 表示 S_1 具有的而 S_k 没有的元素的布尔积；$S_{2 \to k}$ 表示 S_2 具有的而 S_k 没有的元素的布尔积；S_{n-k} 表示 S_n 具有的而 S_k 没有的元素的布尔积。

例如，$(ABC)'(BCE)'BC = A'E'BC$。

【推论 1.2】　若 $S_1, S_2, \cdots, S_n$ 均和 S_k 无共同元素，且 $S_1 \subset S_2, S_1 \subset S_3, \cdots, S_1 \subset S_n$，则

$$S'_1 S'_2 \cdots S'_n S_k = S'_1 S_k$$

例如，$A'(ABC)'(AEC)'GF = A'GF$。

1.4　随机变量的概率分布

产品的可靠性是一种随机现象，它的表现形式是各式各样的，但许多物理性质不同的随机现象，在数学描述上却具有相同的性质，所以经归纳研究提出了随机变量的一些数学模型，通常称为理论分布。按照其数学性质，可分为离散型随机变量和连续型随机变量两类。离散型随机变量的值域是不连续的，如抽样中的次品数、表决系统的完好单元数等；而连续型随机变量的值域是连续的，如产品的寿命、机械部件的尺寸或应力等。下面分别进行介绍。

1.4.1　常用的离散型随机变量分布

离散型随机变量的理论分布通常采用概率分布形式。常见的离散型理论分布有下面几种。

1.两点分布

有许多随机现象只有两个可能结果,如抛掷硬币、射击、抽样检查、新生儿性别等。有些连续型随机变量也可分为两个可能结果来研究,如元件的寿命可分为大于或等于1 000 h 与小于1 000 h 两个结果,这类问题理论上概括为(0,1) 分布。通常关心的可能结果对应数值 1,其对立事件对应数值零,因只有两个可能取值,即 0,1,所以称(0,1) 分布,又称两点分布。(0,1) 分布的数学式为

$$\begin{cases} P(\xi = 1) = p \\ P(\xi = 0) = 1 - p = q \end{cases} \tag{1.27}$$

其中,(0,1) 分布的参数只有一个 p,p 值确定后,(0,1) 分布就完全确定了。p 值可以是 0 到 1 中间任何一个值。当 p 值很接近 1 时,随机现象具有较大的必然性,因为这时每次试验几乎都是 $\xi = 1$ 发生。反之,每次试验几乎都是 $\xi = 0$ 发生。但当 p 值接近 0.5,即 p 与 q 值越接近,随机现象的偶然性越大。

2.二项分布

一个 n 重伯努利试验中,某事件发生的次数是一个随机现象,设它为随机变量 ξ,则有 $\xi = m, m = 0,1,\cdots,n$。随机变量是离散型的,它有 $n+1$ 个可能取值,ξ 的分布称二项分布。设该事件在一次试验中发生的概率为 p,其对立事件在一次试验中发生的概率为 q,$q = 1 - p$,则二项分布记为 $B(n,p)$,其数学式为

$$P(\xi = m) = P_n(m) = C_n^m p^m q^{n-m} \tag{1.28}$$

其中,$m = 0,1,\cdots,n$。m 的取值共有 $n+1$ 个,从 $m = 0$ 开始,其概率值正好与二项式 $(q+p)^n$ 的展开式从第一项开始起一一对应相等,所以这种分布称二项分布。二项分布有两个参数 n 和 p。当某个随机变量服从二项分布参数 $n = n_0, p = p_0$ 时,则可写成

$$\xi \sim B(n_0, p_0)$$

当参数 $n = 1$ 时,$B(1,p)$ 就成(0,1) 分布。

3.泊松(Poisson) 分布

泊松分布的随机变量取值是无穷多的,是从零开始的整数序列,分布的数学式为

$$P[\xi = m] = P_\lambda(m) = \frac{\lambda^m}{m!}e^{-\lambda} \quad m = 0,1,2,\cdots \qquad \lambda > 0 \tag{1.29}$$

虽然随机变量的取值有无穷多个,但由于当 m 超过一定值后,概率下降得很快,所以全部取值的概率之和收敛于 1。数学推演可证明这个结论,即

$$\sum_{m=0}^{\infty} P_\lambda(m) = e^{-\lambda} + \frac{\lambda^1}{1!}e^{-\lambda} + \frac{\lambda^2}{2!}e^{-\lambda} + \cdots = e^{-\lambda}\left[\frac{\lambda^0}{0!} + \frac{\lambda^1}{1!} + \frac{\lambda^2}{2!} + \cdots\right] = e^{-\lambda} \cdot e^{\lambda} = e^0 = 1$$

泊松分布只有一个参数 λ,λ 值确定后分布就确定了。泊松分布适用于稠密性问题。如在一段时间内用户电话呼叫总机的次数,在一段时间内候车的旅客数,在一段时间内放射性物质

放射粒子数等都属于稠密性问题，它们服从泊松分布。

泊松分布可用于二项分布的近似计算。二项分布 $P_n(m) = C_n^m p^m q^{n-m}$，当 n 很大，m 较大时，计算比较困难，通常用泊松分布作近似计算。经证明，若取 $\lambda = np$，则当 $n \to \infty$ 时，二项分布即是泊松分布。实际情况中 n 不可能为无穷大，近似计算时，为确保一定精度，需遵守应用条件，即 $n \geqslant 10, p \leqslant 0.1$。

1.4.2　连续型随机变量分布描述

1.分布密度函数

由于连续型随机变量的取值充满某个区间 (a,b)，且是不可数的，因此它的概率分布就不能用分布率来描述。实际上，可以证明，连续型随机变量取任意确定值的概率为 0，即 $P(X = c) = 0, c \in (a,b)$，所以我们只有知道 X 在任意区间上取值的概率，才能掌握其概率分布规律，这就需要引入分布密度函数的概念来描述连续型随机变量取值的统计规律性。例如，某种电子设备的寿命 X 是一个随机变量，为了研究 X 取值的统计规律性，抽出此种设备 18 台，进行寿命试验，得到的寿命数据按由小到大排列为 16,29,50,68,100,130,140,190,220,270,280,340,410,450,520,600,800,1 100 天。

为了从这些数据中看出该设备寿命 X 取值的规律性，需对这些数据做一些整理加工，即按下列具体步骤进行分组、统计，做出频率直方图。

(1) 求出极差，适当分组

先找出数据中的最小值和最大值，求极差。极差为

$$R = \max\{x_1, x_2, \cdots, x_{18}\} - \min\{x_1, x_2, \cdots, x_{18}\} = 1\,100 - 16 = 1\,084$$

然后根据数据多少确定分组数 k。分组数可用经验公式

$$k = 1 + 3.3 \lg n \tag{1.30}$$

取整确定。n 为抽取样本数，此例中 $n = 18$，因此分组数 $k = 1 + 3.3 \lg 18 = 5.14$，取 $k = 5$。

列表进行分组统计，得出各组失效时间的范围及各组的频数 v_i、f_i^*、累积失效频率 F_i 和频率密度 f_i 的数值，如表 1.2 所示。

表 1.2　18 台设备的分组频率表

分组端点值	v_i	$f_i^* = v_i/n$	$f_i = f_i^*/\Delta x$
15.5 ~ 235.5	9	0.5	0.002 3
235.5 ~ 455.5	5	0.277 8	0.001 3
455.5 ~ 675.5	2	0.111	0.000 5
675.5 ~ 895.5	1	0.055 6	0.000 3
895.5 ~ 1 115.5	1	0.055 6	0.000 3

表中，$f_i^* = v_i/n$，表示第 i 组的频率；$F_i = \sum_{j=1}^{i} f_i^* = \sum_{j=1}^{i} v_j/n$，表示从第一组到第 i 组的失效

概率之和；$f_i = f_i^* / \Delta x$，表示第 i 组的失效频率 f_i^* 与组距的比值，也称第 i 组的频率密度。

按等距分组，组距由我们选取。为使每个寿命数据都落入一个分组区间内，将初始端点值取为 $x_0 = \min\{x_i\} - 0.5 = 16 - 0.5 = 15.5$。$\Delta x = 1\ 100 \div 5 = 220$。

(2) 做失效频率直方图

以失效时间 x 为横坐标，失效频数 f_i 为纵坐标，在直角坐标系上画出一系列矩形(图1.4)，称为失效频率直方图。其中，每个矩形的底宽约为 Δx，第 i 个矩形的高为 f_i，图中各矩形面积表示失效数据在相应失效时间范围内的频率。显然，直方图中所有矩形面积之和为1。

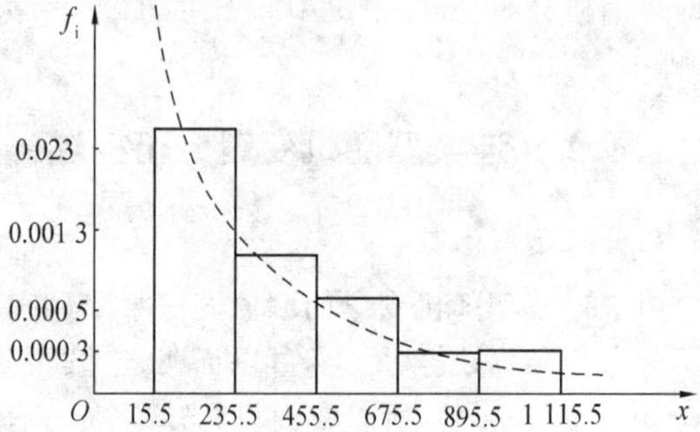

图 1.4 失效频率直方图

从图 1.4 可以看出，数据大多集中在开始一段，其分布具有前面较密、后面稀疏的特点。如试验数据较多，分组数 k 越来越大，组距 Δx 越来越小，则失效频率直方图右上角顶点的连线将趋于一条光滑曲线 $f(x)$，如图 1.4 中的虚线，我们称此曲线 $f(x)$ 为该设备的失效密度曲线，或随机变量 X 的概率密度曲线。从频率直方图可以看出，概率密度函数(分布密度函数)$f(x)(-\infty < x < +\infty)$ 有如下两个性质。

① $f(x) \geqslant 0$，即概率密度函数位于 x 轴的上方。

② $\int_{-\infty}^{+\infty} f(x)\mathrm{d}x = 1$，即概率密度曲线 $f(x)$ 与 x 轴所夹的总面积为 1。

应该指出，分布密度函数 $f(x)$ 在任一点 x_0 处的函数值 $f(x_0)$ 不是概率而是分布密度，这是因为频率直方图上每一个矩形的高不是频率而是频率密度，即单位长度上的频率，这是一个密度的概念。当频率稳定或概率已知时，频率密度就稳定于分布密度。

由此可以看出，随机变量 X 落在一个区间$[a,b]$上的概率等于 $f(x)$ 与 x 轴上该区间之间所夹的面积，也就是分布密度函数 $f(x)$ 在该区间上的定积分，即

$$P(a \leqslant X \leqslant b) = \int_a^b f(x)\mathrm{d}x \tag{1.31}$$

2. 连续型随机变量的分布函数

由分布函数及 X 的分布密度函数的定义可知，X 的分布函数表示为

$$F(x) = P(X \leqslant x) = \int_{-\infty}^{x} f(x)\mathrm{d}t \tag{1.32}$$

连续型随机变量的分布函数是可导的，并且有 $F'(x) = f(x)$，即分布密度函数是累积分布函数的导数，累积分布函数是分布密度函数的原函数。

根据上面的分析，容易推出下面两个有用的式子，即

$$P(a \leqslant X \leqslant b) = \int_a^b f(x)\mathrm{d}x = F(b) - F(a) \tag{1.33}$$

$$P\left(x - \frac{\Delta x}{2} \leqslant X \leqslant x + \frac{\Delta x}{2}\right) \approx f(x)\Delta x \tag{1.34}$$

1.4.3　常用的连续型随机变量分布

1. 均匀分布

均匀分布又称等可能分布，即在随机变量可能取值范围内，其概率密度值是相等的，失效概率密度函数是一段等高线，是常量。若随机变量的取值范围为$[a,b]$，则由

$$\int_a^b f(x)\mathrm{d}x = 1 \tag{1.35}$$

可得出均匀分布(图 1.5) 的数学表达式，即失效概率密度函数和累计失效概率。

失效概率密度函数为

$$f(t) = \begin{cases} 1/(b-a) & a \leqslant t \leqslant b \\ 0 & \text{其他} \end{cases} \tag{1.36}$$

累计失效概率为

$$F(t) = \begin{cases} 0 & t < a \\ (t-a)/(b-a) & a \leqslant t < b \\ 1 & b \leqslant t \end{cases} \tag{1.37}$$

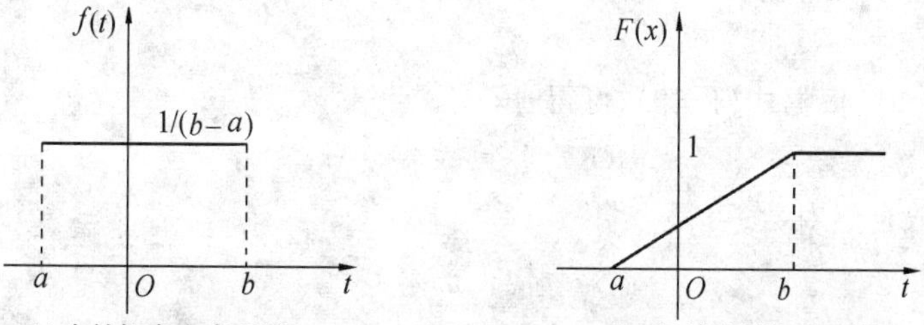

(a) 失效概率密度函数　　(b) 累计失效概率函数

图 1.5　均匀分布

2. 指数分布

在可靠性理论中，指数分布是最基本、最常用的分布，适合于失效率 $\lambda(t)$ 为常数的情况，它不但在电子元器件偶然失效期普遍使用，而且在复杂系统和整机方面以及机械技术的可靠性领域也得到使用。

(1) 失效概率密度函数 $f(t)$

$$f(t) = \lambda \mathrm{e}^{-\lambda t} \quad (t \geqslant 0) \tag{1.38}$$

式中　λ—— 指数分布的失效率，为一常数。

失效概率密度函数 $f(t)$ 的图形如图 1.6(a) 所示。

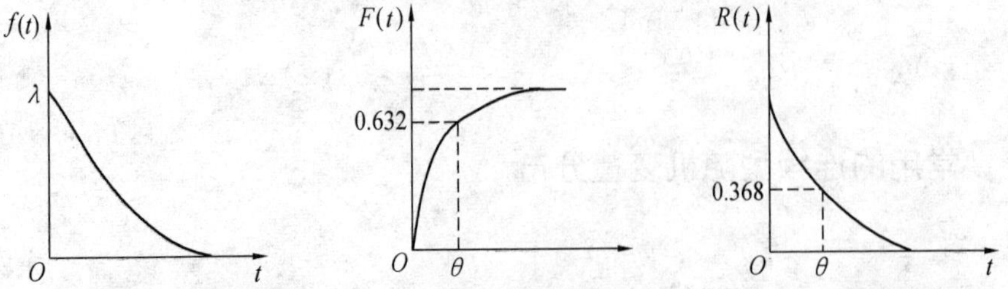

(a) 失效概率密度函数　(b) 累积失效概率函数　(c) 可靠度函数

图 1.6　指数分布

(2) 累积失效概率函数 $F(t)$

$$F(t) = \int_{-\infty}^{t} f(t)\mathrm{d}t = \int_{0}^{t} \lambda \mathrm{e}^{-\lambda t}\mathrm{d}t = 1 - \mathrm{e}^{-\lambda t} \quad (t \geqslant 0) \tag{1.39}$$

累积失效概率函数 $F(t)$ 的图形如图 1.6(b) 所示。

(3) 可靠度函数 $R(t)$

$$R(t) = 1 - F(t) = \mathrm{e}^{-\lambda t} \tag{1.40}$$

可靠度函数 $R(t)$ 的图形如图 1.6(c) 所示。

(4) 平均寿命 θ

$$\theta = \int_{0}^{\infty} R(t)\mathrm{d}t = \int_{0}^{\infty} \mathrm{e}^{-\lambda t}\mathrm{d}t = \frac{1}{\lambda} \tag{1.41}$$

因此,当产品寿命服从指数分布时,其平均寿命 θ 与失效率 λ 互为倒数。

(5) 可靠寿命 T_r

给定可靠度 r 时,根据式(1.40),可得

$$R(T_r) = \mathrm{e}^{-\lambda T_r} = r \tag{1.42}$$

将式(1.42) 两边取自然对数,可得

$$-\lambda T_r = \ln r$$

所以

$$T_r = -\frac{1}{\lambda}\ln r \tag{1.43}$$

(6) 中位寿命 $T_{0.5}$

将 $r = 0.5$ 代入式(1.43),可得

$$T_{0.5} = -\frac{1}{\lambda}\ln 0.5 = \frac{1}{\lambda}\ln 2 = 0.693\theta \tag{1.44}$$

指数分布有一个重要特征,即产品工作了 t_0 时间后,它再工作 t h(小时) 的可靠度与已工作过的时间 t_0 无关,而只与时间 t 的长短有关。下面用条件概率来说明,即

$$R(t_0 + t) = P(T > t_0 + t \mid T > t_0) = \frac{P(T > t_0 + t, T > t_0)}{P(T > t_0)} = \frac{P(T > t_0 + t)}{P(T > t_0)} =$$

$$\frac{R(t_0+t)}{R(t_0)} = \frac{e^{-\lambda(t_0+t)}}{e^{-\lambda t_0}} = e^{-\lambda t} = R(t) = P \qquad (T > t)$$

可见，产品可靠度与产品已经使用过的时间 t_0 无关，即它对用过的时间 t_0 是不作记忆的，又称为无记忆性。

3.威布尔分布

威布尔分布在可靠性理论中是适用范围较广的一种分布。它能全面地描述浴盆失效概率曲线的各个阶段。当威布尔分布中的参数不同时，它可以蜕化为指数分布、瑞利分布和正态分布。大量实践说明，凡是因为某一局部失效或故障所引起的全局机能停止运行的元件、器件、设备、系统等的寿命服从威布尔分布，特别在研究金属材料的疲劳寿命(如疲劳失效、轴承失效)都服从威布尔分布。

(1) 失效概率密度函数 $f(t)$

$$f(t) = \frac{m}{\eta}\left(\frac{t-\delta}{\eta}\right)^{m-1} e^{-\left(\frac{t-\delta}{\eta}\right)^m} \qquad (\delta \leqslant t; m, \eta > 0) \tag{1.45}$$

式中　m—— 形状参数；

η—— 尺度参数；

δ—— 位置参数。

(2) 累积失效概率函数 $F(t)$

$$F(t) = 1 - e^{-\left(\frac{t-\delta}{\eta}\right)^m} \qquad (\delta \leqslant t; m, \eta > 0) \tag{1.46}$$

(3) 可靠度函数 $R(t)$

$$R(t) = e^{-\left(\frac{t-\delta}{\eta}\right)^m} \qquad (\delta \leqslant t; m, \eta > 0) \tag{1.47}$$

(4) 失效率函数

$$\lambda(t) = \frac{m}{\eta}\left(\frac{t-\delta}{\eta}\right)^{m-1} \qquad (\delta \leqslant t; m, \eta > 0) \tag{1.48}$$

3 个参数(m、η、δ) 的意义如下所述。

① 形状参数 m。威布尔分布的失效概率密度曲线、累积失效概率曲线、可靠度曲线以及失效率曲线的形状都随 m 值的不同而不同，所以把 m 称为形状参数。各分布曲线的形状如图1.7所示。从图 1.7 中可以看出：

当 $m < 1$ 时，$f(t)$ 曲线随时间单调下降；

当 $m = 1$ 时，$f(t)$ 曲线为指数曲线；

当 $m > 1$ 时，$f(t)$ 曲线随时间增加出现峰值而后下降；

当 $m = 3$ 时，$f(t)$ 曲线已接近正态分布。通常 m 为 3 ~ 4 时，即可当做正态分布。

② 位置参数 δ。位置参数 δ 决定了分布的出发点。当 m、η 相同，δ 不同时，其失效概率密度曲线是完全相同的，所不同的只是曲线的起始位置有所变动，如图 1.8 所示。从图 1.8 可以

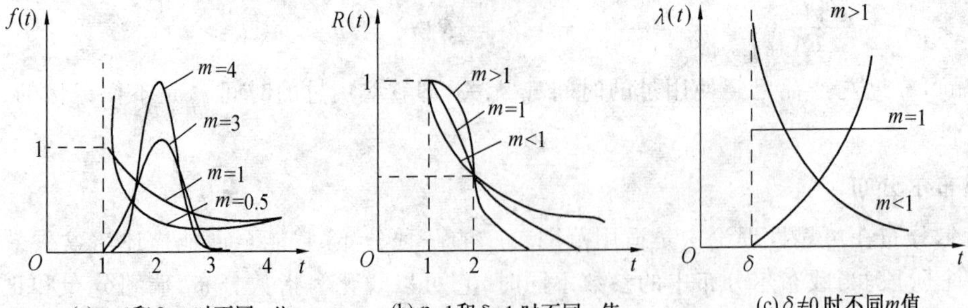

(a) $\eta=1$和$\delta=1$时不同m值失效概率密度曲线　(b) $\eta=1$和$\delta=1$时不同m值的可靠度曲线　(c) $\delta\neq0$时不同m值的失效率曲线

图 1.7　威布尔分布

看出，当 $\delta<0$ 时，产品开始工作时就已经失效了，即这些元件在贮存期已失效，$f(t)$ 曲线由 $\delta=0$ 时的位置向左平移 $|\delta|$ 的距离。当 $\delta=0$ 时，$f(t)$ 曲线为二参数威布尔分布。当 $\delta>0$ 时，表示这些元件在起始时间 δ 内不会失效，$f(t)$ 曲线由 $\delta=0$ 时的位置向右平移 $|\delta|$ 的距离。此时，可将 δ 称为最小保证寿命。

③ 尺度参数 η。通常将 η 称为尺度参数，当 m 值及 δ 值固定不变，η 值不同时，威布尔分布的失效概率密度曲线的高度及宽度均不相同。图 1.9 为 $m=2$ 和 $\delta=0$ 时，不同 η 值的失效概率密度曲线。由图 1.9 可见，当 η 值增大时，$f(t)$ 的高度变小而宽度变大，故把 η 称为尺度参数。

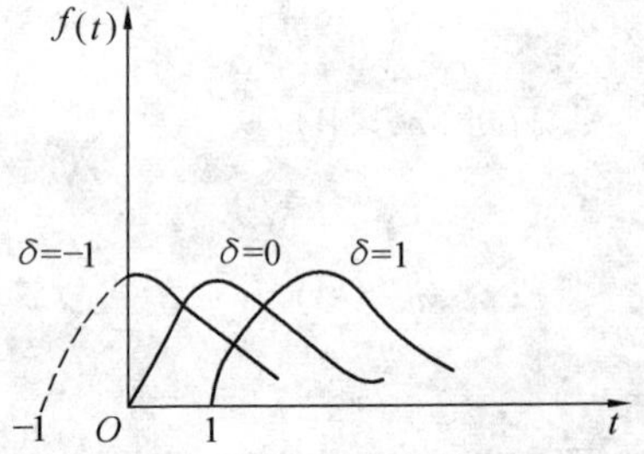

图 1.8　$m=2$ 和 $\eta=1$ 时不同 δ 值的失效概率密度曲线

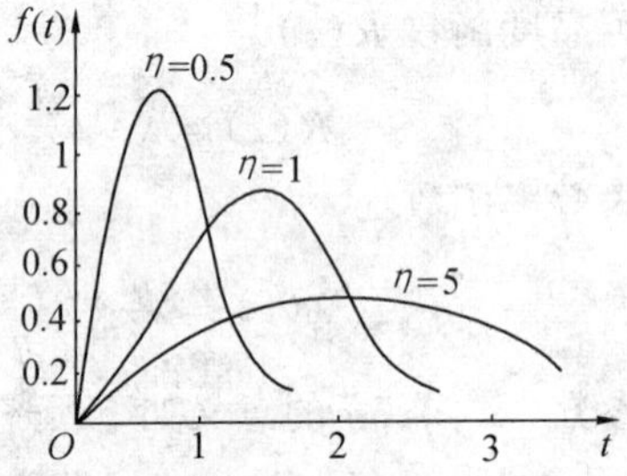

图 1.9　$m=2$ 和 $\delta=0$ 时不同 η 值的失效概率密度曲线

4. 正态分布

正态分布在数理统计学中是一个最基本的分布，在可靠性技术中也经常用到它，如材料强度、磨损寿命、疲劳失效、同一批晶体管放大倍数的波动或寿命波动等都可看做或近似看做正态分布；在电子元器件可靠性的计算中，正态分布主要应用于元器件耗损和工作时间延长而引起的失效分布，用来预测或估计可靠度有足够的精确性。

由概率论知，只要某个随机变量是由大量相互独立、微小的随机因素的总和所构成的，而且每一个随机因素对总和的影响均匀微小，那么，就可断定这个随机变量必近似服从正态分布。

(1) 失效概率密度函数 $f(t)$

$$f(t)=\frac{1}{\sqrt{2\pi}\sigma}\mathrm{e}^{-\frac{(t-\mu)^2}{2\sigma^2}}\quad(-\infty<t<+\infty) \tag{1.49}$$

式中　μ—— 随机变量的均值；

σ—— 随机变量的标准差。

(2) 累积失效概率函数 $F(t)$

$$F(t)=\frac{1}{\sqrt{2\pi}\sigma}\int_{-\infty}^{t}\mathrm{e}^{-\frac{(t-\mu)^2}{2\sigma^2}}\mathrm{d}t \tag{1.50}$$

若令 $z=\frac{t-\mu}{\sigma}$，代入式(1.49)，则可以得到标准化正态分布的累积失效概率函数，即

$$\phi(z)=\frac{1}{\sqrt{2\pi}}\int_{-\infty}^{z}\mathrm{e}^{-\frac{1}{2}z^2}\mathrm{d}z \tag{1.51}$$

(3) 可靠度函数 $R(t)$

$$R(t)=\frac{1}{\sqrt{2\pi}\sigma}\int_{t}^{\infty}\mathrm{e}^{-\frac{(t-\mu)^2}{2\sigma^2}}\mathrm{d}t \tag{1.52}$$

(4) 失效率函数 $\lambda(t)$

$$\lambda(t)=\frac{f(t)}{R(t)}=\frac{1}{\sqrt{2\pi}\sigma}\mathrm{e}^{-\frac{(t-\mu)^2}{2\sigma^2}}\Bigg/\frac{1}{\sqrt{2\pi}\sigma}\int_{t}^{\infty}\mathrm{e}^{-\frac{(t-\mu)^2}{2\sigma^2}}\mathrm{d}t \tag{1.53}$$

正态分布的可靠度曲线、失效概率密度曲线和失效率曲线如图 1.10 所示。

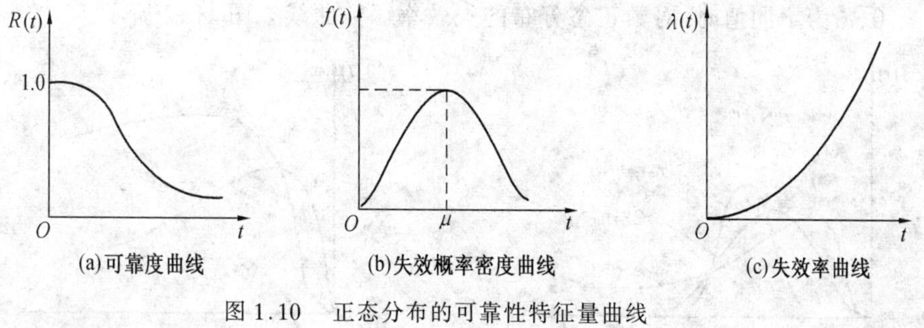

图 1.10　正态分布的可靠性特征量曲线

5. 对数正态分布

在可靠性理论中，对数正态分布用于由裂痕扩展而引起的失效分布，如疲劳、腐蚀失效。此外，也用于恒应力加速寿命试验后对样品失效时间进行的统计分析。由概率论知，当随机变量 ξ 是由许多微小偶然因素 $\xi_1,\xi_2,\cdots,\xi_n$ 组成时，ξ 是它们的积，即

$$\xi = \xi_1 \cdot \xi_2 \cdot \cdots \cdot \xi_n$$

两边取对数,得

$$\ln \xi = \ln \xi_1 + \ln \xi_2 + \cdots + \ln \xi_n$$

于是 $\ln \xi$ 服从正态分布。若随机变量为寿命 T 时,其对数 $\ln T$ 也服从正态分布,则称随机变量 T 服从对数正态分布。

(1) 失效概率密度函数 $f(t)$

$$f(t) = \frac{1}{t\sigma\sqrt{2\pi}} e^{-\frac{(\ln t - \mu)^2}{2\sigma^2}} \tag{1.54}$$

式中　μ—— 对数正态分布的对数均值;

σ—— 对数正态分布的对数标准差。

对数正态分布的失效概率密度曲线形状与对数标准差 σ 的大小有关,当对数均值 $\mu = 0$ 而 σ 为不同值时,失效概率密度曲线如图 1.11 所示。

(2) 累积失效概率函数 $F(t)$

$$F(t) = \int_0^t \frac{1}{t\sigma\sqrt{2\pi}} e^{-\frac{(\ln t - \mu)^2}{2\sigma^2}} dt \tag{1.55}$$

(3) 可靠度函数 $R(t)$

$$R(t) = \int_0^\infty \frac{1}{t\sigma\sqrt{2\pi}} e^{-\frac{(\ln t - \mu)^2}{2\sigma^2}} dt \tag{1.56}$$

(4) 失效率函数 $\lambda(t)$

$$\lambda(t) = \frac{f(t)}{R(t)} = \frac{\frac{1}{t} e^{-\frac{(\ln t - \mu)^2}{2\sigma^2}}}{\int_t^\infty \frac{1}{t} e^{-\frac{(\ln t - \mu)^2}{2\sigma^2}} dt} \tag{1.57}$$

$\mu = 0$,σ 为不同值时,对数正态分布的失效率函数曲线如图 1.12 所示。

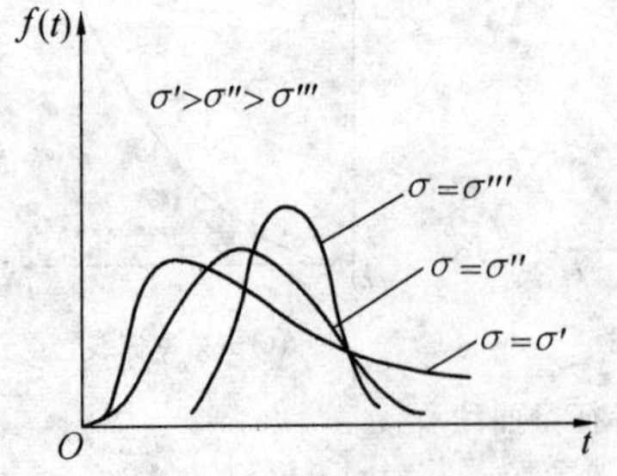

图 1.11　$\mu = 0$,σ 为不同值时对数正态分布的失效概率密度曲线

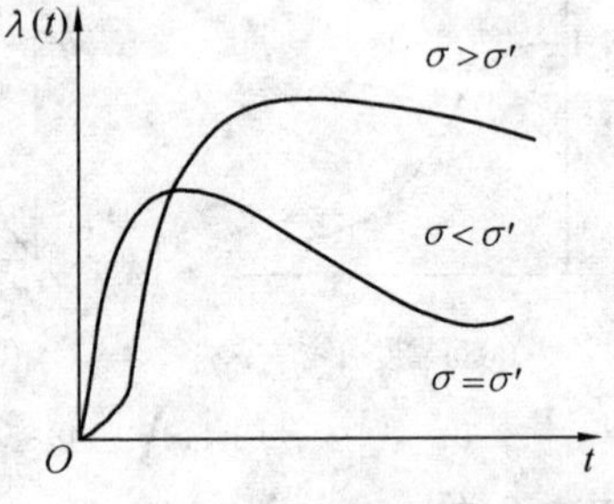

图 1.12　对数正态分布的失效率曲线

6.截尾正态分布

截尾正态分布的分布密度函数为

$$f(t)=\frac{1}{a\sigma\sqrt{2\pi}}\mathrm{e}^{-\frac{(t-\mu)^2}{2\sigma^2}}\quad t\geqslant 0,\sigma>0\quad(1.58)$$

其中，$a>0$，为常数，它保证$\int_0^{+\infty}f(t)\mathrm{d}t=1$，可以算出，$a=\Phi(\frac{\mu}{\sigma})$。截尾正态分布的概率密度曲线见图1.13。

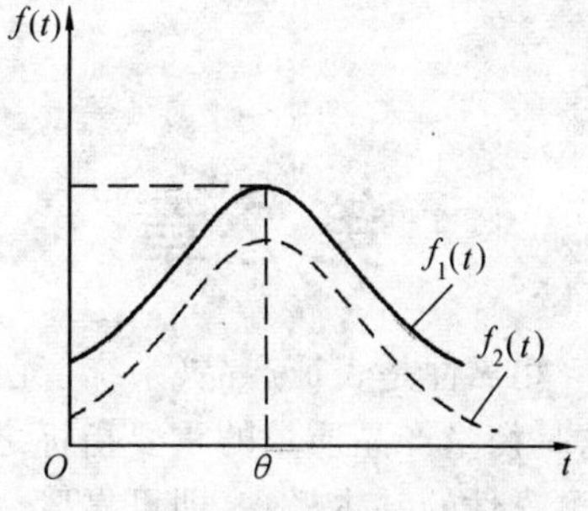

图 1.13　截尾正态分布与正态分布的概率密度曲线之比较

根据截尾正态分布的定义，可得各特征量如下。

(1) 分布密度函数

$$f(t)=\frac{1}{\Phi(\frac{\mu}{\sigma})\sigma\sqrt{2\pi}}\mathrm{e}^{-\frac{(t-\mu)^2}{2\sigma^2}}\quad t\geqslant 0,\sigma>0\quad(1.59)$$

(2) 累积分布函数

$$F(t)=1-\frac{1}{\Phi(\frac{\mu}{\sigma})}\left[1-\Phi(\frac{t-\mu}{\sigma})\right]\quad(1.60)$$

(3) 可靠度函数

$$R(t)=1-\frac{1}{\Phi(\frac{\mu}{\sigma})}\left[1-\Phi(\frac{t-\mu}{\sigma})\right]\quad(1.61)$$

(4) 失效率函数

$$\lambda(t)=\frac{\Phi(\frac{t-\mu}{\sigma})\sigma^{-1}}{1-\Phi(\frac{t-\mu}{\sigma})}\quad(1.62)$$

(5) 平均寿命

$$E(X)=\mu+\frac{\sigma}{\Phi\sqrt{2\pi}(\frac{\mu}{\sigma})}\exp\left[-\frac{1}{2}(\frac{\mu}{\sigma})^2\right]\quad(1.63)$$

(6) 可靠寿命

$$t(r)=\mu+\sigma\Phi^{-1}[1-\Phi(\frac{\mu}{\sigma})r]\quad(1.64)$$

第 2 章　可靠性基本概念与表示

可靠性是表征产品(系统、元件、器件等)无故障工作能力的指标,是产品的重要内在属性,是衡量产品质量的重要指标之一。为了研究可靠性,首先要掌握可靠性基本的概念。本章研究可靠性的基本概念,即可靠度、故障概率、故障(失效)率、故障概率密度、寿命等的表示与数量指标,以及它们之间的相互关系。

2.1　可靠性概述

质量是产品的生命,为了保证产品的质量,从产品的方案论证、设计、生产、材料管理与使用等多方面都需要进行严格的考核。可靠性是产品在整个生命周期中,保证完成规定功能的能力,是产品质量好坏的一项重要指标,是产品生命的一部分。

可靠性在国内外的标准中都有规定。日前已是产品不可缺少的一项技术指标。我国国家标准 GB 3187—1982(可靠性基本名词术语及定义)中对可靠性的定义是“产品在规定的条件下和规定的时间内完成规定功能的能力”。从质量的要求来说,可靠性定义中的时间指的应该是广泛的时间,即次数、行程以及周期等内容均可为规定的内容。产品指广泛的对象,可以是单元、系统、部件等。可靠性是产品生命周期中具有完成规定功能的能力。

2.1.1　可靠性研究的内容

产品可靠性的研究,首先是对产品对象有深入的了解,即产品的组成、各环节及其相互影响,掌握产品可能的失效原因、失效过程、产品的薄弱环节与潜在因素。

产品的结构与系统分析是产品可靠性分析的基础,是研究可靠性的必要条件,是取得可靠性分析的关键。对结构、系统分析得越深越透,所得到的可靠性结果就越精确、越有把握,因此产品的结构分析是可靠性分析的基础。

2.1.2　可靠性研究的方法

在分析了产品结构特性的基础上,怎样用可靠性的观点分析、表示以及如何计算可靠性并给出结果,这是可靠性分析的重要步骤。由于产品失效是一种功能、结构的能力与组成的破坏,是一种不能完成任务的表现,因此对于产品本身的失效,进行可靠性分析只适用于产品本身,这时产品已经失效就不具备应用价值。计算可靠性只能用统计的方法,用推断技术研究整个母体的性质,所以概率统计知识是研究可靠性的基础知识,在此基础上研究各种分析方法。从产品的单元、部件到系统,进行整个产品的可靠性分析,给出满足实际需要的计算方法。

2.2　可靠性度量与表示

可靠性的主要指标是可靠度、失效概率、失效率、失效概率密度、寿命等，它们代表了产品的可靠性的基本内容。

2.2.1　可靠度 $R(t)$

可靠度是产品在寿命周期内完成规定功能的指标。按我国国标规定，可靠度的定义是“在规定的条件下，在规定的时间内完成规定功能的概率”，即产品在规定的条件下，规定的时间内的可靠性。时间越长，可靠性越低，时间越短，可靠性越高，时间为零时，可靠性最高，即为 1，因此可靠性是时间的函数，用 R 表示可靠性，则 $R(t)$ 为可靠性函数，即可靠度。

$$R(t) = P(T > t) \tag{2.1}$$

式中　t—— 规定的时间；

T—— 产品的寿命；

$R(t)$—— 产品在规定时间内完好的概率。

$$\underset{t\to 0}{R(t)} = 1 \qquad \underset{t\to \infty}{R(t)} = 0$$

如果一批产品 N 件，在 $t = 0$ 时全部工作，当工作到 t 时刻，有 $r(t)$ 个产品失效，但仍有 $N - r(t)$ 件产品工作，则该批产品此时的可靠度(图 2.1、2.2) 为

$$\hat{R}(t) = \frac{N - r(t)}{N} \tag{2.2}$$

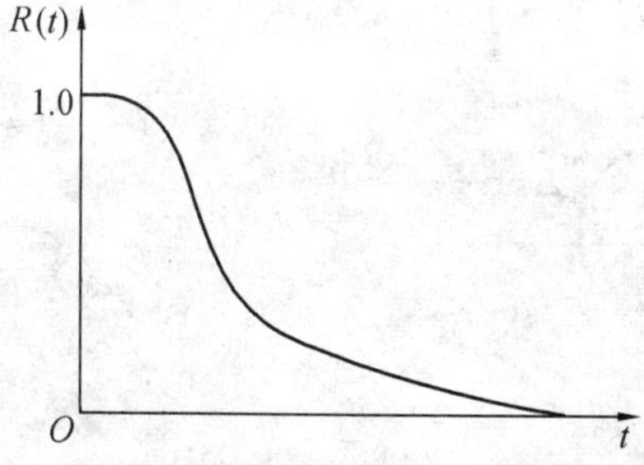

图 2.1　可靠度与时间的关系

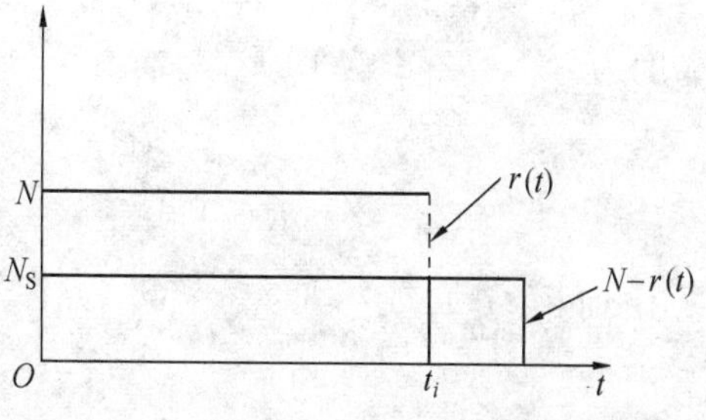

图 2.2　产品失效数 $r(t)$ 与剩余数变化图

2.2.2　故障(失效) 概率(累积故障概率)

$$F(t) = P(T \leqslant t)$$

$$F(t) = 1 - R(t) \quad 或者 \quad R(t) + F(t) = 1$$

式中　t—— 规定的时间；

T—— 产品的寿命。

由图 2.3 可见

$$\lim_{t \to 0} F(t) = 0 \qquad \lim_{t \to \infty} F(t) = 1$$

例如，有一批灯泡为 N 个，全部开始工作，逐个工作到失效，记下它的工作寿命与每段时间的失效数，并按次序排列，即

$$t_1 < t_2 < \cdots < t_n$$

$$\Delta r_1, \Delta r_2, \cdots, \Delta r_n$$

式中　t_i—— 失效时间；

Δr_i—i 阶段时间内失效产品数。

r_i 随 t 的变化关系如图 2.4 所示。

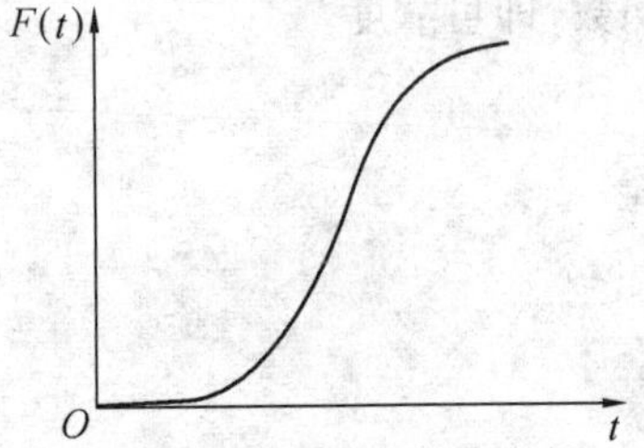

图 2.3　失效概率与时间的关系

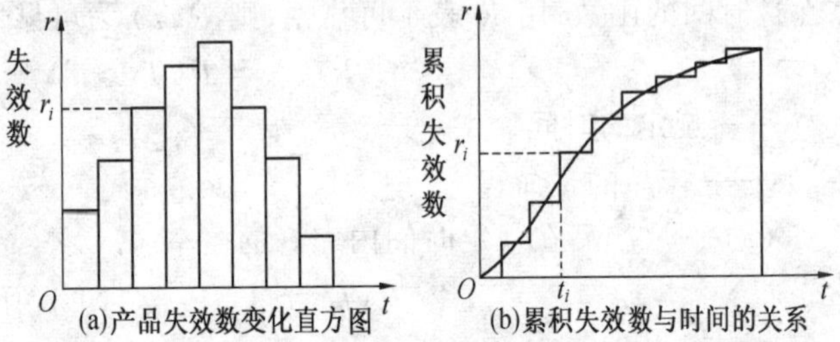

图 2.4　产品累积失效数变化示意图

如果试验数据比较多时，图 2.4(b) 变为一条曲线，即变为图 2.3 所示的失效概率曲线。

$$r_i = \sum_{i=1}^{n} \Delta r_i；当\ \Delta r_i \to \mathrm{d}r, r(t) = \int_0^t \mathrm{d}r$$

可靠度为

$$\hat{R}(t) = \frac{N - r_i}{n} = \frac{N - \sum_{i=1}^{n} \Delta r_i}{N}$$

当 $\Delta r \to \mathrm{d}r$ 时

$$\hat{R}(t) = \frac{N - \int_0^t \mathrm{d}r}{N} \tag{2.3}$$

失效概率为

$$\hat{F} = \frac{r_i}{N} = \frac{\sum_{1}^{n} \Delta r_i}{N}$$

当 $\Delta r \to \mathrm{d}r$ 时

$$F(t) = \frac{\int_0^t \mathrm{d}r}{N} \tag{2.4}$$

由上述分析可见，失效数分布图 2.4(a) 与累积失效数分布图 2.4(b) 是概率统计的分布图。因此，解决失效概率或可靠性问题时，可以完全借用概率统计的理论知识。

【例 2.1】 不可维修产品红外灯管100只，工作到1 000 h失效52只，工作到2 000 h又失效28只。求 $t = 1\ 000$ h 和 $t = 2\ 000$ h 时的可靠度。

解

$$R(1\ 000) = \frac{(100 - 52) \times 100\%}{100} = 48\%$$

$$R(2\ 000) = \frac{(100 - 52 - 28) \times 100\%}{100} = 20\%$$

2.2.3 故障(失效)概率密度 $f(t)$

由直方图(图 2.4(a)) 我们可以看到，失效数随时间的变化而变化，图中的图形表示离散的概率密度函数的变化情况，而图 2.4(b) 则表示离散的概率函数的变化过程。

根据故障概率分布函数 $F(t)$ 的定义，我们可以看到

$$F(t) = \frac{\int_0^t \mathrm{d}r}{N} = \int_0^t \frac{\mathrm{d}r}{N} = \int_0^t \frac{\mathrm{d}r}{N\mathrm{d}t} \cdot \mathrm{d}t \tag{2.5}$$

如果令 $f(t) = \dfrac{\mathrm{d}r}{N\mathrm{d}t}$，则

$$F(t) = \int_0^t f(t)\mathrm{d}t \qquad \frac{\mathrm{d}F(t)}{\mathrm{d}t} = f(t) \tag{2.6}$$

即 $f(t)$ 称为故障概率密度函数。也可以用差分表示，即

$$f(t) = \frac{F(t + \mathrm{d}t) - F(t)}{\mathrm{d}t} \tag{2.7}$$

式(2.7) 表示故障概率密度函数等于单位时间的故障概率函数的变化。故障概率密度与可靠度、故障概率的关系可以用图 2.5 表示。图 2.6 表示失效数据的变化，图中 N 表示试验数据总数；N_S 表示剩余产品数；$r(t)$ 表示随时间变化的失效数；Δr 表示失效数变化增量；Δt 表示时间增量。

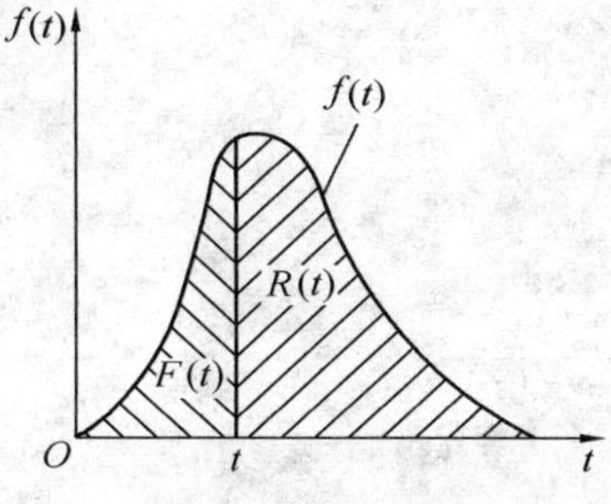

图 2.5　故障概率密度与可靠度、故障概率的关系

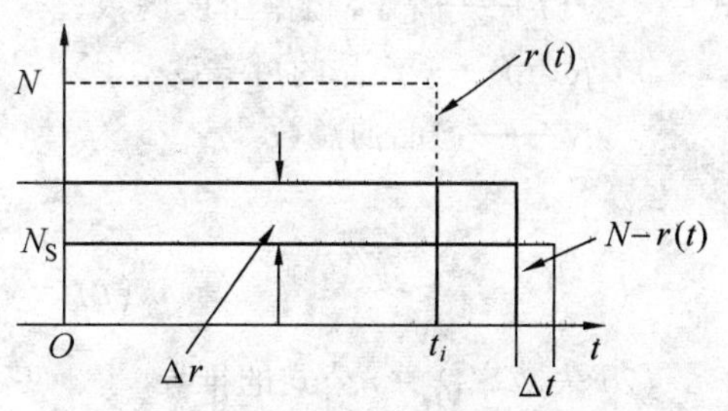

图 2.6　失效数据变化示意图

图 2.5 可用公式表示为

$$F(t) = \int_0^t f(t)\mathrm{d}t$$

$$R(t) = \int_t^\infty f(t)\mathrm{d}t$$

故障概率密度函数也可表示为估计值的形式,即

$$\hat{f}(t) = \frac{\Delta r(t)}{N\Delta t}$$

2.2.4 失效(故障) 率 $\lambda(t)$ 函数

(1) 概述

失效率表示工作到某时刻尚未失效的产品,在该时刻后单位时间内发生失效的概率,记为 $\lambda(t)$,称为失效(故障) 率函数,表示为

$$\lambda(t) = \frac{\mathrm{d}r}{N_\mathrm{S}\mathrm{d}t} \tag{2.8}$$

式中 $\lambda(t)$—— 瞬时失效率;

$\mathrm{d}r$—— 失效数的增量;

N_S—— 剩余产品数;

$\mathrm{d}t$—— 时间增量。

由 $f(t)$ 定义知

$$f(t) = \frac{\mathrm{d}r}{N\mathrm{d}t} \qquad f(t)N = \frac{\mathrm{d}r}{\mathrm{d}t}$$

与式(2.8) 比较,则

$$\lambda(t) = \frac{f(t)N}{N_\mathrm{S}} = \frac{f(t)}{\frac{N_\mathrm{S}}{N}} = \frac{f(t)}{R(t)} \tag{2.9}$$

式中 $f(t)$—— 故障概率密度函数;

$R(t)$—— 产品的可靠度;

N—— 产品的总数。

故

$$\lambda(t) = \frac{f(t)}{R(t)} = \frac{f(t)}{1 - F(t)} \tag{2.10}$$

(2) 失效率 $\lambda(t)$ 公式的推导

现用条件概率推演失效率函数。在 t 时刻完好的产品($T > t$),而在 $t, t + \Delta t$ 时刻内失效的条件概率为 $P(t < T \leqslant t + \Delta t \mid T > t)$,在 Δt 时刻内的平均失效率为

$$\lambda(t, t+\Delta t) = \frac{P(t < T \leqslant t+\Delta t \mid T > t)}{\Delta t}$$

当 $\Delta t \to 0$ 时,即得到在 t 时刻的失效率为

$$\lambda(t)_{\Delta t \to 0} = \lim_{\Delta t \to 0} \lambda(t, \Delta t) = \lim_{\Delta t \to 0} \frac{P(t < T \leqslant t+\Delta t \mid T > t)}{\Delta t} \tag{2.11}$$

由条件概率

$$P(t < T \leqslant t+\Delta t \mid T > t) = \frac{P(t < T \leqslant t+\Delta t)}{P(T > t)}$$

因此可得

$$\lambda(t)_{\Delta t \to 0} = \lim_{\Delta t \to 0} \frac{P(t < T \leqslant t+\Delta t)}{P(T > t)\Delta t}$$

$$\lambda(t)_{\Delta t \to 0} = \frac{F(t+\Delta t) - F(t)}{R(t)\Delta(t)} = \frac{\Delta F(t)}{R(t)\Delta(t)} = \frac{F'(t)}{R(t)} = \frac{f(t)}{R(t)}$$

$$\lambda(t) = \frac{f(t)}{R(t)} = \frac{\dfrac{\mathrm{d}r}{N\mathrm{d}t}}{\dfrac{N_{\mathrm{S}}}{N}} = \frac{\dfrac{\mathrm{d}r}{\mathrm{d}t}}{N_{\mathrm{S}}} = \frac{\mathrm{d}r}{N_{\mathrm{S}}\mathrm{d}t}$$

该式与式(2.8) 相同。

失效率等于产品在工作 t 时刻后,单位时间内发生的故障概率。$\lambda(t)$ 称为瞬时失效率,它的平均失效率为

$$\bar{\lambda} = \frac{1}{t}\int_0^t \lambda(t)\mathrm{d}t \tag{2.12}$$

(3) 失效(故障) 率 $\lambda(t)$ 的估计

$\lambda(t)$ 的微分计算比较困难,常常用差分进行计算。

$$\mathrm{d}r \approx r(t+\Delta t) - r(t) \qquad \mathrm{d}t \approx \Delta t \qquad N_{\mathrm{S}}(t) = N - r(t)$$

因而,估计值

$$\hat{\lambda} = \frac{r(t+\Delta t) - r(t)}{[N - r(t)]\Delta t} \tag{2.13}$$

式中　$N_{\mathrm{S}}(t)$—— 到 t 时刻尚未发生故障的产品数或剩余产品数;

$\Delta r(t)$—— 时间间隔$(t, t+\Delta t)$ 内的故障产品数;

$r(t)$—— 从 0 到 t 时刻,产品累积故障数;

Δt—— 所取时间间隔。

【例 2.2】　有 100 件电子产品进行寿命试验,在时间为 100 h 前没有失效,在 100 ~ 105 h 时间内失效 1 件,到 1 000 h 前共有 51 件失效。而在 1 000 ~ 1 005 h 之间只失效 1 件。请分别求出 100 h 与 1 000 h 的故障概率密度与失效率。

解　由题意,当 100 h,$\Delta t_1 = 5$,$\Delta r_2 = 1$,则

$$\hat{f}(100) = \frac{1}{100 \times 5} \qquad \hat{\lambda}(100) = \frac{1}{100 \times 5}$$

当 $t = 1\ 000\ \text{h}, n_s = 100 - 51 = 49, \Delta t_1 = 1\ 005 - 1\ 000 = 5$,则

$$\hat{\lambda}(1\ 000) = \frac{\Delta n_f(1\ 000)}{n_s(1\ 000)\Delta t} = \frac{1}{49 \times 5} \qquad \hat{f}(1\ 000) = \frac{1}{n} \times \frac{\Delta n_f(1\ 000)}{\Delta t} = \frac{1}{100} \times \frac{1}{5}$$

由上述分析可见,故障概率密度不随着失效数的增加而变化,而失效率则与剩余产品数密切相关。

(4) 失效率的类型与单位

失效率一般有 3 种形式,早期失效型、偶然失效型与耗损失效型等,如图 2.7 所示。

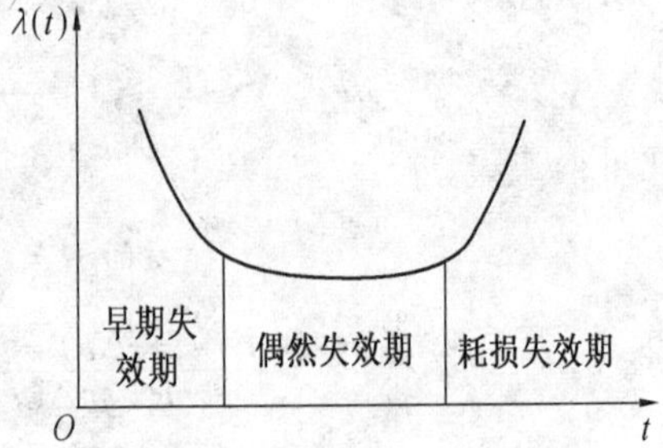

图 2.7　失效率变化曲线

① 早期故障阶段,其特点是故障率较高,随着时间的增加,故障率迅速下降。主要是由于设计和制造工艺上的缺陷而产生的故障,可以通过质量管理、可靠性筛选试验等办法淘汰故障产品。

② 偶然故障阶段,产品故障率低且稳定,近似为常数。故障主要由偶然因素引起,本阶段是产品的主要工作阶段。

③ 耗损故障阶段,这个阶段故障率迅速上升,很快导致产品报废,故障主要由于老化、疲劳耗损引起。

以上 3 个故障阶段画成曲线,很像浴盆,因此失效率曲线又称浴盆曲线。

故障率的单位是 Fit(Failure Unit,费特),是失效率的基本单位,1 Fit = $10^{-9}\ \text{h}^{-1}$,即相当于 100 000 件产品,工作 10 000 h 只失效 1 件。广义的单位概念,可以是次数、周期等。

2.2.5　失效率与可靠度、不可靠度、故障概率密度的关系

(1) 失效率与可靠度的关系

由式(2.10) 已知

$$\lambda(t) = \frac{f(t)}{R(t)}$$

因为

$$f(t) = \frac{\mathrm{d}F(t)}{\mathrm{d}t} = F'(t), F'(t) = -R'(t)$$

故

$$\lambda(t) = \frac{-R'(t)}{R(t)}$$

由

$$\lambda(t) = -\frac{R'(t)}{R(t)} = -\frac{1 \cdot \mathrm{d}R(t)}{R(t)\mathrm{d}t}$$

得

$$\lambda(t)\mathrm{d}t = -\frac{\mathrm{d}R(t)}{R(t)}$$

$$-\lambda(t)\mathrm{d}t = \frac{\mathrm{d}R(t)}{R(t)}$$

积分

$$-\int_0^t \lambda(t)\mathrm{d}t = \int_0^t \frac{\mathrm{d}R(t)}{R(t)} = \ln R(t)\mid_0^t = \ln R(t)$$

故得

$$R(t) = \mathrm{e}^{-\int_0^t \lambda(t)\mathrm{d}t} \tag{2.14}$$

当 $\lambda(t)=\lambda$ 为常数时，则 $R(t)=\mathrm{e}^{-\lambda(t)}$，失效数据为指数分布时，$\lambda(t)=\lambda$，因此指数分布的可靠度为 $R(t)=\mathrm{e}^{-\lambda t}$。

(2) 失效率 $\lambda(t)$ 与不可靠度(故障概率) 的关系

因为

$$R(t) = \mathrm{e}^{-\int_0^t \lambda(t)\mathrm{d}t}$$

又

$$R(t) = 1 - F(t)$$

故

$$F(t) = 1 - \mathrm{e}^{-\int_0^t \lambda(t)\mathrm{d}t} \tag{2.15}$$

(3) 失效率与故障概率密度的关系

由式(2.10) 可知

$$\lambda(t) = \frac{f(t)}{R(t)} = \frac{f(t)}{1 - F(t)}$$

由式(2.6) 可知

$$F(t) = \int_0^t f(t)\mathrm{d}t$$

故得

$$\lambda(t) = \frac{f(t)}{1 - \int_0^t f(t)\mathrm{d}t} \tag{2.16}$$

表示可靠度的表达式已全部给出。从上面各式可知，求可靠度比较灵活，只要给出四个参数($f(t)$、$F(t)$、$R(t)$ 和 $\lambda(t)$)之一，即可求得全部参数，为应用提供了方便。通常应用概率密度函数或失效率函数来计算可靠度或故障概率。

2.3　可靠性寿命特性

寿命是可靠性的又一种表示，产品的寿命是产品具有可靠性要求条件下的时间表示，是反映产品可靠性的时间指标,如平均寿命、可靠寿命、中位寿命以及特征寿命等。

2.3.1 平均寿命

因为产品分为可维修产品和不可维修产品,因此平均寿命也有 2 种区分,如图 2.8 所示。不可维修产品的寿命表示为 MTTF(Mean Time To Failure);可维修产品的寿命表示为 MTBF(Mean Time Between Failure)。

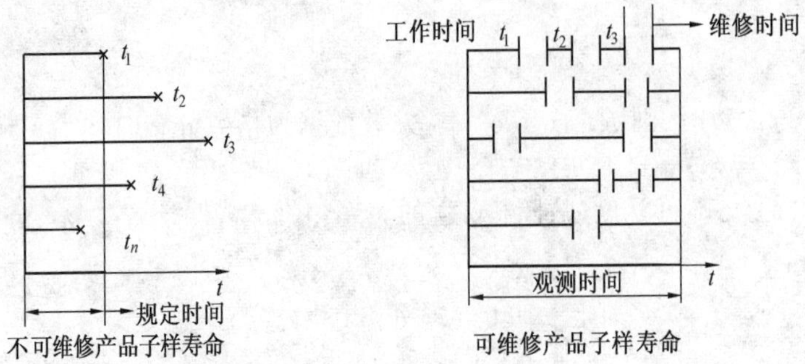

图 2.8 不可维修产品与可维修产品样本寿命示意图

1.不可维修产品平均寿命 MTTF(子样失效时间平均值)

设 N 个不可维修产品在同样条件下试验,测得全部寿命数据(每件失效时间)为 t_1,t_2,…,t_n,则其平均寿命为 θ,则

$$\theta = \mathrm{MTTF} = \frac{1}{N}\sum_{i=1}^{N} t_i \tag{2.17}$$

如果子样比较大,即 N 很大,则将数据分成以 t_i 为中值的 m 组,每组的失效数为 Δr_i,则得

$$\theta = \frac{1}{N}\sum_{i=1}^{m} t_i \Delta r_i \tag{2.18}$$

每组的频率为

$$p_i = \frac{\Delta r_i}{N}$$

代入式(2.18),得

$$\theta = \sum_{i=1}^{m} t_i p_i \tag{2.19}$$

式(2.19)即为离散型随机变量的数学期望。

假设 $m \to \infty$,则

$$\frac{\Delta r_i}{N} \to \frac{1}{N} \cdot \frac{\mathrm{d}r_i}{\mathrm{d}t}\mathrm{d}t = f(t)\mathrm{d}t$$

式(2.19)可以用积分形式表示为

$$\theta = \int_0^{\infty} tf(t)\mathrm{d}t \tag{2.20}$$

将 $f(t) = -\frac{\mathrm{d}R(t)}{\mathrm{d}t}$ 代入式(2.20),得

$$\theta = \int_0^{m} t\left[-\frac{\mathrm{d}R(t)}{\mathrm{d}t}\right]\mathrm{d}t = -[tR(t)]_0^{\infty} + \int_0^{\infty} R(t)\mathrm{d}t$$

故

$$\theta = \int_0^{\infty} R(t)\mathrm{d}t \tag{2.21}$$

图 2.9 说明产品的平均寿命等于产品可靠度在所有时间段的积分。

当可靠度 $R(t) = \mathrm{e}^{-\lambda t}$ 时,则

$$\theta = \int_0^{\infty} \mathrm{e}^{-\lambda t}\mathrm{d}t = \frac{1}{\lambda} \tag{2.22}$$

式(2.22) 说明,当产品寿命服从指数分布时,其平均寿命 θ 为失效(故障) 率的倒数。

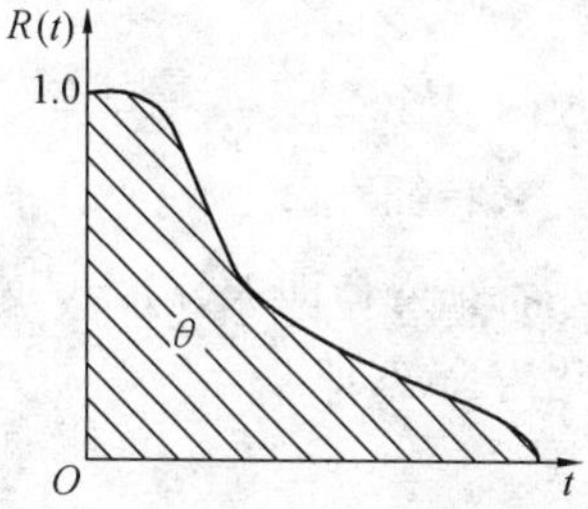

图 2.9　平均寿命可靠度的关系

2.可维修产品的平均寿命 MTBF(平均故障间隔时间)

一个可修复产品在使用中发生 N 次故障,每次故障修复后又如新的一样继续投入工作,其工作时间分别为 $t_1, t_2, \cdots, t_n$(图 2.8),其平均寿命为

$$\theta = \mathrm{MTBF} = \frac{1}{N}\sum_{i=1}^{N} t_i = \frac{T}{N} \tag{2.23}$$

式中　T—— 总工作时间,$T = \sum_{i=1}^{N} t_i$。

2.3.2　可靠寿命、中位寿命与特征寿命

1.可靠寿命

可靠寿命即产品可靠度对应的时间,当给定可靠度 $R_0 = R(t)$ 时,由 $R_0 = R(t)$ 解出 t 值即为可靠寿命。指数分布的可靠寿命方程为

$$t(R_0) = \frac{1}{\lambda}\ln\frac{1}{R(t)}$$

$R_0 = P(T > t)$ 的解,记为 $t(R_0)$,见图 2.10。

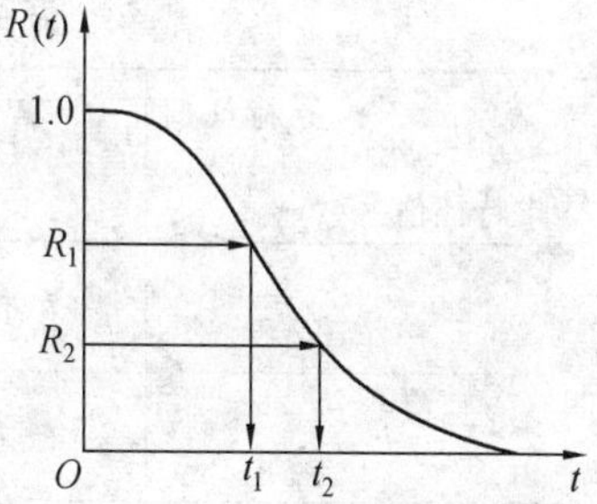

图 2.10　可靠度与寿命的关系

从图中可以看到,不同的可靠度对应不同的可靠寿命。如 $R_1 = 99\%$,则 $t(0.99)$ 等等。图中还表示,在本情况下,可靠度越高,寿命越短,反之,可靠度越低,则寿命越长。

【例 2.3】　某产品服从指数分布,$R(t) = \mathrm{e}^{-\lambda t}$,求 $t(R)$ 或 $t(0.9)$。

由 $R(t)=\mathrm{e}^{-\lambda t}$ 得

$$t(R)=\frac{1}{\lambda}\ln\frac{1}{R}$$

所以

$$t(0.9)=\frac{1}{\lambda}\ln\frac{1}{R}=0.105\ 26\ \frac{1}{\lambda}$$

2.中位寿命

中位寿命是指可靠度为0.5时的寿命，即 $t(0.5)$ 的值，即表示为

$$t(0.5)=\frac{1}{\lambda}\ln 2=0.639\ 15\ \frac{1}{\lambda}$$

3.特征寿命

特征寿命即 $R(t)=\mathrm{e}^{-1}=0.368$ 时对应的寿命，失效规律服从指数分布时，特征寿命就是平均寿命 θ，即

$$\ln R(t)=-\lambda t$$

$$t=\frac{1}{\lambda}=\theta$$

2.4　可靠度 $R(t)$、故障概率 $F(t)$、故障概率密度 $f(t)$ 与失效率 $\lambda(t)$ 之间的变换关系

可靠度 $R(t)$、故障概率 $F(t)$、故障概率密度 $f(t)$ 与失效率 $\lambda(t)$ 之间的变换关系如表2.1所示。

表2.1　可靠性主要特征值间的变换关系

表达式 原特征值 / 求特征值	$R(t)$	$F(t)$	$f(t)$	$\lambda(t)$
$R(t)$	相等	$1-F(t)$	$1-\int_0^t f(t)\mathrm{d}t$	$\mathrm{e}^{-\lambda t}$
$F(t)$	$1-R(t)$	相等	$\int_0^t f(t)\mathrm{d}t$	$1-\mathrm{e}^{-\lambda t}$
$f(t)$	$-\frac{\mathrm{d}R(t)}{\mathrm{d}t}$	$\frac{\mathrm{d}F(t)}{\mathrm{d}t}$	相等	$\lambda\mathrm{e}^{-\lambda t}$
$\lambda(t)$	$\frac{-R'(t)}{R(t)}$	$\frac{F'(t)}{1-F(t)}$	$\frac{f(t)}{1-\int_0^t f(t)\mathrm{d}t}$	相等

注：该表是以指数分布为例表示的参数关系。

习　题

1. 已知某批零件的寿命数据分布服从指数分布，当工作到 20 h 时可靠度为 0.9，求该批零件的平均失效率、故障概率密度与平均寿命。

2. 某设备的失效(故障)率函数为

$$\lambda(t)=\begin{cases}0 & 0\leqslant t\leqslant \mu\\ \lambda & \mu\leqslant t\end{cases}$$

试求该设备的故障概率密度函数、平均寿命与不可靠度。

3. 已知某电子元器件一批 1 000 只，使用 50 h，失效 200 只，使用到 100 h，又失效 50 只，求 $R(50\ \text{h})$ 与 $R(100\ \text{h})$ 各为多少？

4. 有一批电视机 2 000 台，使用 2 000 天，失效 200 台，再使用 1 000 天，又失效 250 台，再次使用 150 天，又失效 150 台，问该批的电视机的故障概率密度与失效率各为多少？

5. 有一批零件失效率为 $\lambda = 0.001\ \text{h}^{-1}$，试求工作 500 h 的可靠度、平均寿命与故障概率密度。

6. 有一批零件寿命数据服从正态分布，平均寿命为 12 000 h，寿命的标准差为 2 000 h，试求产品工作 8 000 h 的可靠度及可靠度为 0.9 时的可靠寿命与中位寿命。

7. 已知某产品的故障概率密度函数为 $f(t) = 0.002\mathrm{e}^{-0.002t}$，试求在 $t = 1\ 000$ h 时的可靠度、失效率与平均寿命。

8. 在给定 MTTF 时，求寿命服从指数分布的产品的可靠度，并给出失效率与故障概率密度。

第 3 章　可靠性试验与可靠性增长

3.1　可靠性试验的分类与意义

3.1.1　可靠性试验的目的与意义

可靠性试验的根本目的主要有两个,一个是增长,另一个是验证。

产品经过可靠性设计之后,需要通过试验来暴露问题,然后针对问题采取改进措施,从而使产品可靠性获得增长。这种为暴露产品的可靠性薄弱环节并采取针对可靠性的改进措施,防止故障再现而进行的可靠性试验,称为可靠性增长试验。可靠性增长试验要反复多次(通常2～3 次),每经历一次,可靠性增值一次,最后达到可靠性设计目标。增长程度取决于设计师对试验暴露问题的分析与改进程度。

可靠性增长试验与一般的工程试验(功能试验、环境试验等)既有联系又有区别,它们的相同点都是要暴露问题并采取改进措施,所以可靠性增长试验与一般的工程试验通常结合进行;而一般的工程试验只注重通过 1～2 次试验来判断好或坏,但可靠性增长试验则需要有一定数量的试验来说明其可靠性水平或增长程度。

产品的可靠性设计是否有效,其可靠性水平是否满足设计预定的指标要求,需要通过试验加以验证。这种为验证产品可靠性而进行的可靠性试验,称做可靠性验证试验。可靠性验证试验包括可靠性鉴定试验与可靠性验收试验。

可靠性鉴定试验就是设计定型阶段的可靠性验证试验,其目的是判定产品可靠性是否达到规定的指标要求,为设计定型提供依据。

可靠性验收试验就是生产交付阶段的可靠性验证试验,其目的是检验某批产品是否因生产过程中各种因素影响使可靠性降低,从而确定该批产品能否被接收。

可靠性验证试验与可靠性增长试验既有联系又有区别,有联系一面主要表现在一次成功的可靠性增长试验可以代替可靠性验证试验,而可靠性验证试验如果暴露出重大问题,也必须采取改进措施,使可靠性获得增长,从而演变为可靠性增长试验;有区别的一面主要表现在可靠性验证试验的基本目的是验证产品的可靠性,而不是暴露问题,因此要求产品的技术状态是“冻结”不变的,而可靠性增长试验主要目的是暴露问题并采取改进措施,因此产品的技术状态总是在不断变动的。

可靠性验证试验的具体内容随着被验证的对象不同,任务不同,采用的验证指标不同而各异,大体上可归纳为以下几个方面。

① 性能试验。这类试验验证的指标是产品性能参数的可靠性,观察性能参数测试值。

② 功能试验。这类试验验证的指标是产品的功能可靠性,观测因功能失效的不合格品数。

③ 工作寿命试验。这类试验验证的指标是产品的平均寿命,观测产品寿命数据。

④ 贮存寿命试验。这类试验验证的指标是产品在非工作状态下的贮存期,观测贮存数据。

⑤ 加速寿命试验。这类试验验证的指标是平均寿命、贮存期等,观测加速寿命数据。由加速试验的结果可以外推正常使用状态下的产品寿命指标,从而达到验证目的。

3.1.2　可靠性试验的分类

狭义上讲,可靠性试验是指为了评价产品的可靠性而进行的试验;广义上讲是为了评价或提高产品(包括系统、设备、元器件、原材料)可靠性而进行的试验,包括可靠性增长试验和可靠性验证试验。可靠性验证试验又可分为可靠性鉴定试验和可靠性验收试验。此外,在生产过程中,为了保证产品或系统可靠性而进行的老炼和筛选试验,习惯上也统称为可靠性试验。可靠性试验的分类可归纳于表 3.1 中。

表 3.1　可靠性试验分类

按试验目的分类	①可靠性增长试验;②可靠性验证试验(设计鉴定);③筛选试验(环境应力筛选);④生产验收试验;⑤失效物理分析试验
按试验性质分类	①环境试验;②边缘性能试验;③性能试验,(加速)寿命试验(a.工作寿命试验,包括随机寿命(MTBF)试验和耗损寿命试验;b.贮存寿命试验)

3.2　卫星产品可靠性的特点

与其他产品相比,卫星有以下一些特点。

(1)卫星从出厂后经运输、发射上天、入轨及轨道运行等过程直至返回地面,要经受各种各样环境的影响和作用,这些环境的复杂性与多样性是任何产品都不能比的。例如,在地面运输中,卫星经受到振动、冲击和地面气候环境的作用;在发射过程,有加速度、噪声和振动、冲击等力学环境的作用;还有大气压力和温度的急剧变化影响;在轨道运行过程中,卫星处于真空和深冷环境,还受到宇宙射线、太阳辐射、电磁辐射、高能粒子等作用,此外还有等离子体、地磁场、微重力、原子氧、微流星与空间碎片等各种空间环境的影响。

不同的环境对卫星的影响和造成的损害也不一样,例如,力学环境主要造成结构的变形或损坏;真空、深冷环境和太阳照射组成的热、真空环境会使卫星上的仪器设备不能正常工作;空间辐射环境会使卫星上用的电子元器件、热控涂层和光学镜面的性能发生变化或变质,它是导致电子元器件或线路出现故障的重要原因;而等离子体对卫星表面产生的充放电现象也曾造成多起卫星故障;超高真空环境会导致活动部件及转动机构因冷焊效应而失灵,同时使某些展开部件不能正常展开;此外,地磁场会影响卫星的姿态,微重力环境会使某些仪器不能正常工作,微流星及空间碎片会损坏卫星结构和表面材料的特性等。由于卫星要求的寿命较长,空间环境的长期综合作用更是影响卫星高可靠、长寿命的重要因素。多年来,世界各国对卫星经受的空间环境进行了并继续在进行大量的研究工作,但是还不能说对空间环境的影响已经了解得很清楚。因此,如果在卫星研制中对环境问题不予以足够重视,就有可能使卫星不能满足合同规定的任务要求,甚至导致整个飞行任务的失败。

(2)卫星的研制成本高、研制周期长、生产数量少,而且发射上天以后出现的问题极难补救,因此要求卫星有极高的可靠性。要实现这一目标,必须使所研制的卫星能有充分承受各种预期的发射环境和空间轨道环境的能力,并尽量在发射前采取各种措施,在地面把卫星存在的潜在缺陷减至最少。为此,除了精心设计和制造,在研制过程中进行大量的再现卫星环境或这些环境效应的环境(模拟)试验是验证卫星设计和制造工艺的有效而经济的重要手段。卫星产品,从组件、分系统到整个卫星,能否通过预定的环境试验项目,成为产品是否合格和能否交付使用或验收的重要依据。

(3)卫星的体积不大,但是构造复杂,包含了多个分系统,并采用了大量先进精密的光电仪器设备,对环境的敏感性高;另一方面,由于体积和质量的限制,结构紧凑而且各部分之间的影响和干扰较大,结构设计的安全余量较小。这些给设计、制造和试验都带来了额外的困难,在制定和实施环境试验计划时必须十分谨慎。

(4)由于卫星是单件、小批量生产,用于批量生产的武器装备的统计试验方法是不适用的,必须要有一套适合卫星研制特点的做法来计划与实施环境试验。同样,对卫星可靠性的评估与批量生产的产品的评估也有很大差别,这是不能不认识到的。

由于上面所述的原因,在卫星研制中环境和环境试验对保证产品的可靠性有着特殊重要的意义。为此,世界上各个发展航天技术的国家在卫星环境试验设备研制和实验室建设、环境实验模拟方法和技术研究等方面投入了大量的人力与物力。多年来的实践证明,通过大量的、严格的环境试验,验证了卫星的设计和制造工艺,暴露了产品的缺陷,并及时得到改正,这对保证卫星的可靠性起到了重要的作用。反之,一个卫星型号,如果地面环境试验做得不够充分,发射上天后出现的问题就会更多,影响卫星上设备的正常工作,甚至造成整个任务失败。概括起来,卫星可靠性特点如下:

① 小子样。卫星的造价极其昂贵,一般只投试三四套样品,谈不上大批量生产。

② 长寿命。一台星上设备,因其任务时间长达数年,其成功运行循环次数极其有限,这样给概率统计分析带来极大的困难。

③ 不可修。一般而言卫星一经发射上天,就失去了有效的维修机会,不利于改善产品的可靠性。

④ 严酷性。卫星要经受非常恶劣的环境,如火箭发射的巨大冲击、振动、噪声;空间轨道上的真空;失重、高能粒子辐照、强紫外线辐射以及大范围温度交变等。

⑤ 高风险。卫星是一个由机、电、热、磁、光、动力、测控、通信等多学科最新研制的协同工作的大型复杂系统,其成败对经济乃至国家的形象颇受影响。

卫星可靠性是一项系统工程,卫星总体及各分系统承制单位,应当制定相应的可靠性保证大纲,按照研制进程部署可靠性(有时包括安全性)工作的项目要求,并由相应管理部门予以配合和监督实施。

3.3　卫星环境试验与可靠性试验的关系

3.3.1　卫星环境试验

世界各国经过多年的实践,总结出了一套适合于卫星研制特点的试验阶段,它大致可分为 3 个阶段。

1.初样阶段的研制试验

在卫星正式设计制造以前的方案阶段和初样设计阶段要进行各种类型的“研制试验”,目的是要验证产品的设计、制造工艺方案和方法的正确性,为确定产品的正样状态,转入正样研制阶段做好准备。此外,通过环境试验来选择和筛选要使用的电子元器件和材料也是研制试验中的重要部分。在此阶段,要对各种模型(主要有结构模型、热模型等)及初样产品做试验,试验条件应尽量模拟实际的环境,充分了解各种环境对所研制卫星的影响;如有必要,应考虑可能遇到多种环境的综合作用,即进行综合环境试验;研制试验的试验条件应尽量严格,只准高于而不能低于鉴定试验条件,使设计中的薄弱环节尽量暴露出来。这是一个试验—分析—修改—试验不断反复的过程,在有充分的把握后,再转入正样设计和制造阶段。这一阶段的试验实际上相当于可靠性标准中所指的可靠性研制－增长试验。

2.正样阶段的鉴定试验

当制造出正式的产品后,要取其中一件有代表性的正样产品进行鉴定试验,目的是要验证产品设计符合合同要求并有足够的余量。鉴定试验的试验条件应十分严格,产品通过鉴定试验后,可以认为它的设计已经得到充分考核,能够经受预计的最恶劣环境而正常工作,设计的可靠性已得到保证。但由于鉴定试验条件十分严格,以往都规定经过鉴定试验的产品不能再用来发射,因为担心产品的有效寿命已经大部分被消耗。然而,这样就会造成一定的浪费,因此,现在已经允许在一定条件下经鉴定试验的产品(包括整个卫星)可用于发射,但试验条件(幅值和试验时间)要适当降低,以免过多消耗产品的有效寿命,这就是所谓原型飞行(Protoflight)原理。这种做法现在已经被广泛用于有一定继承性的型号中。

3.验收试验

对要交付使用的每一件产品包括所有装在卫星上的仪器设备及整个卫星都要进行验收试验,目的是要暴露产品制造中的潜在缺陷(包括工艺、装配、所用元器件及材料的缺陷),尽量排除早期失效,同时验收试验也就是要起到现在可靠性标准中所说的环境应力筛选的作用,来提高产品的使用可靠性,但是验收试验的项目比环境应力筛选(主要是随机振动试验和热循环试验)要广泛得多。只有当产品通过了按合同规定的验收试验项目,才能算是合格,可以交付使用,要交付的产品是否通过验收试验,是它能否交收的重要依据。但是,验收试验的条件的制定需十分谨慎,既能足够暴露这些缺陷,又不致削弱被试产品的有效寿命。

环境试验贯穿在卫星的整个研制过程中。一方面,试验从初样阶段开始,一直继续到正式用于发射的产品的出厂验收,研制试验要做深做透。尽量不把设计中的问题留到研制的正样阶段;另一方面,试验又必须从材料、元器件、零部件、组件、分系统到系统(整星)逐级进行,尽量在低的装配级别把问题暴露和排除,从而不断改进和提高各级产品的可靠性直至保证最终产品的可靠性。因此,从卫星型号研制开始,就应制定一个全面完整的试验计划,并随着研制进程不断明确和修正。

上面介绍的卫星环境试验理论和做法是经过多年实践总结出来的,世界各国包括中国在内都是以这样的程序来对卫星进行试验。实践证明,通过3个阶段的环境试验能在最大限度上暴露和排除产品在设计与制造中的缺陷,实现航天产品可靠性的不断改进和提高,尽量排除早期失效,能够以很高的置信度(但不是百分之百)来保证卫星有高的成功率和所要求的工作性能与寿命。

3.3.2 卫星环境试验与可靠性试验的关系

在卫星研制过程中是不是要做所谓的可靠性试验呢?目前,有人把可靠性试验与环境试验割裂开来,似乎环境试验仅仅解决了所谓的“环境适应性”问题,不能保证产品的可靠性,所以除了环境试验,还要按可靠性管理与保证的标准中规定做可靠性试验,例如环境应力筛选和可靠性研制－增长试验,这实际上是一种误解。前面已经提到,“环境试验”和“可靠性试验”一样,都是一种广义的概念。现在,可靠性试验的内容已经不限于评估和测定产品的可靠性指标是否满足合同要求。对卫星及其组件这种单件或小批量生产、研制价格昂贵的高科技产品,不可能按批量生产的产品那样来应用统计数学方法进行试验设计并进行可靠性评估。实际上,卫星的研制试验包含了或在一定意义上相当于可靠性标准中的可靠性研制－增长试验;卫星的鉴定试验则相当于可靠性标准中的可靠性鉴定试验;而验收试验包含了环境应力筛选的内容和原理。在卫星研制过程中组件(设备)级以上的试验主要是依据现行的环境试验标准来制定试验大纲与计划、确定试验项目和要求,而并没有另外的可靠性试验标准。对卫星或其他类型航天器来说,可靠性试验和环境试验应该是统一和一致的,只是看问题的角度不同而已。

3.4　寿命试验和加速寿命试验

狭义的可靠性试验主要是指寿命试验,寿命试验是一种重要的可靠性试验形式。通过寿命试验可以获得诸如失效率、平均寿命等可靠性特征量,以此作为可靠性预计、制订筛选条件、进行可靠性鉴定、改进产品质量的依据。

3.4.1　寿命试验的分类

长期寿命试验包括长期贮存试验和长期寿命试验,后者是传统的寿命试验方法,它又分静态偏置和动态工作两种。静态偏置就是加直流额定负荷的试验,所用设备简单,结果有一定价值。动态工作是模拟产品实际工作状态,例如集成电路在规定负载和加输入信号条件下所作的寿命试验,它比静态试验的结果更准确。当然,动态试验的设备较为复杂。

由于电子元器件水平迅速提高,长期寿命试验方法遇到很大困难。例如为了以 90% 置信度验证失效率为 $1\times10^{-8}\ \mathrm{h}^{-1}$ 的元件,如果采取长期寿命试验的方法,需用 23 000 只试验 10 000 h无失效。这个代价高到不现实的程度。因此,广泛采用了加速寿命试验的方法,就是在不改变产品失效机理、不引入新的失效因子的前提下,提高试验应力,加速产品失效进程,再根据加速试验结果,预计正常应力下的产品寿命。根据应力施加的方式,加速寿命的试验分为恒定应力、步进应力、序进应力加速寿命试验 3 种。

① 恒定应力加速寿命试验是将一定数量的试样分几组,每组固定一个应力水平进行试验。它的试验因素单一,数据容易处理,外推精度较高,故最常用。

② 步进应力加速寿命试验是以积累损伤失效物理模型为理论依据,试验时,每组样品固定一个逐级升高应力的时间,直到足够数量的样品失效为止。这种试验一般假定前面低一级试验对本级试验的影响可以忽略不计,实际上往往不可忽略,所以试验的预计精度较低。这种试验的优点是试验周期较短,通常用于工艺对比、筛选摸底定性分析场合。

③ 序进应力加速寿命试验可以近似看做步进应力的每级应力差很小的极限情况。进行这种试验需要专门的程序控制,一般很少采用。以上 3 种加速寿命方法分别如图 3.1 所示。

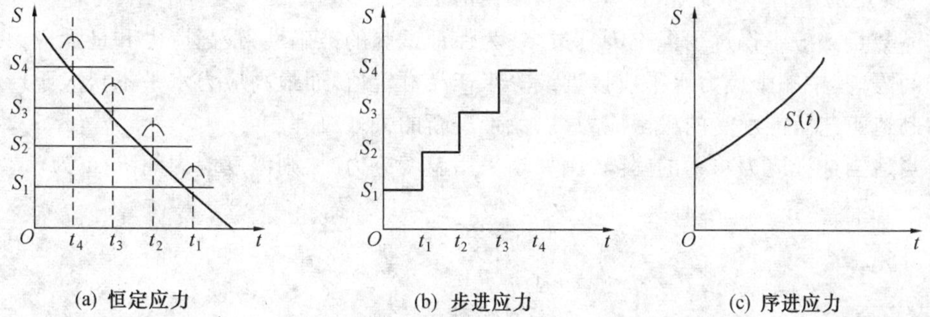

图 3.1　加速寿命试验方法

综上所述,可以把寿命试验分类情况归纳如下:寿命试验分工作寿命试验(包括静态偏置寿命试验、动态工作寿命试验)和贮存试验;加速寿命试验分恒定应力加速试验、步进应力加速寿命试验和序进应力加速寿命试验3种。

3.4.2 加速寿命试验的设计问题

1.加速寿命试验设计需解决的主要问题

(1) 加速应力 S 的选择

在估计电子元器件在常温下的贮存寿命特征时,可以选择环境作为加速应力。因为高温会使电子元器件加快化学反应。而在化学反应速率与绝对温度 T 之间存在着 Arrhenius 经验公式,即

$$\frac{\mathrm{d}M}{\mathrm{d}t} = A_0 \mathrm{e}^{-A_E/KT} \tag{3.1}$$

式中 A_E—— 失效机构激活能;

K—— 波尔兹曼常数;

T—— 绝对温度;

A_0— 常数。

在估计电子元器件在额定条件下的工作寿命特征时,可以选择直流电压(或电流、功率)作为加速应力。在物理学上,已经总结出所谓"逆幂律"关系,它反映了产品寿命 T 与直流电压 V 之间的关系,即

$$T = 1/dV^C \tag{3.2}$$

式中 d、C—— 正的常数。

以上逆幂律表明,V 增加时产品寿命下降。在估计电子元器件在额定条件下的工作寿命特征时,也可以选择环境温度作为加速应力。但试验中必须同时施加额定直流工作电压,否则估计出来的结果不是工作寿命特征,而是贮存寿命特征。

(2) 确定加速应力水平($s_1, s_2, \cdots, s_k$)样品数量

样品数量一般不得过少但也不宜过多。为保证试验的准确性,最高应力和最低应力之间有较大的间隔。其中一个应力水平应接近或等于产品额定值。而最高应力水平不得大于产品结构材料和制造工艺所能承受的极限应力,以免带进新的失效机理。

应当适当选择应力水平的间隔,例如当采用温度应力时,则温度应力间隔 Δ 为

$$\left.\begin{aligned} &\frac{1}{T_2} = \frac{1}{T_1} - \Delta;\quad \frac{1}{T_3} = \frac{1}{T_1} - 2\Delta;\quad \cdots \\ &\Delta = \left(\frac{1}{T_1} - \frac{1}{T_K}\right)\bigg/(K-1) \end{aligned}\right\} \tag{3.3}$$

当采用电应力时

$$\left.\begin{array}{l}\lg V_2 = \lg V_1 + \Delta;\quad \lg V_3 = \lg V_1 + 2\Delta;\cdots \\ \Delta = (\lg V_K - \lg V_1)/(K-1)\end{array}\right\} \tag{3.4}$$

试验样品应随机抽取，一般是等分为 K 组，每个应力水平下样品数量不少于10只，特殊情形下不少于 5 只。

(3) 确定测试周期和停试时间

由于寿命分布的密度函数大都近于指数形式，所以一般按对数等间隔选取测试时间。例如，设 τ 是测试时间，$\lg\tau$ 是其对数，可按 $\lg\tau$ 每隔 1/3 测试一次，这样测试时间可按表 3.2 执行。

表 3.2　恒定应力加速寿命的测试时间

$\lg\tau$	0	0.33	0.67	1	1.33	1.67	2	2.33
τ/h	1	2	5	10	20	50	100	200

应该注意，在每个加速应力水平下，测试点个数不少于 5 个(指能测到失效产品的失效点)，每个测试点上失效数应当相近。

在整个恒定应力加速寿命试验中，在高应力水平下的寿命试验费时较少，而低应力水平下试验费时较多，因此常用分组截尾试验。那么一般要求各组截尾失效占各组投试数的 50% 以上，至少占 30% 以上。

2. 加速寿命试验的前提条件

加速寿命试验是在几条基本假定之下采取的，下面就以威布尔分布的情形为例讨论 3 条基本假设。

【假设 3.1】　设 S 是对产品所选的加速应力，其正常应力水平为 S_0，加速应力水平为 $S_1 < S_2 < \cdots < S_k$，则在任一应力水平 S_i 下，产品寿命 T_i 都服从威布尔分布，即

$$F(t_i) = 1 - e^{-(t_i/\eta_i)^{m_i}} \quad t \geqslant 0, m_i \geqslant 0, \eta_i \geqslant 0 \tag{3.5}$$

式中　m_i—— 形状参数；

η_i—— 尺度寿命。

在各应力水平 S_i 之间的差别仅在参数值 m_i 不同和 η_i 不同，这一点可在威布尔概率纸上得到验证。假如各应力水平下数据点在威布尔概率纸上都基本上是直线，则假设 3.1 成立。

【假设 3.2】　在加速应力水平 S_i 下，产品失效机理与正常应力水平 S_0 产品失效机理相同，因为威布尔分布的形状参数 m 的变化反映了失效机理的变化，所以这一假设在数学上就是要求形状参数不变，即 $m_0 = m_1 = \cdots = m_k$。

这一假设也可以在威布尔概率纸上验证。因为形状参数 m 就是威布尔概率纸上一条上升直线的斜率，假如 S_i 下得到的失效数据点在威布尔概率纸上基本上是一族平行直线，则假设 3.2 成立。

【**假设 3.3**】 产品特征寿命 η 与所加应力的关系为

$$\ln \eta = a + b\varphi(S) \tag{3.6}$$

式中 a、b—— 待估参数；

$\varphi(S)$—— 应力 S 的某一已知函数。

上述关系通常称为加速寿命方程。

加速应力为温度应力时，按 Arrhenius 方程有

$$\ln \eta = \ln a + \frac{E}{k}\left(\frac{1}{T}\right) \tag{3.7}$$

电压为加速应力时，按逆幂律有

$$\ln \eta = -\ln d - c\ln V \tag{3.8}$$

国内外大量实验数据表明，不少产品可以满足这 3 项假定，即不少产品可以进行恒定应力加速寿命试验。

恒定应力寿命试验和加速寿命试验方法及威布尔分布下试验数据处理方法请参考技术标准 SJ1432 ~ 1435—78。

3.5 可靠性增长试验

3.5.1 可靠性增长

通过逐步改正产品设计和制造中的缺陷，不断提高产品可靠性的过程叫可靠性增长(reliability growth)。缺陷分两大类，系统性缺陷和残余缺陷。

1. 系统性缺陷

系统性缺陷是指那些可通过修改设计或修改生产工艺、或通过不采用低于特定可靠性水平的元器件等办法可以消除或降低其影响的缺陷，由于系统性缺陷导致的失效叫做系统性失效，它可以较长时间在试验内复现。如果不修改，只靠修理或更换，则相似失效很可能再次出现。

2. 残余缺陷

缺陷不是系统性的缺陷，就是残余缺陷。由于残余缺陷导致的失效叫做残余失效，残余失效不会重复出现。

可靠性增长要改正产品缺陷，因此首先要发现缺陷。实现可靠性增长的基本要素主要有 3 个。

① 故障源的检测(主要通过分析与试验)。

② 发现问题的反馈。

③ 对发现的问题进行有效的改进。

这就是所谓"试验 — 分析 — 改进"TAAF(Test，Analysis and Fix)过程。

注意：在改进设计中有可能引进新的系统性缺陷；对发现的缺陷，改进措施不一定能予以消除，有时只能降低其故障率。

一般来说，残余缺陷的大部分可通过可靠性筛选予以消除(机械产品的磨合及电子产品的ESS、老炼等都是可靠性筛选的办法)。剩下的部分残余缺陷则留在产品中，在产品的寿命周期内随机出现。

3.5.2　可靠性增长试验

1.可靠性增长试验的定义与方式

对于卫星产品，由于它的小子样特性，我们一般把可靠性试验与可靠性增长试验同步处理。但根据MIL－HDBK－338，可靠性增长试验是在真实和模拟真实的环境条件下对产品进行正规试验的过程。其目的是为暴露和确定潜在的故障模式和机理，并通过采取纠正措施来防止(或减少)这些故障模式和机理的再现，从而使产品的可靠性得到增长，这些试验是在研制阶段利用投产前已经经过环境试验的样品进行的。可靠性增长试验所用的样机或试生产产品的设计能够反映预期在生产中所用的布局和生产过程。从上述定义中可以看到可靠性增长试验具有以下3个特点。

① 可靠性增长试验的对象是经环境试验的样机或是生产的产品。因此环境应力筛选、环境试验、寿命试验等统统不算可靠性增长试验，尽管它们也可使产品可靠性得以增长。

② 可靠性增长试验的剖面是真实剖面或模拟真实剖面，IEC1041"可靠性增长大纲"还规定要采用设计规范所允许的最恶劣的环境及运行状态，以及剖面要按包线原则设计。

③ 可靠性增长试验是一项不可缺少的为提高产品可靠性的一个工作项目。

产品的设计可靠性值(固有可靠性)一般应高于合同规定的可靠性值，可靠性预计就是按固有可靠性作基础的。当新产品的样机刚研制出来时，尽管功能上、环境适应性等方面可能已经达到了要求，但可靠性指标一般是不行的。美国的经验是：样机的可靠性初始值处于固有或预计可靠性的10% ～ 30% 之间。由于各类产品的性能、要求不同，该百分比值应根据经验总结出来。为此，必须对新样机进行一定时间的可靠性增长试验。试验是在典型条件下进行的，因此故障数据可以评估产品的可靠性。MIL－STD－2068规定，对于MTBF预期为50 ～ 2 000 h的产品而言，可靠性增长试验持续时间为规定的MTBF的10 ～ 25倍。一般来说，MTBF为T的故障在$2.3T \sim 3T$时间内能暴露，因此10 ～ 23倍的MTBF试验足以较好地暴露潜在的缺陷。MIL－STD－2068规定可靠性增长试验时间不能少于2 000 h，但一般不要超过10 000 h。可靠性增长试验有3种方式。

① 实验 — 改进 — 再试验(Test－Fix－Test)。这种方式是通过试验暴露问题，分析原因，立即着手改进，然后再通过试验验证，如此反复，即边试边改。增长曲线近似为平滑型上升曲

线，如图 3.2(a) 所示。

② 试验—发现问题—再试验(Test - Find - Test)。这种方式是通过试验发现问题，并不立即着手改进，等再试验，再发现问题到一个阶段结束以后，一起进行改进。增长曲线为阶梯型曲线，如图 3.2(b) 所示。

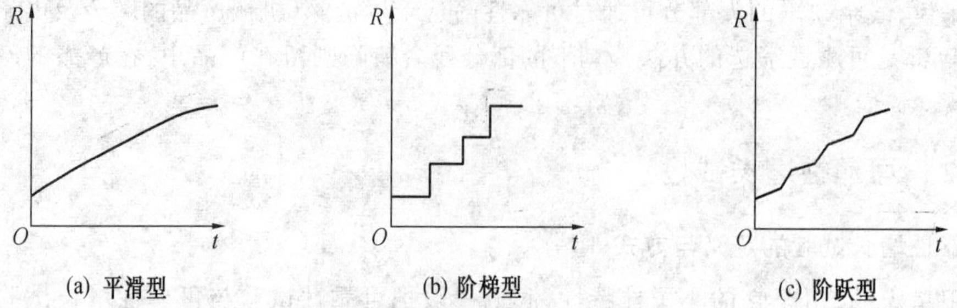

图 3.2　可靠性增长试验 3 种方式

③ 待延缓改进的试验—改进—再试验(Test - Fix - Test With Delayed Fixes)。这种方式是通过试验暴露问题，有些问题立即着手改进，有些问题延缓到阶段结束后再改进。增长曲线为阶跃型上升曲线，如图 3.2(c) 所示，它是前两种曲线的叠加。

可靠性增长试验规划采取何种增长方式，视具体情况而定。一般而言，如果试验规划包括 K 个试验阶段，每个阶段有 3 种增长方式，则全过程共有 $3K$ 种增长方式可供选择。例如有 2 个试验阶段，则全过程可靠性增长方式共有 $9(3^2 = 9)$ 种途径可供选择。

2. 可靠性增长模型

为了实现对可靠性增长的管理，需要有表示可靠性增长速度的数学模型，借助于此模型可对增长速度作相互评估，如果发现增长速度小于希望值，那就表明需要加强工作，使增长速度加快。由于研制期间产品是在不断改进之中，因此产品的技术状态是变动的，即反映产品可靠性水平的母体是变动的，可靠性增长的数学模型不同于不变母体的可靠性估计模型，它对产品状态的变化不需要加以限制，它只是对可靠性增长趋势做出分析和预测。

常用的增长模型很多，下面重点介绍 3 种可靠性增长模型。

(1) Compertz 增长模型

Compertz 增长模型是时间序列分析中用来反映增长趋势的一种工具。该模型的特点是起初增长较快，以后逐渐减慢而趋于一个极限。在很多实际工程中，可靠性增长情况符合这种规律。

Compertz 模型的表达式为

$$R(N) = abc^N \qquad N = 0,1,2,\cdots \tag{3.9}$$

式中　N—— 时期序号；

$R(N)$—— 时期 N 的可靠性；

a,b,c—— 模型参数，$0 < a \leqslant 1, 0 < b < 1, 0 < c < 1$。

当 $N \to \infty$ 时，$R(N) \to a$，可见 a 反映可靠性增长的上限；当 $N \to 0$ 时，$R(N) \to ab$，可见 ab 反映可靠性增长的初始水平；而 b 反映初始水平与可靠性增长上限的比值，c 反映可靠性增长速度，c 值越小，增长速度越快。

用 Compertz 曲线去拟合产品研制过程实际的可靠性增长曲线，通过用各阶段足够多的试验数据估计出模型参数 a,b,c 来实现。这样就可以利用该曲线预测不同时期的可靠性增长趋势。据此及时调整管理计划、改进研制策略，使产品可靠性增长符合预期的要求。具体的拟合方法如下。

把产品研制的可靠性增长过程划分为 3 个阶段(因为要求解 3 个模型参数)，每个阶段的试验组数为 k，第一阶段取 $0,1,\cdots,k-1$；第二阶段取 $k,k+1,\cdots,2k-1$；第三阶段取 $2k$，$2k+1,\cdots,3k-1$。

根据各组试验数据分别算出可靠性点估计值 R_i 与 $\ln R_i$，$i=0,1,\cdots,k-1;k,k+1\cdots$，$2k\cdots,2k+1,\cdots,3k-1$。把各阶段的 R_i 连乘并取对数，或把各阶段的 $\ln R_i$ 累加，得

$$\left.\begin{aligned} H_1 &= \ln\left(\prod_{i=0}^{k-1} R_i\right) = \sum_{i=0}^{k-1} \ln R_i \\ H_2 &= \ln\left(\prod_{i=k}^{2k-1} R_i\right) = \sum_{i=k}^{2k-1} \ln R_i \\ H_3 &= \ln\left(\prod_{i=2k}^{3k-1} R_i\right) = \sum_{i=2k}^{3k-1} \ln R_i \end{aligned}\right\} \tag{3.10}$$

注意到

$$H_1 = k\ln a + \ln b \sum_{i=0}^{k-1} c^i$$

$$H_2 = k\ln a + \ln b \sum_{i=k}^{2k-1} c^i$$

$$H_3 = k\ln a + \ln b \sum_{i=2k}^{3k-1} c^i$$

$$\sum_{i=k}^{2k-1} c^i = c^k \sum_{i=1}^{k-1} c^i$$

$$\sum_{i=2k}^{3k-1} c^i = c^k \sum_{i=k}^{2k-1} c^i$$

易得 a,b,c 的估计式，分别为

$$\left.\begin{aligned} c &= \left(\frac{H_2 - H_3}{H_1 - H_2}\right)^{\frac{1}{k}} \\ a &= \exp\left\{\frac{1}{k}\left[H_1 - \frac{H_1 - H_2}{1 - c^k}\right]\right\} \\ b &= \exp\left\{\frac{(H_1 - H_2)(1 - c)}{(1 - c^k)^2}\right\} \end{aligned}\right\} \tag{3.11}$$

用 Compertz 曲线拟合试验数据需要检验拟合优度，做法如下：先由 Compertz 模型式(3.9)计算 R_i^*，$i=\overline{0,3k-1}$，由各阶段试验数据得到点估计 R_i，$i=\overline{0,3k-1}$，两者进行比较，若 $|R_i^*-R_i|$，$i=\overline{0,3k-1}$，足够小，且 $R_i^*-R_i$ 的正负号是随机的，则认为拟合优度较好。$R_i^*-R_i$ 正负号的随机性检验方法可应用符号检验法(参见数学手册)。

(2)Duane 增长模型

美国通用电气公司 J.D.Duane 于 1962 年提出累计失效率与累计工作时间的关系为

$$\lambda_\Sigma(T)=kT^{-C} \tag{3.12}$$

式中 T—— 累积工作时间；

$\lambda_\Sigma(T)$—— 到 T 为止的累积失效率；

k,C—— 模型参数，k 为常数，C 为增长速率。

将式(3.12)取对数，化为线性关系

$$\ln\lambda_\Sigma(T)=\ln k-C\ln T \tag{3.13}$$

式(3.12)或式(3.13)反映了失效率随研制阶段进展而下降的情况。

若到 T 时刻为止观察到的失效数为 F，则累积失效率估计为

$$\lambda_\Sigma(T)=\frac{F}{T} \tag{3.14}$$

将式(3.14)代入式(3.12)，有

$$F=\lambda_\Sigma(T)T=kT^{1-C} \tag{3.15}$$

从而，瞬时失效率为

$$\lambda(T)=\frac{\mathrm{d}F}{\mathrm{d}T}=(1-C)kT^{-C} \tag{3.16}$$

瞬时平均寿命为

$$\theta(T)=\frac{1}{\lambda(T)}=\frac{T^C}{(1-C)k} \tag{3.17}$$

比较可知

$$\lambda(T)=(1-C)\lambda_\Sigma(T) \tag{3.18}$$

$$\theta(T)=(1-C)^{-1}\theta_\Sigma(T) \tag{3.19}$$

式中 $\theta_\Sigma(T)$——T 内的累积平均寿命。

利用线性回归方法，可得 C,k 的最小二乘估计，即

$$\left.\begin{aligned}C&=\frac{n\sum_{i=1}^{n}(\ln x_i\ln y_i)+(\sum_{i=1}^{n}\ln x_i)(\sum_{i=1}^{n}\ln y_i)}{n\sum_{i=1}^{n}(\ln x_i)^2-(\sum_{i=1}^{n}\ln x_i)^2}\\ k&=\exp\left\{\frac{1}{n}(\sum_{i=1}^{n}\ln y_i+C\sum_{i=1}^{n}\ln x_i)\right\}\end{aligned}\right\} \tag{3.20}$$

式中　x_i—— 第 i 次累积试验时间；

y_i—— 到 x_i 为止的累积失效率；

n—— 试验次数。

按线性回归法拟合产品研制过程的失效率下降曲线存在拟合优度问题。拟合优度是利用 $\ln\lambda_\Sigma$ 与 $\ln T$ 的相关系数的估计量 $\hat{\rho}$ 进行检验。

$$\hat{\rho} = \frac{n\sum_{i=1}^{n}\ln x_i \ln y_i - (\sum_{i=1}^{n}\ln x_i)(\sum_{i=1}^{n}\ln y_i)}{\sqrt{[n\sum_{i=1}^{n}(\ln x_i)^2 - (\sum_{i=1}^{n}\ln x_i)^2][n\sum_{i=1}^{n}(\ln y_i)^2 - (\sum_{i=1}^{n}\ln y_i)^2]}} \tag{3.21}$$

给定显著性水平 α，对于自由度 $(n-2)$，查相关系数临界值表(3.3)，可得 ρ_α，当 $|\hat{\rho}| > \rho_\alpha$ 时，则认为拟合良好；否则，认为该模型与实际相差很大。

表 3.3　相关系数检验表

$f=n-2$ \ α	0.10	0.05	0.02	0.01	0.001
1	0.987 69	0.996 92	0.999 507	0.999 877	0.999 998 8
2	0.900 00	0.950 00	0.980 00	0.990 00	0.999 00
3	0.805 4	0.878 3	0.934 33	0.958 73	0.991 16
4	0.729 3	0.811 4	0.882 2	0.917 20	0.974 06
5	0.669 4	0.754 5	0.832 9	0.874 5	0.950 74
6	0.621 5	0.706 7	0.788 7	0.834 3	0.924 93
7	0.582 2	0.666 4	0.749 8	0.797 7	0.898 2
8	0.549 4	0.631 9	0.715 5	0.764 6	0.872 1
9	0.521 4	0.602 1	0.685 1	0.734 8	0.847 1
10	0.497 3	0.576 0	0.658 1	0.707 9	0.823 3
11	0.476 2	0.552 9	0.633 9	0.683 5	0.801 0
12	0.457 5	0.532 4	0.612 0	0.661 4	0.780 0
13	0.440 9	0.513 9	0.592 3	0.641 1	0.760 3
14	0.425 9	0.497 3	0.574 2	0.622 6	0.742 0
15	0.412 4	0.482 1	0.557 7	0.605 5	0.724 6
16	0.400 0	0.468 3	0.542 5	0.589 7	0.708 4
17	0.388 7	0.455 5	0.528 5	0.575 1	0.693 2
18	0.378 3	0.443 3	0.515 5	0.561 4	0.678 7
19	0.368 7	0.432 9	0.503 4	0.548 7	0.665 2
20	0.359 8	0.422 7	0.492 1	0.536 8	0.652 4
25	0.323 3	0.380 9	0.445 1	0.486 9	0.597 4
30	0.296 0	0.349 4	0.409 3	0.448 7	0.554 1
35	0.274 6	0.324 6	0.381 0	0.418 2	0.518 9
40	0.257 3	0.304 4	0.357 8	0.393 2	0.489 6
45	0.242 3	0.287 5	0.338 4	0.372 1	0.464 8
50	0.230 6	0.273 2	0.321 8	0.354 1	0.443 3
60	0.210 8	0.250 0	0.294 8	0.324 8	0.407 8
70	0.195 4	0.231 9	0.273 7	0.301 7	0.379 9
80	0.182 9	0.217 2	0.256 5	0.283 0	0.356 8
90	0.172 6	0.205 0	0.242 2	0.267 3	0.337 5
100	0.163 8	0.194 6	0.230 1	0.254 0	0.321 1

下面给出Duane模型的另一种形式。记时刻 T_0 的累积平均寿命为 $\theta_\Sigma(T_0)$，由式(3.12)可知

$$\theta_\Sigma(T_0) = \frac{1}{\lambda_\Sigma(T_0)} = \frac{1}{k}T_0^C \tag{3.22}$$

即

$$\frac{1}{k} = \frac{\theta_\Sigma(T_0)}{T_0^C}$$

将上式代入式(3.17)，得

$$\theta(T) = \frac{\theta_\Sigma(T_0)}{1-C}\left(\frac{T}{T_0}\right)^C \tag{3.23}$$

即

$$T = T_0\left[(1-C)\frac{\theta(T)}{\theta_\Sigma(T_0)}\right]^{\frac{1}{C}} \tag{3.24}$$

将上式取对数，并整理后，有

$$\ln\frac{\theta(T)}{\theta_\Sigma(T_0)} = C\ln\frac{T}{T_0} - \ln(1-C) \tag{3.25}$$

由式(3.24)、(3.25)可得 C 的二阶近似为

$$C \approx -\ln\left(\frac{T}{T_0}\right) - 1 + \left\{\left[1+\ln\left(\frac{T}{T_0}\right)\right]^2 + 2\ln\left(\frac{\theta(T)}{\theta_\Sigma(T_0)}\right)\right\}^{\frac{1}{2}} \tag{3.26}$$

(3)AMSAA 增长模型

AMSAA 增长模型是由美国军用物资系统分析中心(Army Material System Analysis Agency)的 L. Crow 提出的，它是由 Duane 模型改进而来。

在式(3.15)中，令 $a = k, b = 1 - C$，则

$$F = aT^b \tag{3.27}$$

式中 F—— 时间 T 内累积失效数的期望值；

a—— 初始可靠性的函数；

b—— 反映改进效果的函数。

瞬时失效率为

$$\lambda(T) = \frac{\mathrm{d}F}{\mathrm{d}T} = abT^{b-1} \tag{3.28}$$

瞬时平均寿命为

$$\theta(T) = \frac{1}{\lambda(T)} = \frac{1}{ab}T^{1-b} \tag{3.29}$$

模型参数 a, b 的最大似然估计值为

$$\left.\begin{aligned}\hat{a} &= \frac{F}{T^{\hat{b}}} \\ \hat{b} &= \frac{F}{\sum_{i=1}^{F} \ln \frac{T}{T_i}}\end{aligned}\right\} \tag{3.30}$$

增长试验数据是否符合 AMSAA 模型,需要进行拟合优度检验,检验统计量为

$$C_N^2 = \frac{1}{12N} + \sum_{i=1}^{N}\left[\left(\frac{T_i}{T}\right)^{\bar{b}} - \frac{2i-1}{2N}\right]^2 \tag{3.31}$$

式中　$N = \begin{cases} F, & \text{定时截尾} \\ F-1, & \text{定数截尾} \end{cases}$

$\bar{b} = \frac{F-1}{F}\hat{b}$

给定显著性水平 α,查表 3.4,可得的临界值为 $C_N^2(\alpha)$。若 $C_N^2 < C_N^2(\alpha)$,则认为拟合良好,数据符合 AMSAA 模型;否则,认为数据不符合 AMSAA 模型。

表 3.4　C_N^2 临界值表

样本值	显著水平				
(N)	0.29	0.15	0.1	0.05	0.001
2	0.130	0.150	0.161	0.175	0.186
3	0.120	0.135	0.154	0.183	0.231
4	0.021	0.136	0.156	0.195	0.278
5	0.123	0.138	0.160	0.202	0.305
6	0.123	0.139	0.163	0.206	0.315
7	0.124	0.141	0.166	0.207	0.305
8	0.124	0.141	0.165	0.209	0.312
9	0.124	0.141	0.167	0.212	0.324
10	0.124	0.142	0.169	0.213	0.321
11	0.124	0.142	0.166	0.216	0.324
12	0.125	0.143	0.170	0.213	0.323
13	0.126	0.143	0.168	0.218	0.337
14	0.126	0.142	0.169	0.213	0.331
15	0.125	0.142	0.169	0.215	0.335
16	0.125	0.143	0.169	0.214	0.329
17	0.126	0.143	0.169	0.216	0.334
18	0.126	0.143	0.170	0.216	0.339
19	0.126	0.143	0.169	0.214	0.336
20	0.127	0.145	0.169	0.217	0.342
21	0.126	0.145	0.170	0.216	0.332
22	0.126	0.144	0.171	0.216	0.337
23	0.127	0.144	0.169	0.217	0.343
24	0.126	0.143	0.169	0.216	0.339
25	0.127	0.145	0.170	0.216	0.342
26	0.127	0.145	0.171	0.215	0.333
27	0.127	0.144	0.170	0.215	0.335
28	0.127	0.145	0.170	0.218	0.334

续表 3.4

样本值(N)	显著水平				
	0.29	0.15	0.1	0.05	0.001
29	0.127	0.146	0.171	0.217	0.334
30	0.127	0.145	0.172	0.218	0.328
31	0.127	0.145	0.170	0.215	0.328
32	0.127	0.145	0.169	0.214	0.330
33	0.127	0.144	0.169	0.215	0.337
34	0.126	0.143	0.171	0.213	0.334
35	0.127	0.144	0.170	0.215	0.326
36	0.126	0.144	0.169	0.213	0.331
37	0.127	0.145	0.170	0.215	0.339
38	0.127	0.145	0.170	0.217	0.331
39	0.127	0.145	0.173	0.218	0.334
40	0.128	0.146	0.172	0.220	0.325
41	0.128	0.146	0.173	0.218	0.335
42	0.128	0.146	0.172	0.217	0.333
43	0.127	0.146	0.172	0.217	0.334
44	0.128	0.147	0.173	0.218	0.341
45	0.128	0.146	0.172	0.217	0.342
46	0.129	0.146	0.172	0.216	0.346
47	0.128	0.147	0.173	0.216	0.343
48	0.128	0.145	0.172	0.219	0.343
49	0.127	0.145	0.171	0.218	0.335
50	0.127	0.145	0.172	0.219	0.345
51	0.128	0.146	0.173	0.220	0.344
52	0.127	0.146	0.172	0.214	0.346
53	0.127	0.146	0.172	0.218	0.343
54	0.127	0.146	0.172	0.219	0.351
55	0.127	0.145	0.173	0.219	0.356
56	0.127	0.145	0.172	0.211	0.355
57	0.127	0.145	0.171	0.218	0.352
58	0.127	0.145	0.171	0.221	0.353
59	0.128	0.146	0.171	0.222	0.350
60	0.127	0.146	0.172	0.219	0.352

AMSAA 模型与 Duane 模型具有内在联系,但 AMSAA 模型可以直接用试验原始数据(试验时间与失效数),计算较为简便,因此目前广泛采用 AMSAA 模型。

3.6　可靠性鉴定试验

为了能够结合航天产品的研制实际情况,掌握自行设计各种抽样试验方案或执行有关标准的基本技能,本节重点介绍各种抽样试验方案的原理及基本的制定方法。

3.6.1　抽样方案的原理与分类

以成败型产品为例,设某批产品可靠性为 R,接收该产品的概率为 $L(R)$。规定当 $R \geqslant R_0$

时，接收；否则，拒收。设计一个抽样方案，就是从这批产品中抽取一个容量为 n 的样本，进行试验，根据其中不合格品数 r 来判断这批产品是否合格。如果确定了抽样量 n 与合格判定数 c，抽样方案也就确定了。下面介绍怎样确定 (n, c)。

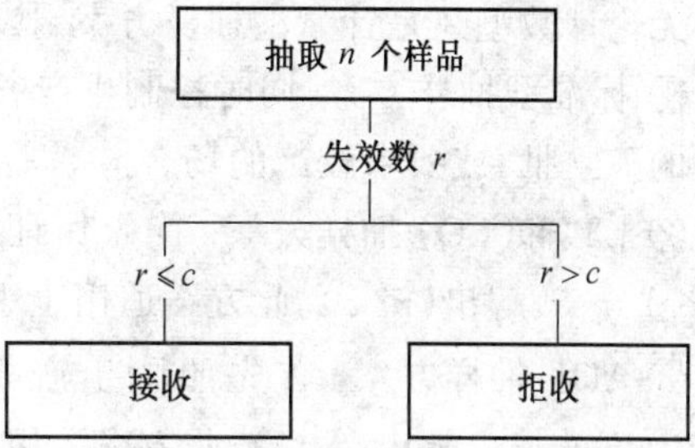

图 3.3　抽样试验过程

一个理想的抽样方案是：当 $R \geqslant R_0$，$L(R) = 1$；当 $R < R_0$，$L(R) = 0$，但是除了对该批产品全数检验外，任何抽样方案都不可能满足这样的要求，这是因为任何抽样方案都是从一部分样品的检验结果来推断母体可靠性水平，要求完全正确不出错误是不可能的，只能要求这样的错误概率小一些而已。那么应当怎样对产品的可靠性提要求呢？现实可行的方法是由使用方与生产方共同协商两个数 R_0 与 $R_1(0 < R_0 < R_1 < 1)$，当 $R > R_0$ 时，应以高概率接受这批产品，这意味着允许以小概率错判而拒收，从而使生产方受损失，故称生产方风险，记为 α，即要求

$$R \geqslant R_0, L(R) \leqslant 1 - \alpha \tag{3.32}$$

这里的 R_0 称为合格质量水平，记为 AQL；当 $R \leqslant R_1$ 时，应高概率拒收这批产品，这意味着允许以小概率错判而接收，从而使使用方少受损失，故称使用方风险，记为 β，即要求

$$R \leqslant R_1, L(R) \leqslant \beta$$

这里的 R_1 称为极限质量，记为 LTPD。

综上所述，制定一个抽样方案，就是在给定 α、β、R_0、R_1 下，求解方程组

$$\begin{cases} L(R_0) = 1 - \alpha \\ L(R_1) = \beta \end{cases} \tag{3.33}$$

可得 (n, c)，但是要求解上面的方程组，必须知道 $L(R)$ 的解析形式，$L(R)$ 就是产品接收概率与产品可靠性的关系，又称抽样特性函数，各类产品抽样特性函数形式由各类产品质量指标的特征量分布律所决定，借助于不同分布律，可以得到抽样特性函数 $L(R)$ 的具体形式。当抽样方案已定时，抽样特性函数也随之确定。

抽样方案一般可分为两大类，即计算型抽样方案与计量型抽样方案。如果产品抽样试验中考察的产品质量指标的特征量是不合格品数，这就是计算型抽样方案；如果抽样试验中考察的产品质量指标的特征量是连续变量，这就是计量型抽样方案。无论计数型还是计量型抽样方案，抽样方式都分为以下几种。

① 一次抽样方案。只抽取一个样本。

② 二次抽样方案。最多可以抽取两个样本。

③ 多次抽样方案。可抽取两个以上样本。

④ 序贯抽样方案。不规定抽取多少样本，每次抽取样本为 1 的样品，边试边看。

无论计数型还是计量型抽样方案,按是否考虑历史情况可分为以下几种。

① 标准型抽样方案。同时控制生产方与使用方风险,对双方同时提供保护。适应缺乏历史资料的孤立批,或要求较严的场合。

② LTPD(LQ) 抽样方案。首先保证使用方利益,注意极限质量与使用方风险,即要求 $L(R_1)=\beta$,解出(n,c)。此方案适用于小批量,孤立批,设计鉴定场合。

③ AQL 抽样方案。首先照顾生产方利益,注意合格质量水平与生产方风险,即要求 $L(R_0)=1-\alpha$,解出(n,c)。此方案适用于大批量且为稳定的联系场合。

④ 调整型抽样方案。随着批产品质量的变化,随时调整抽样方案。当批质量正常时,采用正常的AQL方案,当批质量变坏时,采用加严的AQL方案,当批质量变好时,采用放宽的AQL方案,并用一套转换规则把前三个方案联系起来。此方案适用于连续批的逐批抽检,这类抽样方案已形成标准,如关于计数调整型抽样方案有 MIL - STD - 105E(GJB179A),ISO28559 - 74,GB2828—81,关于计量调整型抽样方案有 MIL - STD - 414,ISO3951 - 81。

⑤ 挑选型抽样方案。按某种抽样方案试验后对不合格批进行全部挑选,以合格品替换不合格品,补足到原批量,再次抽样但不调整抽样方案。此方案适用于非破坏性试验场合。

在设计阶段,可靠性鉴定抽样方案要从严,一般采用 LIPD(或 LQ) 方案。有时把鉴定指标定在极限质量上,但为了兼顾生产方利益,不致使 α 值过大,对方案应作适当放宽。

在生产阶段,如果是稳定的连续批,可靠性验收抽样方案可适当放宽,一般采用 AQL 方案,有时把验收指标定在合格质量水平上,当实测可靠性达到 AQL 时,则以高概率接收该批产品。

产品种类很多,根据所要考察的特征量的分布类型可分为成败型、指数寿命型、威布尔寿命型和正态参数型等抽样方案,下面仅以正态分布作简要论述。

3.6.2 正态参数型抽样方案

许多产品的特性参数服从正态分布,记为 $N(\mu,\sigma)$,μ 为母体均值,σ 为母体标准差,例如寿命、强度、性能等。这些特性参数有 3 种情形:有的参数越大越好,只对其下限提要求,称为单侧下限参数;有的参数越小越好,只对其上限提要求,称为单侧上限参数;有的参数要求不能偏离名义值太远,对其上、下限同时提要求,称为双侧参数。

1.单侧下限参数抽样方案

参数可靠性就是参数不超过容许下限的概率。这里所说的容许下限是设计部门的规定下限 L。当参数可靠性 R 给定后,$\mu-k_R\sigma$ 也随之确定,称为母体容许下限,其中 k_R 为正态分布分位数。由于 μ,σ 未知,因而母体下限也未知。当产品试验后,测得 $x_1,x_2,\cdots,x_n$,据此可算出样本均值 $\bar{x}$ 与样本标准差s,从而有 $\bar{x}-ks$,称为统计容许下限,用它作为 $\mu-k_R\sigma$ 的估计,其中 k 为反映抽样误差的统计容许限系数。如果 $\bar{x}-ks\geqslant L$,认为产品合格,否则认为产品不合格。这样的抽样过程可用图 3.4 来表示。

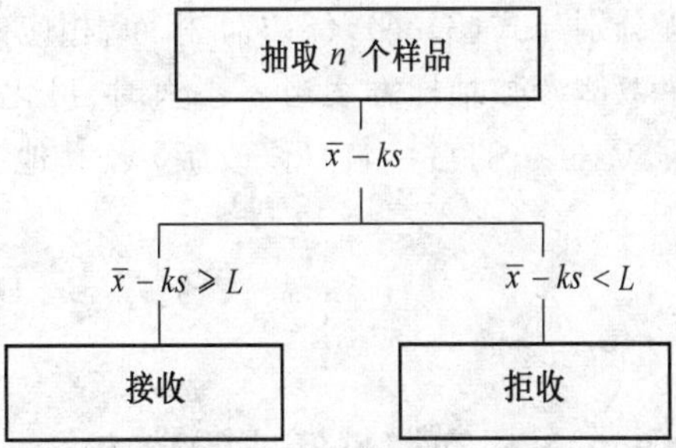

图 3.4　正态 - 单侧下限抽样

由图 3.4 可见，制定这种抽样方案归结为如何寻求(n,k)。这种抽样方案接受概率函数为

$$L(R) = P\{(\bar{x} - ks) \geqslant L\} \tag{3.34}$$

式(3.34)经变换，可得

$$L(R) = P\{T'(n-1, k_R\sqrt{n}) \geqslant k\sqrt{n}\} \tag{3.35}$$

式中，$T'(n-1, k_R\sqrt{n})$ 是自由度$(n-1)$和非中心度$(k_R\sqrt{n})$的非中心 t 的分布变量。当给定 α、β、R_0、R_1 之后，求解方程组

$$\left.\begin{aligned} L(R_0) &= P\{T'(n-1, k_{R_0}, \sqrt{n}) \geqslant k\sqrt{n}\} = 1-\alpha \\ L(R_1) &= P\{T'(n-1, k_{R_1}, \sqrt{n}) \geqslant k\sqrt{n}\} = \beta \end{aligned}\right\} \tag{3.36}$$

可得标准抽样方案(n,k)，当给定 β、R_1 时，解方程

$$L(R_1) = P\{T'(n-1, k_{R_1}, \sqrt{n}) \geqslant k\sqrt{n}\} = \beta \tag{3.37}$$

可得 LTPD 抽样方案(n,k)。

【例 3.1】　某金属导管破坏压力服从正态分布，σ 未知，希望该导管破坏压力不低于 6 MPa，经生产方与使用方双方商定 $R_0 = 0.99$，$R_1 = 0.85$，$\alpha = 0.05$，$\beta = 0.10$，试制定标准型一次抽样方案。

解　由 $P_0 = 1 - R_0 = 1 - 0.99 = 0.01$，查抽样表，在 $P_0 = 0.01$ 栏内找与 $P_1 = 1 - R_1 = 1 - 0.85 = 0.15$ 相对应的数值，即 $n = 13$，$k = 1.626$，因此应取 13 根导管做破坏试验，算得 $\bar{x}$，s，若 $\bar{x} - 1.626s \geqslant 6$，则接收导管；否则，拒收。

【例 3.2】　某容器承受内压，容器下端受力最严重，该处应力要求值为 22 MPa，容器承内压强度服从正态分布，σ 未知，抽取 10 个容器进行鉴定试验，给定 $R_1 = 0.999$，$\beta = 0.1$，试制定 LTPD 抽样方案。

解　$p_1 = 10 - R_1 = 1 - 0.999 = 0.001$，按 $n = 10$，$p_1 = 0.001$，$\beta = 0.10$，查相应的抽样表得 $k = 4.629$，即利用此 10 个容器做承压破坏试验，算得 $\bar{x}$，s。

当 $\bar{x} - 4.629s \geqslant 22$ MPa 时，则该容器通过鉴定；否则，不能通过鉴定，应修改设计。

2. 单侧上限与双侧参数抽样方案

与单侧下限参数情形相仿，单侧上限参数可靠性就是参数不超过容许上限的概率。规定容许上限为 U，母体容许上限为 $\mu + k_R\sigma$，统计容许上限为 $\bar{x} + ks$。如果 $\bar{x} + ks \leqslant U$，产品合格，否则，产品不合格。

由于正态分布的对称性，单侧上限参数标准型与 LTPD 型抽样方案所应满足的方程组与方程分别与式(3.36),(3.37)相同,相应的抽样表也相同,不再赘述。

双侧参数抽样方案当 σ 不大时,可化为两个单侧参数抽样方案;当 σ 较大时,可参照美军标准 MIL－STD－414(修改版)及其他有关专用标准。

3.7　可靠性筛选试验

3.7.1　可靠性筛选的特点

筛选是通过一定的方法,将早期失效的产品在出厂前剔除,而把符合要求的产品保留下来的试验过程。广义地说,产品制造过程中各种工艺质量检验和成品、半成品的性能参数测试都有一个筛选过程,而可靠性筛选的目的是剔除失效产品。

可靠性筛选可以提高批产品使用可靠性而不能提高其固有可靠性。这是因为元器件的各种可能的失效机理在元器件生产出来以后已经固定,筛选只能使具有早期失效机理的元器件尽快暴露。对于批产品来说,通过筛选剔除早期失效产品后,剩下产品的平均寿命比筛选前平均寿命提高了,但筛选不能改变失效机理而延长任何单个元器件的寿命。筛选应力的选择应当注意不要对产品造成损伤。筛选和一般质量检验不同,质量验收是要通过抽样检验判定批产品是否合格(接收或拒收),筛选是将合格产品全部进行试验以剔除早期失效产品。

虽然可靠性筛选要付出相当大的代价(费用与时间),但与筛选带来的好处相比,这种代价是值得的,在电子系统设计时就重视电子元器件的选用和控制,加强老炼筛选,这符合“预防失效”的原则,把工作做在前面,才能取得好的经济效益。国外曾对一些产品、工业设备、军用设备及航天设备的元器件在购进、装印刷板、系统试验和现场使用时失效带来的失效费作了统计,共损失 15 美元,但如果在现场使用时失效则造成 200 万美元的损失,后者的损失是前者的 133 333 倍(表 3.5)。又如我国海缆通信增音机过去平均无故障时间仅有 7 年,仅这一项工程总计节约 8 000 万,大于“七专”的投资。

表 3.5　元器件各阶段失效造成的损失　　美元

设备类型	失效阶段			
	元器件购进时	装在印刷板上	系统试验时	现场使用时
消费者产品	2	5	5	50
工业设备	4	25	45	215
军用设备	7	50	120	1 000
航天设备	15	75	300	200 万

3.7.2　可靠性筛选的效果

可靠性筛选的效果可以用以下的参数来评价。

1. 筛选性剔除率 Q

$$Q = \frac{n}{N} \times 100\%$$

式中　n—— 剔除产品数；

N—— 参与筛选的产品总数。

在可靠性筛选中，剔除率的控制非常重要，否则筛选效果可能适得其反，因此应规定剔除率上限值，因为剔除率过大，就没有理由认为剩下的产品是可靠的。但是也不能简单地以剔除率高低来评价筛选方法的优劣。剔除率太高，有可能是产品存在着严重缺陷，也可能是筛选应力过高；剔除率很低，有可能是产品缺陷少，也有可能是筛选应力太小和试验时间不足所致。

2. 筛选效果 β

$$\beta = \frac{\lambda_N - \lambda_S}{\lambda_N} \times 100\%$$

式中　λ_N—— 筛选前产品的失效率；

λ_S—— 筛选后产品的失效率。

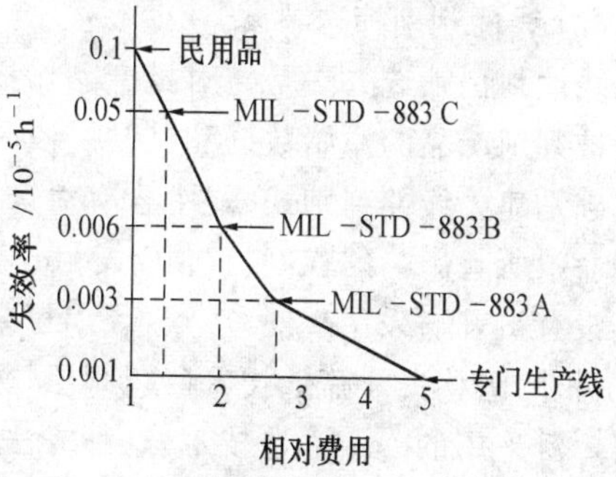

图 3.5　筛选效果和相对费用

根据国内外一些经验，一般通过设计良好的工艺筛选程序的产品和未经筛选的相比，其失效率大致可有 0.5 ～ 1 个数量级的改善，个别的可达 2 个数量级，为了筛选要投入相当费用，图 3.5 表示按 MIL－STD－883 的 A、B、C 三级筛选的相对费用，可以看出费用最有效的筛选是 MIL－STD－883 的 B 级。总而言之，在评价筛选方法时，把剔除和筛选效果结合起来，就比较全面，例如取同样 Q 值，则 β 大的筛选方法为优，而得到同样的 β 值，Q 值小的筛选方法好。

3.7.3　常用的可靠性筛选方法

1. 测试筛选

(1) 初始参数筛选(又称分布截尾筛选)

初始参数筛选方法的目的是为了获得参数与设计要求相适应的产品，剔除那些超出容差极限值的产品。首先要确定被筛选对象的哪些参数直接影响系统的可行性，以逸待劳及为保证系统可靠性应规定的容差极限值，由此定下参数的筛选项目和合格标准。筛选对象应为设计、工艺相当稳定条件下生产的产品。因此，筛选对象的各项参数应服从正态分布。大致工作原理如图 3.6 所示。

可用$[\bar{x} \pm 3\sigma]$作为筛选标准，图中 $\theta_0 = \bar{x}$，其容差 $k\sigma = 3\sigma$，凡参数超出$[\bar{x} - 3\sigma, \bar{x} + 3\sigma]$外的产品判为失效，并作淘汰处理，对参数有慢漂移的产品，则参数选择区间相应缩小，即产品

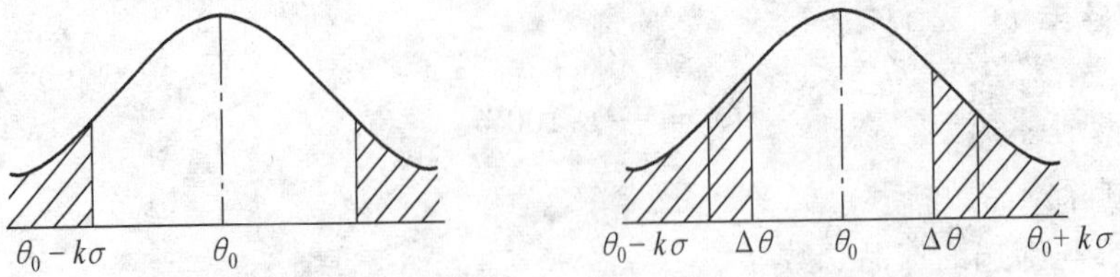

(a) 初始参数筛选　　(b) 慢漂移参数筛选

图 3.6　初始参数筛选与慢漂移参数筛选

θ_0— 参数均值；$k\sigma$— 参数容差；$\Delta\theta$— 参数漂移筛选

参数凡超出$[\bar{x}-3\sigma+\Delta\theta,\bar{x}+3\sigma-\Delta\theta]$外的产品判为失效，并作淘汰处理，缩小的量$\Delta\theta$视慢漂移大小而定。

(2) 线性判别筛选

线性判别筛选方法是先对批产品作摸底试验，通过计算建立一个线性判别数据，然后根据每个被判别产品的原始数据和试验一段时间后的测试数据，来判断是否应该淘汰。应用这方法的基础是建立线性判别式，式中含有对产品有显著影响的各参数(判别因子)和这些判别因子在寿命中所起影响的程度(权值，weight)。这是一种有较高功效的重要筛选方法，但目前在我国还没有被普遍采用。

另外，漂移失效筛选技术(或称复量数据筛选技术)是国外对一些可靠性要求较高的元器件所广泛采用的一种筛选技术。这种方法可理解为线性判别法的特例。它要求在掌握产品参数漂移与可靠性之间的量的关系后，依据产品在筛选过程中参数随时间漂移的情况来判断未来的使用可靠性情况，而决定取舍。这比仅靠着最后测试，用参数规范值来判定合格或不合格要合理得多。美军分立器件总规范中规定进行此筛选(称Δ参数筛选)。

2.检查筛选

① 目镜筛选。包括用肉眼、放大镜或显微镜检查的筛选，这是一项花费少收效大的检查筛选。

② 红外线非破坏性检查筛选。用红外扫描显微镜(热象仪)对元器件在工作时的热分布作检查。可检查热设计是否合理和工艺是否有缺陷，可灵敏地检查出过热点及是否有虚焊。这种方法不足之处是只能检查暴露出来的表面，不能检查外壳内的热量与温度分布，被检查表面有塑料时检查也要受到影响。

③ X射线非破坏性检查筛选。此筛选可发现成品内的缺陷，如装配不良、焊料的多余物等，美军标准规定宇航级半导体器件都要全部进行此项筛选。

④ 颗粒碰撞噪声检测。用来发现产品内部是否存在多余物或结合不良之处。其原理是检查试件在振动或冲击情况下内部是否有颗粒碰撞而发出的噪声。其优点是能发现更小的粒子和X射线能穿透的粒子。已有设备可测出质量小于1 μg和直径小于25 μm的松散粒子。在国外已广泛用于半导体器件和继电器的检测，取得很大效果。

⑤ 密封性检查筛选。用来剔除泄露率超过规定值的产品。根据泄漏率要求可选择液浸检漏法、氦质谱检漏法、放射性示踪检漏法和湿度试验法等。

⑥ 参数测试筛选。此方法包括一般参数和一些特殊参数的测试。例如,热稳定试验、电压拉偏试验等。

3.环境应力筛选

① 力学环境应力筛选。有振动(包括振动疲劳、扫瞄振动或随机振动)、冲击和离心加速度等项目。

② 气候环境应力筛选。有高温循环、温度冲击、恒温恒湿、潮热交变、低气压和高低温测试等。

③ 特殊环境应力筛选。有高温、高压、高真空、辐射等。

④ 混合环境应力筛选。有电和振动、冲击混合应力;电温度循环、湿度和振动混合应力等,这种筛选比单应力筛选要有效得多。

4.寿命筛选(老炼筛选)

① 贮存筛选。包括高温贮存。

② 工作寿命筛选。包括静态、动态工作等。

5.破坏性筛选

为适应特殊环境需要,对有的批产品还需作抽样的破坏性筛选试验,检查批产品的环境适应性,包括有盐雾、油雾、潮湿、焊接强度、热疲劳、引线疲劳和高温高压等。

概括起来,筛选方法大体上分为两大类,一类是一般产品都可采用的,如检查筛选、高温贮存、功率老炼、密封检漏等。另一类则需要针对产品的某失效模式而采用,如内潮试验可剔除线包内有潮气的继电器;三次谐波法可剔除接触点已长有机膜的继电器;大电流冲击可发现焊接不良的半导体分立器件等。总之,统一的筛选条件只能解决一般问题,而要解决特殊失效模式带来的问题,就要制订高效的特殊的筛选方法。

3.7.4 筛选方案设计原则

筛选方案设计包括选定筛选项目、列出筛选程序、定出筛选应力、确定筛选方法、规定失效判据和各项允许的剔除率和总的剔除率等。

在设计筛选方案时应注意遵循以下原则。

① 筛选要有效地剔除早期失效产品,但不应使(不应剔除的)正常产品提高失效率。

② 为提高筛选效率,可以使用强应力筛选,但不应使该产品因此而产生新的失效模式。

③ 筛选项目和应力不必只是模拟使用情况,有些项目与应力可以是使用中不可能出现的,其目的是为了暴露工艺上的缺陷。

④ 试验设计前,设计者必须对元器件供应者正当筛选效率有所掌握。如果这种筛选较为有效,则可用这些筛选方法来做补充筛选。如果这种筛选并不令人满意,则筛选方案应重新拟定。

⑤ 试验程序必须是加应力筛选在前,检查测试性筛选在后,如筛选项目的次序与失效有关,要选择能暴露失效的最佳顺序。

⑥ 对被筛选对象可能的失效模式有所掌握。如已知或认为存在特定的失效模式和机理,则应选择特定的筛选来剔除那些不可靠产品。

⑦ 为制定合理和有效的筛选方案,必须了解有关元器件特性、材料、封装及制造技术。

⑧ 将不可靠产品淘汰在上机前,以减少不必要的损失。

3.7.5 电子元器件老炼

在元器件投入使用前,将使用后有可能发生参数漂移的剔除,这是老炼的目的,有的元器件虽说经筛选已可正常工作,但它的参数、性能不一定稳定,如电子管阴极发射电子的能力和晶体管的某些参数等。这些产品往往需要放一段时间或通电工作一段时间后,其参数才能稳定。这种使性能、参数稳定的过程叫老炼。至于老炼的规范(包括存放或加电方式,对供电设备的要求、环境温度等),要通过摸底,由产品本身稳定性而定。例如作为高精度电源电压基准用的标准稳压管,需要在正常工作状态下老炼几个月方可上机。

决定某种元器件上机前是否要进行老炼,主要取决于这种元器件的参数漂移是否影响使用可靠性(与失效判据联系起来)。如果参数漂移对使用可靠性没有影响,就可以不进行老炼,如果有影响则老炼就可以提高元器件的使用可靠性。

前面说的老炼筛选和这种使元器件的参数稳定的老炼,虽然目的有所不同,但都是为了提高元器件使用可靠性的一种手段。老炼有使参数稳定的作用,而参数、性能稳定的过程也必然起到筛选作用。

习　题

1. 假设有一批产品作寿命试验,产品的寿命服从正态分布,即 $X \sim N(\mu,\sigma^2)$,已知 $\sigma = 20$ h,规定 $\alpha = \beta = 0.5$,$\mu_0 = 1\,020$ h,$\mu_1 = 1\,000$ h,试设计满足以上要求的抽样方案。

提示:$n = \left(\dfrac{2\Phi^{-1}(\alpha)}{\mu_0 - \mu_1}\sigma\right)$,$K = \dfrac{\mu_1 + \mu_0}{2}$。

2. 设某种新研制的产品,模样经 11 次试验,成功 6 次;以后每两月试验一次,经 10 个月的试验、改进,共取得了五次试验数据:$(n_1,s_1) = (6,4)$,$(n_2,s_2) = (4,4)$,$(n_3,s_3) = (7,6)$,$(n_4,s_4) = (6,6)$,$(n_5,s_5) = (6,6)$。试应用 Compertz 法进行产品可靠性增长分析。

3. 设某电子产品从模样到试样,经过不断试验,不断改进,共取得了七次试验数据。分别为:$(T_1,r_1) = (8,4)$,$(T_2,r_2) = (19,1)$,$(T_3,r_3) = (13,1)$,$(T_4,r_4) = (42,1)$,$(T_5,r_5) = (37,1)$,$(T_6,r_6) = (21,0)$,$(T_7,r_7) = (18,0)$。T_i 为通电工作时间,r_i 为失效次数,试用 Duane 模型分析该产品的可靠性增长情况。

4. 某批产品经过生产方与使用方共同商定:当平均寿命为 $\theta_0 = 900$ h 时,以 0.95 概率接收;当平均寿命 $\theta_1 = 300$ h 时,以近似于 0.1 概率接收。试设计定数结尾寿命抽样方案。

第 4 章　系统可靠性模型与分析

系统是由相互作用相互依赖的若干部分组成的具有特定功能的整体。系统可靠性乃是具有特定功能的整体的可靠性，研究系统的可靠性要研究各组成部分的可靠性以及相互作用，最后完成总体的可靠性。前面研究了单元的可靠性，为本章研究打下基础，本章研究由单元、部件等的组成以及系统可靠性，研究系统可靠性建模，分析并介绍几种系统可靠性的计算方法。

4.1　系统可靠性框图及其特点

可靠性框图是将产品（系统）的结构功能按着可靠性要求进行分析的表示方法，该框图能清晰准确地描述产品（系统）的各元器件间的可靠性关系与功能。可靠性框图是在完全了解产品任务和寿命周期模型的基础上，通过简要的直观办法表示出产品能成功地完成任务时所有单元之间的相互依赖关系的图形。在建立框图时要充分掌握产品结构性能特征与可靠性框图的关系。它们之间虽然有密切联系，但也有较大区别。如一个 LC 振荡回路，其结构形式是并联，然而从可靠性的观点分析，其 L、C 两个单元缺一不可，其关系是串联框图（图 4.1(a)、(b)）。又如一个流体系统，如图 4.2 所示，它是一个抽水泵与两个单向阀门组成。阀门的作用是阻止水倒流。因此有一个阀门就可以完成任务了，而两个阀门是起并联作用，提高了系统可靠性。

(a)　振荡回路原理框图　　　(b)　振荡回路可靠性框图

图 4.1　振荡回路原理框图与可靠性框图的对应关系

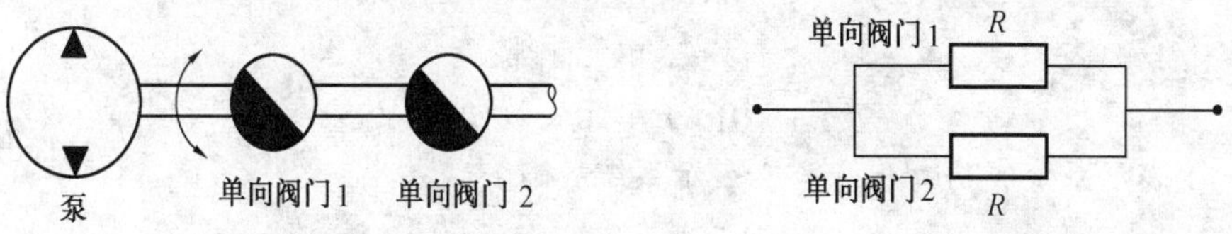

(a) 泵系统原理框图　　　(b) 泵系统可靠性框图

图 4.2　泵系统原理框图与可靠性框图的对应关系

以下是为了保证控制作用安全的双重断路器(图 4.3(a))。如果双重断路器是利用其接通功能,则其两个开关可靠性框图为串联(如图 4.3(b))连接。然而,如果主要关心电路断开,则2个开关 K_1 与 K_2 是双保险,此时的框图应该是并联(如图 4.3(c))连接。

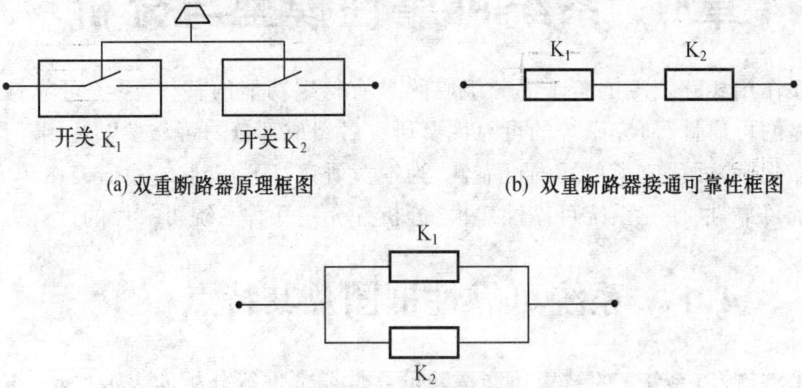

(a) 双重断路器原理框图　(b) 双重断路器接通可靠性框图

(c) 双重断路器断开可靠性框图

图 4.3　断路器工作原理框图与可靠性框图的关系

从以上分析可以看出,原理框图与可靠性框图是不同的,可靠性框图不是表示结构情况,而是表明运转的成功状态。同一系统要求功能不同,可靠性框图也是不一样的。

4.2　典型串并联系统的可靠性模型

4.2.1　结构函数

在可靠性问题中,研究产品的成功或失败(正常或故障)两种状态的数学表达式称为结构函数。

由 n 个部件组成的系统 S,其 x_i 是二值变量,$x_i = 1$ 表示成功,$x_i = 0$ 表示故障,则结构函数为

$$\phi(x) = \varphi(x_1, x_2, \cdots, x_i, \cdots, x_n) \tag{4.1}$$

$$x_i = \begin{cases} 1 & i \text{ 单元正常} \\ 0 & i \text{ 单元失效} \end{cases}$$

其中,$\phi(x) = 1$ 表示系统成功,$\phi(x) = 0$ 表示系统故障。

4.2.2　串联系统可靠性模型

可靠性串联系统是常见的基本形式,很多工程系统是可靠性串联系统或者以串联为基础的系统。例如某卫星的可靠性框图(图 4.4)。

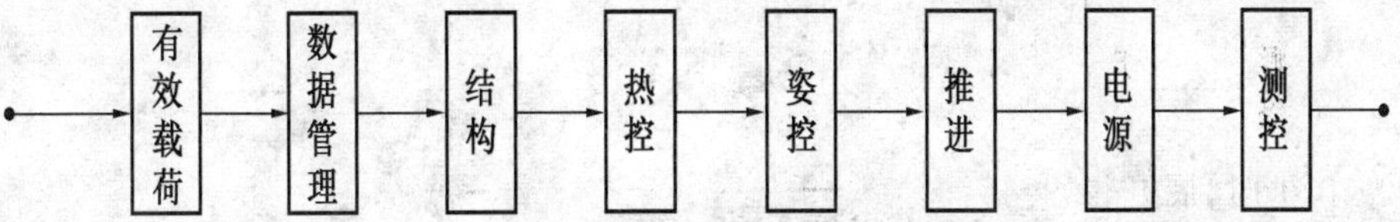

图 4.4　某卫星系统可靠性框图

在串联系统中，任一单元失效均会导致系统失效，只有系统中的各单元都正常时系统才能正常工作。

假设有 n 个事件为 $A_1, A_2, \cdots, A_n$，则这些事件都发生的情况是

$$A_S = A_1 \cap A_2 \cap \cdots \cap A_n \qquad A_S = A_1 A_2 \cdots A_n \tag{4.2}$$

式中　A_S—— 系统正常工作事件；

A_i—— 第 i 个单元正常工作的事件。

又

$$P(A_S) = R_S(t) \qquad P(A_i) = R_i(t)$$

则

$$P(A_S) = P(A_1)P(A_2)\cdots P(A_n)$$

$$R_S(t) = R_1(t)R_2(t)\cdots R_n(t) = \prod_{i=1}^{n} R_i(t) \tag{4.3}$$

式中　$R_S(t)$—— 为系统 A_S 在 t 时正常工作的概率，即系统在 t 时的可靠度；

$R_i(t)$—— 第 i 个单元 A_i 在 t 时正常工作的概率，即 A_i 单元在 t 时的可靠度。

这就是串联系统的可靠性模型。

如果系统各单元失效时间随机变量服从指数分布时，各单元的失效概率密度函数为

$$f(t) = \lambda_i e^{-\lambda_i t} \qquad i = 1, 2, \cdots, n$$

则单元的可靠度函数为

$$R_i(t) = e^{-\lambda_i t}$$

则系统的可靠度为

$$R_S(t) = \prod_{i=1}^{n} R_i(t) = e^{-(\lambda_1 + \lambda_2 + \cdots + \lambda_n)t} = e^{-\sum_{i=1}^{n} \lambda_i t} \tag{4.4}$$

如果系统的失效率为 λ_S，则系统的失效率为

$$\lambda_S = \sum_{i=1}^{n} \lambda_i = \sum_{i=1}^{n} \frac{1}{\theta_i} \tag{4.5}$$

式中　λ_i, θ_i—— 第 i 个单元的失效率与平均寿命。

系统的平均寿命 MTBF(θ) 为

$$\theta = \frac{1}{\lambda_S} = \frac{1}{\sum_{i=1}^{n} \lambda_i} \tag{4.6}$$

当 $\lambda t < 0.1$ 时，展开得

$$e^{-\lambda t} = 1 - \lambda t + \frac{(\lambda t)^2}{2!} - \cdots \approx 1 - \lambda t$$

故

$$F_S(t) = 1 - R_S(t) = 1 - e^{-\lambda_S t} \approx \lambda_S t = \sum_{i=1}^{n} \lambda_i t = \sum_{i=1}^{n} F_i(t) \tag{4.7}$$

串联系统可靠度的近似公式表示系统失效概率近似等于各单元失效概率之和，进而可以近似求得系统可靠度。

串联系统是由各单元之间的串联组成，串联单元越多则系统可靠度越低，系统可靠度低于系统中最薄弱单元的可靠度。因此，如果最薄弱单元环节能承受最大载荷或最危险的环境时，就认为系统是成功了。为此，提出最薄弱环节模型，即

$$R_S(t) = \min R_i(t) \qquad i = 1,2,\cdots,n \tag{4.8}$$

式中　$R_i(t)$——第 i 个单元的可靠度。

【例 4.1】　已知某电子设备由 4 个分系统组成，如图 4.5 所示，各分系统的寿命分布为指数分布，失效率分别为 $\lambda_1 = 69 \times 10^{-4}\ h^{-1}$，$\lambda_2 = 93 \times 10^{-4}\ h^{-1}$，$\lambda_3 = 67 \times 10^{-4}\ h^{-1}$，$\lambda_4 = 84 \times 10^{-4}\ h^{-1}$，试求 $t = 1$ h，$t = 10$ h，$t = 30$ h 时间内该电子设备的可靠度与平均寿命。

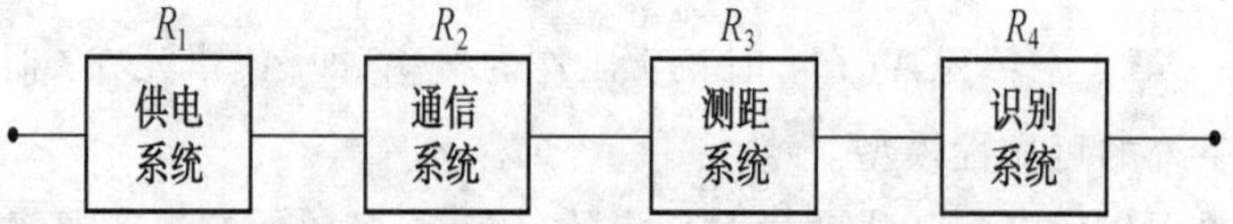

图 4.5　卫星某电子系统可靠性框图

解　该系统为串联系统，其系统可靠度为

$$R_S(t) = R_1(t)R_2(t)R_3(t)R_4(t) = e^{-(\lambda_1+\lambda_2+\lambda_3+\lambda_4)t} = e^{-\lambda_S t}$$

$$\lambda_S = \sum_{i=1}^{n} \lambda_i = (69 + 93 + 67 + 84) \times 10^{-4} = 0.031\ 3\ h^{-1}$$

$$\text{MTBF}_S = \frac{1}{\lambda_S} = 31.95\ h$$

$$R_S(t) = e^{-0.031\ 3t}$$

当工作时间 $t = 1$ h 时，$R_S(1) = e^{-0.031\ 3} = 0.969\ 2$

$t = 10$ h 时，$R_S(10) = e^{-0.313} = 0.731\ 2$

$t = 30$ h 时，$R_S(30) = e^{-0.031\ 3\times30} = e^{-0.9} = 0.406\ 5$

4.2.3　并联系统可靠性模型

并联系统对提高航天系统的可靠性与长寿命有重要作用，为了提高可靠性往往采用单元并联的方法。如一个系统由 n 个单元 $A_1, A_2, \cdots, A_n$ 组成，则系统中有一个单元不失效，则系统就不失效，这样的系统称为并联系统。该系统只有所有单元都失效时系统才失效，如图 4.6 所示。

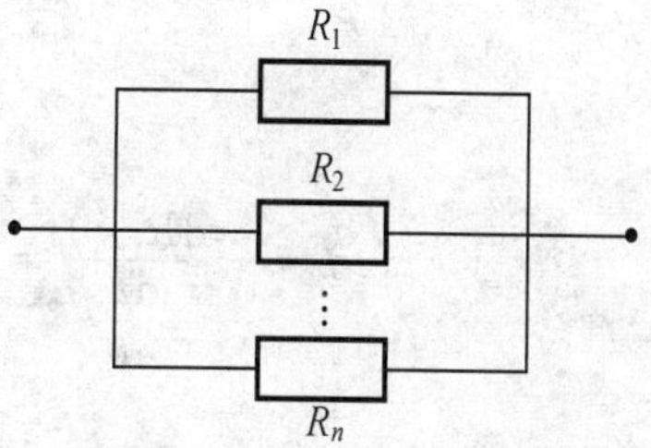

图 4.6　并联系统可靠性框图

该系统的事件 $A_S = A_1 \cup A_2 \cup \cdots \cup A_n$

$$P(A_S) \geqslant \max P(A_i) \tag{4.9}$$

即系统的可靠度大于或等于系统中最大单元的可靠度。假设单元互相独立，系统中任一单元不发生失效时，系统就不发生失效，即

$$F_S(t) = \prod_{i=1}^{n} F_i(t)$$

$$1 - R_S(t) = \prod_{i=1}^{n} (1 - R_i(t))$$

$$R_S(t) = 1 - \prod_{i=1}^{n} (1 - R_i(t)) \tag{4.10}$$

由式(4.10)可知，第 2 项是小于 1 的数相乘，单元越多，则第 2 项越小，可靠度越高。并联系统是简单的冗余系统。

假设单元寿命服从指数分布，则

$$R_S(t) = 1 - \prod_{i=1}^{n} (1 - e^{-\lambda_i t}) \tag{4.11}$$

并联系统的平均寿命

$$\theta_S = \int_0^{\infty} R_S(t) dt = \int_0^{\infty} [1 - \prod_{i=1}^{n} (1 - e^{\lambda_i t})] dt \tag{4.12}$$

当 $n = 2$ 时

$$\theta_S = \int_0^{\infty} [1 - (1 - e^{-\lambda_1 t})(1 - e^{-\lambda_2 t})] dt = \int_0^{\infty} [e^{-\lambda_1 t} + e^{-\lambda_2 t} - e^{-(\lambda_1 + \lambda_2) t}] dt = \frac{1}{\lambda_1} + \frac{1}{\lambda_2} - \frac{1}{\lambda_1 + \lambda_2} \tag{4.13}$$

当 $\lambda_1 = \lambda_2 = \lambda$ 时

$$\theta_S = \frac{2}{\lambda} - \frac{1}{2\lambda} = \frac{3}{2\lambda}$$

系统失效率为

$$\lambda_S(t) = \frac{f_S(t)}{R_S(t)}$$

又

$$R(t) = 2e^{-\lambda t} - e^{-2\lambda t}$$

所以

$$f(t) = -\frac{dR(t)}{dt} = 2\lambda e^{-\lambda t} - 2\lambda e^{-2\lambda t} = 2\lambda e^{-\lambda t}(1 - e^{-\lambda t})$$

故

$$\lambda_S(t) = \frac{2\lambda(1 - e^{-\lambda t})}{2 - e^{-\lambda t}} \tag{4.14}$$

由式(4.14)可见,在单元失效率为常数时,并联系统的失效率已经不是常数。

当 $n = 3$ 时

$$\theta = \int_0^\infty [1 - \prod_{i=1}^{3}(1 - e^{-\lambda_i t})]dt = \int_0^\infty [1 - (1 - e^{-\lambda_1 t})(1 - e^{-\lambda_2 t})(1 - e^{-\lambda_3 t})]dt =$$
$$\int_0^\infty [e^{-\lambda_1 t} + e^{-\lambda_2 t} + e^{-\lambda_3 t} - e^{-(\lambda_1+\lambda_2)t} - e^{-(\lambda_2+\lambda_3)t} - e^{-(\lambda_1+\lambda_3)t} + e^{-(\lambda_1+\lambda_2+\lambda_3)t}]dt =$$
$$\frac{1}{\lambda_1} + \frac{1}{\lambda_2} + \frac{1}{\lambda_3} - \frac{1}{\lambda_1 + \lambda_2} - \frac{1}{\lambda_2 + \lambda_3} - \frac{1}{\lambda_1 + \lambda_3} + \frac{1}{\lambda_1 + \lambda_2 + \lambda_3} \tag{4.15}$$

当 $\lambda_1 = \lambda_2 = \lambda_3 = \lambda$ 时

$$\theta = \frac{3}{\lambda} - \frac{3}{2\lambda} + \frac{1}{3\lambda} = \frac{18 - 9 + 2}{6\lambda} = \frac{11}{6\lambda}$$

系统失效率为

$$\lambda_S(t) = \frac{f_S(t)}{R_S(t)}$$

又

$$R(t) = 1 - (1 - e^{-\lambda t})^3 = 3e^{-\lambda t} - 3e^{-2\lambda t} + e^{-3\lambda t}$$

所以

$$f(t) = -\frac{dR(t)}{dt} = 3\lambda e^{-\lambda t} - 6\lambda e^{-2\lambda} + 3\lambda e^{-3\lambda t}$$

故

$$\lambda_S(t) = \frac{3\lambda e^{-\lambda t} - 6\lambda e^{-2\lambda} + 3\lambda e^{-3\lambda t}}{1 - (1 - e^{-\lambda t})^3} = \frac{3\lambda e^{-\lambda t}(1 - 2e^{-\lambda t} + e^{-2\lambda t})}{1 - (1 - e^{-\lambda t})^3} = \frac{3\lambda e^{-\lambda t}(1 - e^{-\lambda t})^2}{1 - (1 - e^{-\lambda t})^3} \tag{4.16}$$

当 n 个单元并联时,系统的可靠度为

$$R_S(t) = 1 - \prod_{i=1}^{n}(1 - e^{-\lambda_i t}) = \sum_{i=1}^{n} e^{-\lambda_i t} - \sum_{1 \leqslant i \leqslant j \leqslant n} e^{-(\lambda_i + \lambda_j)t} + \cdots + (-1)^{n-1} e^{-(\lambda_1 + \lambda_2 + \cdots + \lambda_n)t} \tag{4.17}$$

$$\theta_S = \int_0^{\infty} [\sum_{i=1}^{n} e^{-\lambda_i t} - \sum_{1\leqslant i\leqslant j\leqslant n} e^{-(\lambda_i+\lambda_j)t} + \cdots + (-1)^{n-1} e^{-(\lambda_1+\lambda_2+\cdots+\lambda_n)t}]dt =$$

$$\sum_{i=1}^{n} \frac{1}{\lambda_i} - \sum_{1\leqslant i\leqslant j\leqslant n} \frac{1}{\lambda_i+\lambda_j} + \cdots + (-1)^{n-1} \frac{1}{\lambda_1+\lambda_2+\cdots+\lambda_n} \tag{4.18}$$

当 $\lambda_1 = \lambda_2 = \cdots = \lambda_n = \lambda$ 时

$$R_S(t) = 1 - (1 - e^{-\lambda t})^n$$

$$\theta_S = \frac{1}{\lambda} + \frac{1}{2\lambda} + \cdots + \frac{1}{n\lambda} = \sum_{i=1}^{n} \frac{1}{i\lambda}$$

当 n 很大时，$\theta_S \approx \ln n\lambda$

$$\lambda(t) = \frac{f(t)}{R(t)}$$

又

$$f(t) = -\frac{dR(t)}{dt} = n\lambda e^{-\lambda t}(1 - e^{-\lambda t})^{n-1}$$

故

$$\lambda(t) = \frac{n\lambda e^{-\lambda t}(1 - e^{\lambda t})^{n-1}}{1 - (1 - e^{\lambda t})^n} \tag{4.19}$$

由上分析可知，并联系统的单元的失效率为常数时，并联系统的失效率不再是常数，而是时间的函数，也就是说并联系统单元寿命服从指数分布时，并联系统的寿命数据不再是指数分布。

并联系统的失效率随着并联单元的增加越来越小；并联系统的可靠度随着并联单元的增多，可靠度也越来越大；并联系统的平均寿命随着并联单元的增多而越来越长。

图 4.7 说明单元失效率与系统失效率的关系，并联系统失效率随着故障概率（λt）的增加，系统的失效率逐渐趋向于单元的失效率。

图 4.8 说明并联系统的可靠度与并联系统单元数的关系。在同一失效率情况下单元数越多则可靠度越高。在同样单元数的情况下，失效率越低则可靠度越高，图形表明了系统可靠度与单元数、单元失效率的数量关系。

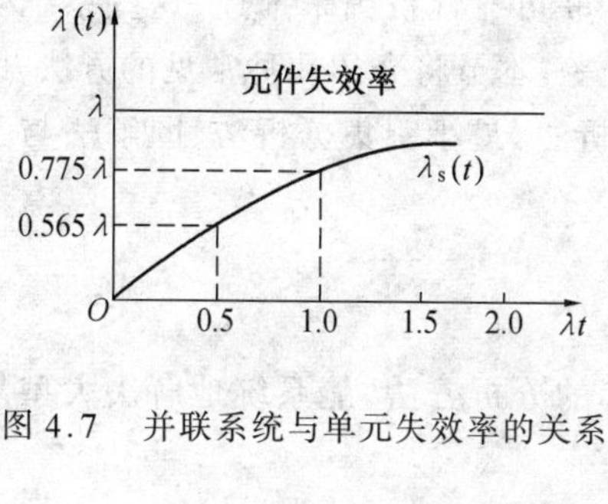

图 4.7　并联系统与单元失效率的关系图

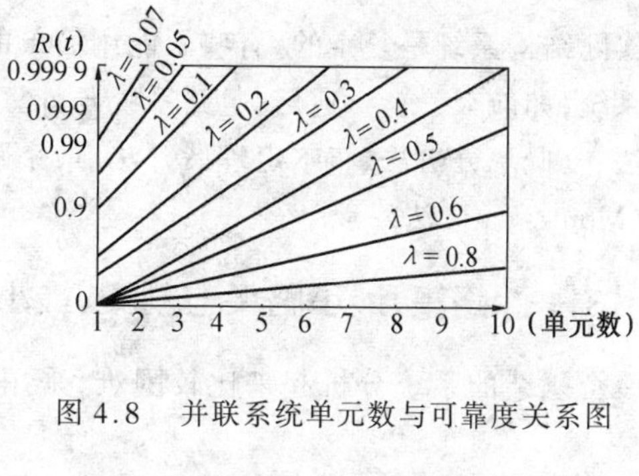

图 4.8　并联系统单元数与可靠度关系图

4.2.4　典型混联系统可靠性分析

混联系统又分为串并联系统与并串联系统等多种方式，并串联贮备系统主要用于开路故障模式的保护；而串并联贮备系统主要用于短路故障模式的保护。

对于典型的混联系统的分析，可以仿照串与并联系统分析的方法进行处理。简单的串或并联部分用单元来代替，逐渐进行计算直到全部系统分析完为止，即所谓的局部代替法(或等效法)。

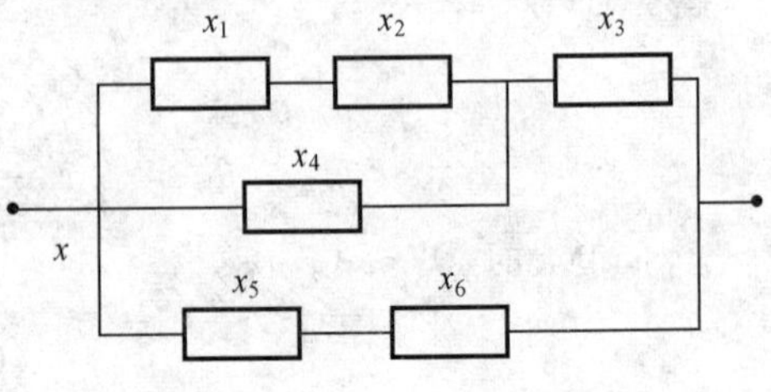

图 4.9　混联系统图

如图 4.9 所示，在系统中首先分析简单的串联和并联部分，把它们联合用相应的等效单元代替，如串联部分 x_1 与 x_2 用 $x_{12} = x_1x_2$ 来表示；x_{12} 与 x_4 的并联部分用 $1 - x_{124} = (1 - x_{12})(1 - x_4)$ 或用 $x_{124} = 1 - (1 - x_{12})(1 - x_4)$ 来表示；x_{124} 与 x_3 串联用 $x_{1243} = x_{124} \cdot x_3$ 来表示；x_5 与 x_6 串联用 $x_{56} = x_5 \cdot x_6$ 来表示；x_{56} 与 x_{1243} 并联用 $1 - x_S - (1 - x_{56})(1 - x_{1243})$ 或 $x_S = 1 - (1 - x_{56})(1 - x_{1243})$ 来表示。整个系统的可靠度也可以表示为

$$x_S = 1 - (1 - x_5 \cdot x_6)(1 - x_{124} \cdot x_3) = 1 - (1 - x_5 \cdot x_6)\{1 - [1 - (1 - x_1 \cdot x_2)(1 - x_4)]x_3\}$$

设

$$x_1 = x_5 = 0.8, x_2 = x_6 = 0.9, x_4 = 0.7, x_3 = 0.8$$

则

$$x_S = 1 - (1 - 0.8 \times 0.9)\{1 - [1 - (1 - 0.8 \times 0.9)(1 - 0.7)] \cdot 0.8\} =$$
$$1 - (1 - 0.72)\{1 - [1 - (1 - 0.72) \cdot 0.3] \cdot 0.8\} = 0.794\ 8$$

对于系统不十分复杂时这是非常适用的方法。

4.3　一般系统可靠性分析

实际结构系统是复杂的，有些不能用简单的串、并联可靠性框图来描述，这些系统被称为一般系统，如航天、航空、通信、电路系统与计算机系统等。本节将介绍几种常见的方法，即状态枚举法、全概率分析法、布尔定理展开法、最小路集分析法、最小割集分析法、图解法与蒙特卡洛法(Monte-Carlo 法) 等。

4.3.1　路集、最小路集与割集、最小割集

一个复杂的系统分析起来比较困难，采用有规律的分析方法，能系统地解决大型复杂问题。

1. 路集、最小路集

① 路集。可靠性框图分析状态变量的一个子集，可靠性框图分析中的成功路线的集合。

② 最小路集。当研究的子集中所有单元完好时，系统完好，其中任一单元故障时，系统故障（假设除该子集以外的单元均是故障的）。

2. 割集、最小割集

① 割集。可靠性框图分析状态变量的一个子集，在可靠性分析中系统失效线路的集合。

② 最小割集。当研究的子集中所有单元故障时系统故障，当其中任一单元完好时，系统也不发生故障（假设研究的子集以外的单元均是完好的）。如图 4.10 所示的路集为 $\{DE\}$，$\{F\}$，$\{AC\}$，$\{BC\}$，$\{ACEDF\}$，$\{ABCEDF\}$ 等；最小路集为 $\{AC\}$ $\{BC\}$ $\{DE\}$ $\{F\}$。在 $\{ACEDF\}$ 中任意去掉一个单元 E 或 D 仍然还是路集，故 $\{ACEDF\}$ 不是最小路集。而 $\{DE\}$、$\{AC\}$、$\{BC\}$ 等中任意去掉一个单元就不再是路集了，因此它们是最小路集。

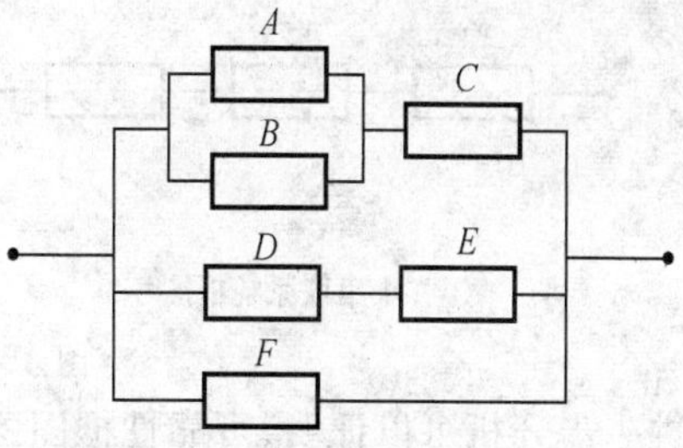

图 4.10　可靠性框图

割集为 $\{ABCDF\}$，$\{ABCEF\}$，$\{ABDF\}$，$\{ABEF\}$，$\{CDF\}$，$\{CEF\}$ 等。

最小割集为 $\{ABDF\}$，$\{ABEF\}$，$\{CDF\}$，$\{CEF\}$。割集内的单元数是割集的阶数。

在割集 $\{ABCDF\}$ 中任意去掉一个单元如 C，则 $\{ABDF\}$ 仍是割集，因此不是最小割集。而 $\{ABDF\}$，$\{ABEF\}$，$\{CDF\}$ 与 $\{CEF\}$ 割集中，任意去掉一个单元，就不再是割集了，所以它们是最小割集。

4.3.2　对偶函数

设两个函数 $\Phi^D(x)$ 与 $\varphi(x)$，若满足

$$\varphi(x) = 1 - \Phi^D(1 - x) \tag{4.20}$$

则两个函数互为对偶函数。例如将一个串联系统变为相应的并联系统，则两者之间为对偶关系。

如图 4.11 所示，串联系统的结构函数为

$$\varphi_c(x) = x_1 \cap x_2 \cap x_3 = \prod_{i=1}^{3} x_i, \varphi_c(x) = x_1 x_2 x_3$$

并联系统的结构函数为

$$\varphi_p(x) = x_1 \cup x_2 \cup x_3$$

现把串联系统结构函数进行对偶变换，则

$$\begin{aligned}\Phi^D(x) = 1 - (1 - x_1)(1 - x_2)(1 - x_3) = \overline{(1 - x_1) \cap (1 - x_2) \cap (1 - x_3)} = \\ x_1 \cup x_2 \cup x_3 = \varphi_p(x)\end{aligned} \tag{4.21}$$

经变换得到并联系统的结构函数,这样证明了两个系统是对偶的。

串联系统的结构函数(如图 4.11(a))的对偶函数等于并联系统结构函数(图 4.11(b))。同理并联系统结构函数的对偶函数是串联系统的结构函数。

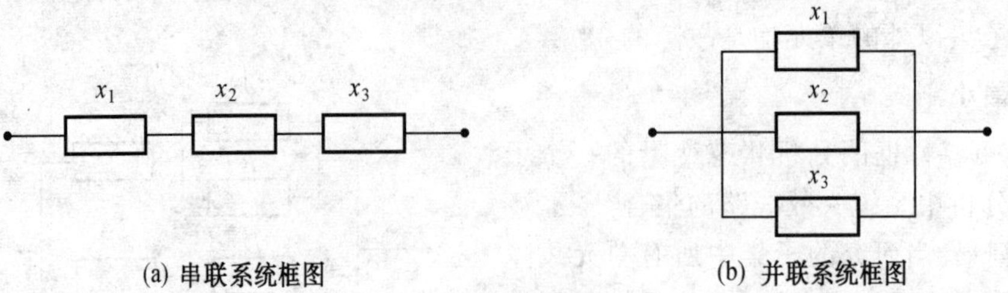

图 4.11　对偶系统表示图

进一步分析可以证明,可靠性框图的路集与割集对偶,反之亦然;最小割集与最小路集对偶,反之亦然。

这样,为了求原可靠性框图的路集(或割集),亦可以在对偶系统中求割集(或路集),其结果一样,方便了分析过程。

4.3.3　最小路集法求系统可靠度

用最小路集法求系统可靠度的具体步骤是首先求出系统内的最小路集 $L_1, L_2, \cdots, L_n$,建立由最小路集组成的结构函数,即

$$\phi(x) = \bigcup_{i=1}^{n} L_i \tag{4.22}$$

系统的可靠度为

$$R = P(\phi(x)) = P(\bigcup_{i=1}^{n} L_i)$$

对于一般情况表示为

$$R = \sum_{i=1}^{n} P(L_i) - \sum_{i<j=2}^{n} P(L_i L_j) + \sum_{i<j<k=3}^{n} P(L_i L_j L_k) + \cdots + (-1)^{n-1} P(L_1 L_2 \cdots L_k) \tag{4.23}$$

【例 4.2】　电桥的可靠性框图如图 4.12 所示,应用最小路集法求系统可靠度。已知 $x_1 = x_2 = 0.8, x_3 = x_4 = 0.7, x_5 = 0.6$。

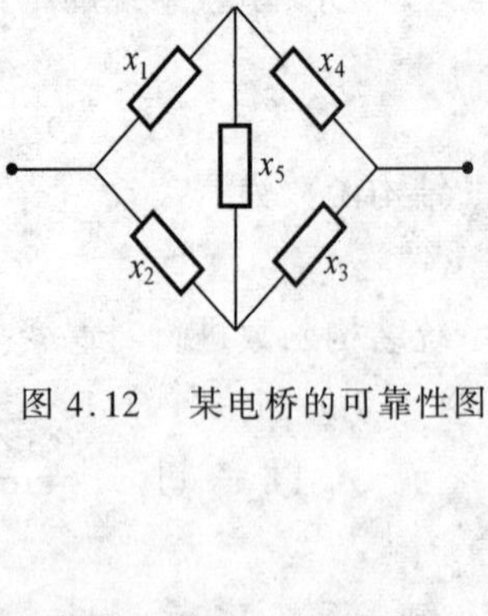

图 4.12　某电桥的可靠性图

解　系统最小路集为 $\{x_1 x_4\}$, $\{x_2 x_3\}$, $\{x_1 x_5 x_3\}$ 与 $\{x_2 x_5 x_4\}$,最小路集组成的系统结构函数为

$$\varphi(x) = \{L_1\} \cup \{L_2\} \cup \{L_3\} \cup \{L_4\}$$

或

$$\varphi(x)=\{x_1x_4\}\cup\{x_2x_3\}\cup\{x_1x_5x_3\}\cup\{x_2x_5x_4\}$$

系统的可靠度为

$$R=p(\varphi(x))=P[\{x_1x_4\}\cup\{x_2x_3\}\cup\{x_1x_5x_3\}\cup\{x_2x_5x_4\}]$$

按式(4.23)展开，其结果为

$$\begin{aligned}R_{\mathrm{S}}=&P(L_1)+P(L_2)+P(L_3)+P(L_4)-P(L_1L_2)-P(L_1L_3)-\\&P(L_1L_4)-P(L_2L_3)-P(L_2L_4)-P(L_3L_4)+P(L_1L_2L_3)+\\&P(L_1L_2L_4)+P(L_1L_3L_4)+P(L_2L_3L_4)-P(L_1L_2L_3L_4)\end{aligned}$$

故

$$\begin{aligned}R_{\mathrm{S}}=&P(x_1x_4)+P(x_2x_3)+P(x_1x_5x_3)+P(x_2x_5x_4)-P(x_1x_2x_3x_4)-P(x_1x_3x_4x_5)-\\&P(x_1x_2x_5x_4)-P(x_1x_2x_3x_5)-P(x_3x_4x_2x_5)-P(x_1x_2x_3x_4x_5)+P(x_1x_2x_3x_4x_5)+\\&P(x_1x_2x_3x_4x_5)+P(x_1x_2x_3x_4x_5)+P(x_1x_2x_3x_4x_5)-P(x_1x_2x_3x_4x_5)\end{aligned}$$

将数据代入，则

$$\begin{aligned}R_{\mathrm{S}}=&0.8\times0.7+0.8\times0.7+0.8\times0.7\times0.6+0.8\times0.7\times0.6-\\&0.8^2\times0.7^2-0.8\times0.7^2\times0.6-0.8^2\times0.7\times0.6-0.8^2\times0.7\times0.6-\\&0.8\times0.7^2\times0.6+0.8^2\times0.7^2\times0.6\times2\end{aligned}$$

得

$$R_{\mathrm{S}}=0.846\ 72$$

4.3.4 最小割集法求系统可靠度

用最小割集法求系统的可靠度的具体步骤是首先求出系统内的最小割集 $C_1,C_2,\cdots,C_n$，其中 C_i 是系统的第 i 个最小割集。

建立由最小割集组成的结构函数，即

$$\varphi(x)=C_1\cup C_2,\cdots,C_i,\cdots,C_{n-1}\cup C_n \tag{4.24}$$

式中　$\varphi(x)$—— 系统失效概率；

C_i—— 第 i 个最小割集。

最小割集表示割集内所有的单元都失效，即

$$C=(1-x_1)\cap(1-x_2)\cap\cdots\cap(1-x_n)$$

式中　C—— 由 i 个单元组成的最小割集；

$1-x_i$—— 第 i 个单元的失效状态。

系统失效表示至少有一个最小割集存在，即

$$\bar{S}=\bigcup_{i=1}^{k}C_i$$

式中 $\bar{S}$—— 由最小割集组成的失效系统。

第 i 个最小割集存在表示该割集内每个单元均故障,即

$$C_i = \bigcap_{x_{it} \in c_i} \overline{x_{it}}$$

式中 $\overline{x_{it}}$—— 割集 C_i 内的第 i 个故障单元。

由于最小割集之间是相交的,故需用相容事件的概率公式计算系统的不可靠度 F_S,即

$$F_S = P(\bar{S}) = P(\bigcup_{i=1}^{k} C_i) = \sum_{i=1}^{k} P(C_i) - \sum_{i=1}^{k} P(C_i \cap C_m) + \sum_{i<m<n=3}^{k} P(C_i C_m C_n) + \cdots + (-1)^{n-1} P(\bigcap_{i=1}^{k} C_i) \tag{4.25}$$

系统的可靠度为

$$R_S = 1 - F_S$$

【例 4.3】 用最小割集法求图 4.12 中的不可靠度与可靠度。设单元失效概率 $x_1 = x_4 = 0.2, x_2 = x_3 = 0.3, x_5 = 0.6$。

解 按式(4.25) 展开,其中 $k = 4$,则

$$F_S = P(C_1) + P(C_2) + P(C_3) + P(C_4) - P(C_1C_2) - P(C_1C_3) - P(C_1C_4) - P(C_2C_3) - P(C_2C_4) - P(C_3C_4) + P(C_1C_2C_3) + P(C_1C_2C_4) + P(C_1C_3C_4) + P(C_2C_3C_4) - P(C_1C_2C_3C_4)$$

计算最小割集并代入公式,即

$$c_1 = x_1x_2; \quad c_2 = x_3x_4; \quad c_3 = x_1x_3x_5; \quad c_4 = x_2x_5x_4$$

$$F_S = x_1x_2 + x_3x_4 + x_1x_5x_3 + x_2x_5x_4 - x_1x_2x_3x_4 - x_1x_2x_3x_5 - x_1x_2x_4x_5 - x_1x_3x_4x_5 - x_2x_3x_4x_5 + 2 \cdot x_1x_2x_3x_4x_5$$

将数据代入,则

$$F_S = 0.2^2 + 0.3^2 + 0.2 \times 0.3 \times 0.4 + 0.2 \times 0.3 \times 0.4 - 0.2^2 \times 0.3^2 - 0.2^2 \times 0.3 \times 0.4 - 0.2^2 \times 0.3 \times 0.4 - 0.2 \times 0.3^2 \times 0.4 - 0.2 \times 0.3^2 \times 0.4 + 2 \times 0.2^2 \times 0.3^2 \times 0.4$$

得

$$F_S = 0.153\ 28 \qquad R_S = 0.846\ 72$$

通过例 4.2 与 4.3 的计算结果可见,最小路集法与最小割集法所得的结果相同。

4.3.5 状态枚举法

对于特殊的可靠性框图,虽然部件数不多($n \leqslant 6$),但分析起来比较困难,采用状态枚举法(穷举法)或者叫布尔真值表法进行分析就比较容易了。该法步骤清晰、直观、易懂,但部件太多时就很麻烦了。

状态枚举法是从分析各单元的状态对系统的贡献，计算系统可靠度的方法。我们知道，每个单元只有 2 种状态，正常与失效，而 n 个单元就有 2^n 个状态。分析单元的状态的组合使系统的状态为正常或失效状态，即 $S(i)$ 正常、$F(i)$ 失效。每种状态的正常情况时的概率之和就是系统的可靠度。

请看一个简单的例子，如图 4.13 所示。

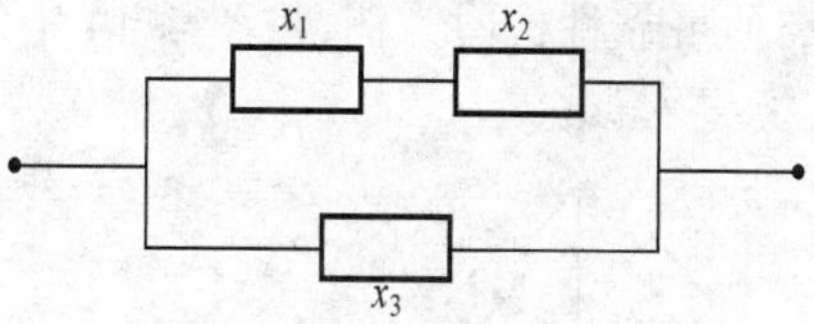

图 4.13　可靠性框图

设单元可靠度为

$$x_1 = 0.7, x_2 = 0.8, x_3 = 0.6$$

用混联的局部代替法得到系统可靠度为

$$x_S = 1 - (1 - x_1 x_2)(1 - x_3) = 1 - 0.44 \times 0.4 = 1 - 0.176 = 0.824$$

而枚举法的状态为 $2^3 = 8$，数据见表 4.1。

表 4.1　状态枚举法数据表

状态＼单元	R_1	R_2	R_3	系统状态	概　　率
1	0	0	0	$F(3)$	0
2	0	0	1	$S(1)$	$(1 - R_1)(1 - R_2)R_3 = 0.3\times0.2\times0.6 = 0.036$
3	0	1	1	$S(2)$	$(1 - R_1)R_2 R_3 = 0.3 \times 0.8 \times 0.6 = 0.144$
4	1	0	1	$S(2)$	$R_1(1 - R_2)R_3 = 0.7 \times 0.2 \times 0.6 = 0.084$
5	1	1	0	$S(2)$	$R_1 R_2(1 - R_3) = 0.7\times0.8\times(1-0.6) = 0.224$
6	0	1	0	$F(2)$	0
7	1	0	0	$F(2)$	0
8	1	1	1	$S(3)$	$R_1 R_2 R_3 = 0.7 \times 0.8 \times 0.6 = 0.336$

表 4.1 中 8 种状态号在第 1 列。2,3,4 列是各单元的状态，表中状态行中第 1 行到第 8 行是 8 种状态，如“1”行则三个单元均为零，用 $F(3)$ 表示，系统概率为零。“2”行中 R_1、R_2 为失效状态，仅 R_3 为正常状态，则系统正常，$S(1)$ 表示有一个单元是成功的状态，其结果的概率为 0.036，以下依次类推。$F(2)$ 表示有 2 个单元失效时系统失效的状态。

表 4.1 列举出了各种系统状态的概率，其概率之和为 $0.036 + 0.144 + 0.084 + 0.224 + 0.336 = 0.824$，该结果与混联法的结果相同。

对于如图 4.12 所示的系统，应用枚举法，方法步骤也是一样的，只是状态为 $2^n = 2^5 = 32$，计算步骤多一些，其结果应该与其他方法的结果是相同的。

4.3.6　全概率分析法

全概率公式为

$$P\{A\} = \sum_{i=1}^{n} P\{B_i\} P\{A \mid B_i\} \tag{4.26}$$

如果对于两种状态的事件,如成败、通断、好坏等情况,则全概率公式可以写成简单形式,即

$$P\{A\} = P\{AB + A\bar{B}\} = P\{B\}P\{A \mid B\} + P\{\bar{B}\}P\{A \mid \bar{B}\} \tag{4.27}$$

全概率公式可以把一个复杂事件分解为简单事件,可靠性就属于简单事件的一种。如以电桥电路的可靠性框图为例,将图 4.14 中的 x_5 选作为合适单元,x_5 有成功与失效两种情况。

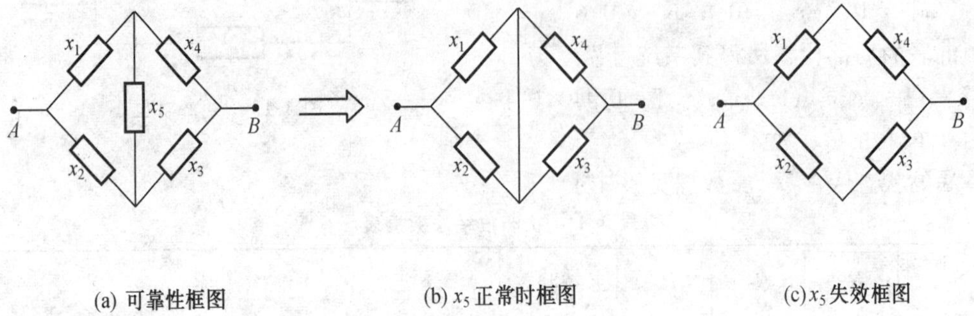

图 4.14 全概率分析分解图

系统的可靠度为

$$R_S = P(x_5)P[(x_1 \cup x_2) \cap (x_3 \cup x_4)] + P(\bar{x}_5)P[(x_1 \cap x_4) \cup (x_2 \cap x_3)] \tag{4.28}$$

系统的不可靠度为

$$F_S = P(\bar{x}_5)P[(\bar{x}_1 \cap \bar{x}_2) \cup (\bar{x}_4 \cap \bar{x}_3)] + P(x_5)P[(\bar{x}_1 \cup \bar{x}_4) \cap (\bar{x}_2 \cup \bar{x}_3)] \tag{4.29}$$

全概率分析法是将复杂的可靠性框图变成简单的串并联系统,该法也称为分解法。该法的关键问题是选择合适的单元进行分解。有时也把合适单元称为关键单元。

【例 4.4】 图 4.14(a) 为可靠性框图,A 为输入系统,B 为输出系统。

已知 $x_1 = x_2 = 0.8, x_3 = x_4 = 0.7, x_5 = 0.6$,求系统可靠度。

解 选取 x_5 为分解单元。当 x_5 为畅通时系统变为图 4.14(b),x_5 为失效时系统变为图 4.14(c)。

系统可靠度为

$$\begin{aligned} R_S = {} & P(x_5)P[(x_1 \cup x_2) \cap (x_3 \cup x_4)] + P(\bar{x}_5)P[(x_1 \cap x_4) \cup (x_2 \cap x_3)] = \\ & P(x_5)P[(1-(1-x_1)(1-x_2))(1-(1-x_3)(1-x_4))] + \\ & P(\bar{x}_5)P[1-(1-x_1x_4)(1-x_2x_3)] = \\ & 0.6[(1-(1-0.8)(1-0.8))(1-(1-0.7)(1-0.7))] + \\ & 0.4 \times [1-(1-0.8 \times 0.7)(1-0.8 \times 0.7)] = 0.846\ 7 \end{aligned}$$

【例 4.5】 应用全概率法计算图 4.15 混联系统可靠性框图的可靠度。

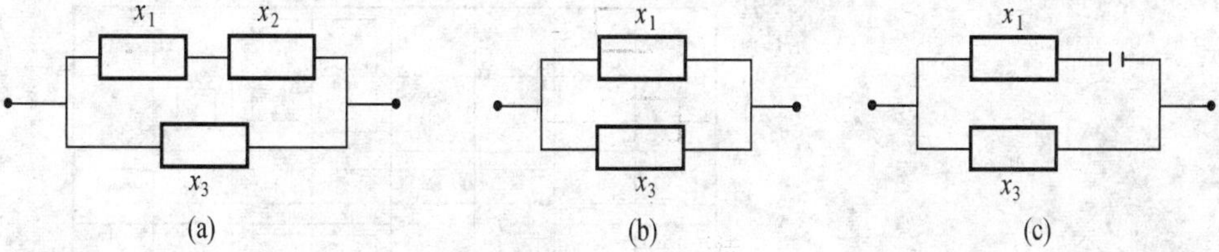

图 4.15　全概率法图解

选 x_2 为合适单元,当 x_2 成功时为图 4.15(b),失效时为图 4.15(c)。

已知 $x_1 = 0.7, x_2 = 0.8, x_3 = 0.6$,由公式

$$R_S = P(x_2)P[x_1 \cup x_3] + P(\overline{x_2})P[x_3]$$

$$R_S = 0.8[1 - (1 - x_1)(1 - x_3)] + 0.2 \times 0.6 = 0.8 \times (1 - 0.3 \times 0.4) + 0.12 =$$

$$0.8 \times 0.88 + 0.12 = 0.704 + 0.12 = 0.824$$

同样,用 x_1 为合适单元,其结果也是一样的。

4.3.7　概率图法

概率图法也属于状态枚举法的范畴,它是用图形列出系统各单元的所有状态,求出各单元使系统正常工作的概率。该法比较形象、清晰,容易操作。但概率图法也不用于单元很多的系统,以免带来很大麻烦。概率图法是将组成系统的单元状态 2^n 个列在方格中,使系统正常的状态用“ * ”标出,计算所有“ * ”内的概率。在计算时,按单元独立状态进行划分,清除重叠相交的内容,使计算简单。

【例 4.6】 已知图 4.16(a) 的可靠性框图有五个单元,共 2^5 个状态,$A = C = 0.8, B = D = 0.7, E = 0.6$,试用概率图法求系统的可靠度。

解　首先分析图 4.16(a) 系统的状态,用 $\underset{1}{A}$,$\underset{1}{B}$ 表示单元正常,而 $\underset{0}{A}$,$\underset{0}{B}$ 表示单元失效。画在计算图上 A,B 表示单元正常,$\bar{A}$,$\bar{B}$ 表示单元失效。图中 AB,$\bar{A}B$,$\overline{CD}E$ 表示系统的状态,共 2^n,$n = 1$,2 个状态,图中有 2 个格;$n = 2$,4 个状态,4 个格,在图 4.16(b) 中,$n = 5$ 有 32 个状态,32 个格,两个相邻边格数的乘积等于系统的状态数。为了观察方便,在图中的两个边上标上文字 AB,$CD\bar{E}$,CDE 或数字 11,111,110 等,图中系统正常的区域用 * 表示,而 * 中计算的区域用虚线框起来。

第一种计算图形的划分法如图 4.16(b) 所示,AB 作为 ① 区的划分法。CD 为 ② 区,CD 的剩余部分为 ③ 区,DEA 为 ④ 区与 CEB 为 ⑤ 区,共五个区域。

第二种计算图形的划分法如图 4.16(c),将 CD 划为 ① 区,AB 为 ② 与 ③ 区,DEA 为 ④ 区与 CEB 为 ⑤ 区。为了计算简单,不管如何划分区域,应保持 * 虚线框独立,不许重叠。

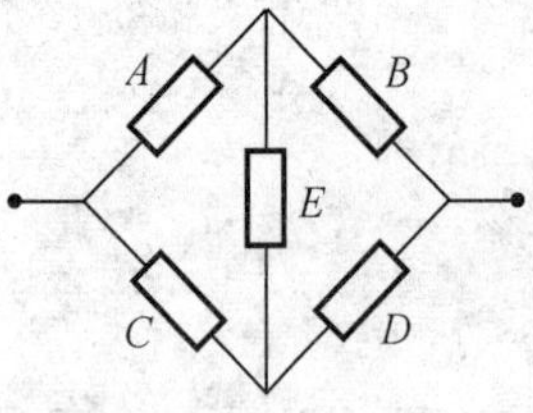

(a) 某电路的可靠性框图

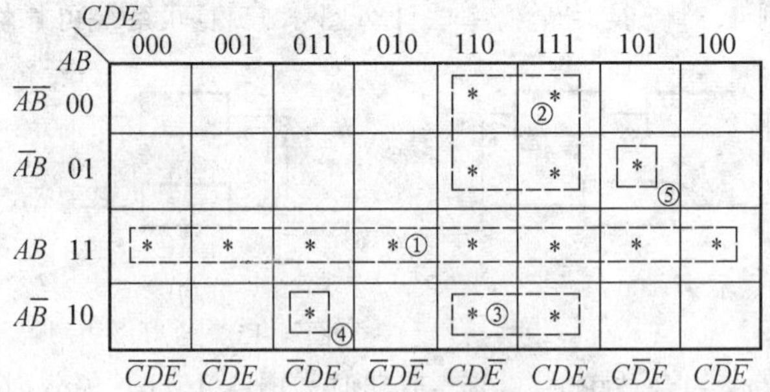

(b) 把 AB 划分为①区的分法图

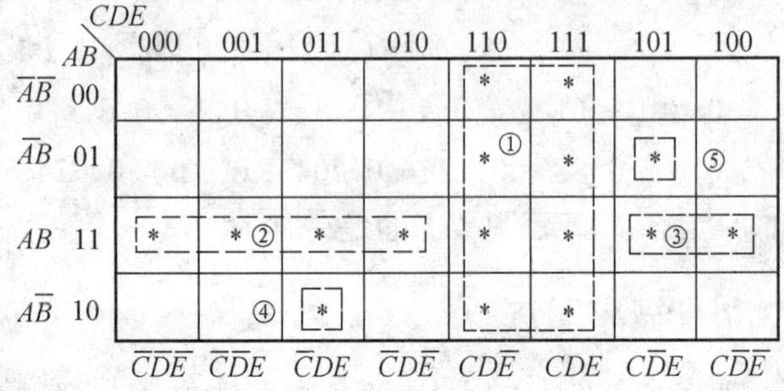

(c) 把 CD 划分为①区的分法图

图 4.16　概率图解法表格图

计算图 4.16(b) 第一种分法,因为它们为不交和,且各单元互相独立,故系统可靠度为

$$S = \overset{①}{AB} + \overset{②}{\overline{A}CD} + \overset{③}{A\overline{B}CD} + \overset{④}{A\overline{B}\overline{C}DE} + \overset{⑤}{\overline{A}BC\overline{DE}}$$

$$\begin{aligned}R_S = P(S) = {} & \overset{①}{R_AR_B} + \overset{②}{F_AR_CR_D} + \overset{③}{R_AF_BR_CR_D} + \overset{④}{R_AF_BF_CR_DR_E} + \overset{⑤}{F_AR_BR_CF_DF_E} = \\ & 0.8 \times 0.7 + 0.2 \times 0.8 \times 0.7 + 0.8 \times 0.3 \times 0.7 \times 0.8 + 0.8 \times 0.2 \times 0.3 \times \\ & 0.7 \times 0.6 + 0.2 \times 0.8 \times 0.7 \times 0.3 \times 0.4 = 0.84\end{aligned}$$

又如第二种划分时,系统可靠度为

$$S = \overset{①}{CD} + \overset{②}{AB\overline{C}} + \overset{③}{ABC\overline{D}} + \overset{④}{A\overline{B}\overline{C}DE} + \overset{⑤}{\overline{A}BC\overline{DE}}$$

$$\begin{aligned}R_S = P(S) = {} & \overset{①}{R_CR_D} + \overset{②}{R_AR_BF_C} + \overset{③}{R_AR_BR_CF_D} + \overset{④}{R_AF_BF_CR_DR_E} + \overset{⑤}{F_AR_BR_CF_DR_E} = \\ & 0.8 \times 0.7 + 0.8 \times 0.7 \times 0.2 + 0.8^2 \times 0.7 \times 0.3 + \\ & 0.8 \times 0.2 \times 0.2 \times 0.7 \times 0.6 + 0.2 \times 0.8 \times 0.7 \times 0.3 \times 0.6 = 0.84\end{aligned}$$

【例 4.7】　如图 4.17 所示,用概率图法求系统可靠度。已知 $R_A = 0.7, R_B = 0.8, R_C = 0.6$。

解　将图 4.17 的单元在概率图表格中按可靠性方格图顺序确定。画出方框图如图 4.17(b) 所示。

由于

$$S = AB\overline{C} + C$$

$$R_S = P(S) = R_A R_B F_C + R_C = R_A R_B (1 - R_C) + R_C$$

将已知条件代入上式，得

$$R_S = 0.7 \times 0.8 + 0.7 \times 0.8 \times 0.6 + 0.6 = 0.56 \times 0.4 + 0.6 = 0.224 + 0.6 = 0.824$$

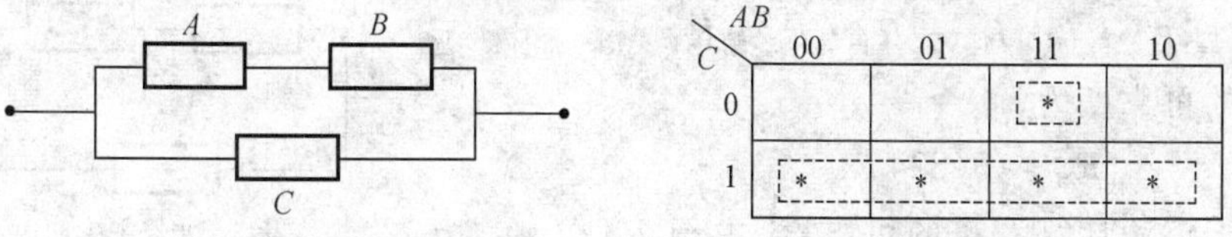

(a) 可靠性框图　(b) 格雷码图

图 4.17　子单元方格图

4.3.8　布尔展开定理的应用

布尔函数展开定理：设函数

$$y = f(x_1, x_2, \cdots, x_n)$$

令 $x_1 = 1$ 时，布尔函数为

$$f_{1i} = f(x_1, x_2, \cdots, x_{i-1}, 1, x_{i+1}, \cdots, x_n)$$

令 $x_i = 0$ 时，布尔函数为

$$f_{0i} = f(x_1, x_2, \cdots, x_{i-1}, 0, x_{i+1}, \cdots, x_n) \tag{4.30}$$

则布尔函数

$$y = x_i f_{1i} + \bar{x}_i f_{0i} \tag{4.31}$$

此为布尔定理。该定理与全概率分解法的实质是一样的。

【例 4.8】　如图 4.14 所示，设 $x_1 = x_2 = 0.8, x_3 = x_4 = 0.7, x_5 = 0.6$，应用布尔展开定理，求系统可靠度。

解　由布尔展开定埋公式，需要确定参数变量时选 x_5 为布尔展开变量。

$$\begin{aligned} S = f(x_1, x_2, x_3, x_4, x_5) &= x_5 f(x_1, x_2, 1, x_3, x_4) + \overline{x_5} f(x_1, x_2, 0, x_3, x_4) = \\ & x_5 \cap [(x_1 \cup x_2) \cap (x_3 \cup x_4)] + \overline{x_5} \cap [(x_1 \cap x_4) \cup (x_2 \cap x_3)] = \\ & x_5 \cap \{[1 - (1 - x_1)(1 - x_2)][1 - (1 - x_3)(1 - x_4)]\} + \overline{x_5} \cap \{x_1 x_4 \cup x_2 x_3\} = \\ & 0.6 \times [1 - 0.2 \times 0.2][1 - 0.3 \times 0.3] + 0.4[1 - (1 - 0.8 \times 0.7)(1 - 0.8 \times 0.7)] = \\ & 0.846\ 72 \approx 0.846\ 7 \end{aligned}$$

4.3.9　蒙特卡洛法在系统分析中的应用

系统可靠性建模也可以用随机模拟的办法求系统的可靠性。对于结构复杂、输入变量较多的情况，用该法比较方便。蒙特卡洛法建模是通过将生成的随机数代入可靠性功能模型的办法解决可靠性问题的。由于 $R(t)$ 与 $F(t)$ 服从在区间(0,1)的均匀分布，因此可以生成均匀分布的随机数,然后将这些随机数代入功能模型或数学模型中,即可求得系统的可靠性。蒙特卡洛法的最大难点是建立功能模型或数学模型,有了模型就可以进行可靠性模拟了。现以混联模型为例进行分析。已知该模型的单元可靠度:$R_1 = 0.8$;$R_2 = 0.7$;$R_3 = 0.6$。

由系统可靠度的计算式得

$$R_S = R_1 \cdot R_2 + R_3 - R_1 \cdot R_2 \cdot R_3$$

得出混联系统的可靠度为

$$R_S = 0.824$$

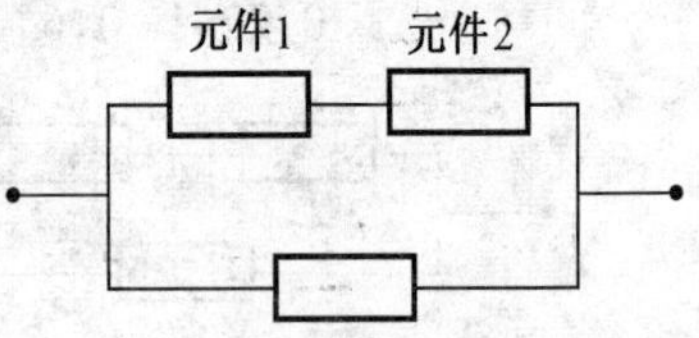

图 4.18 混联系统示意图

现用蒙特卡洛法计算系统的可靠度,由于 $R(t)$ 与 $F(t)$ 服从在区间(0,1)的均匀分布。首先生成 R_i 的均匀随机数,当 R_i 的随机数大于等于给定的单元可靠度时,取 $x_i = 1$,否则 $x_i = 0$,并利用随机数计算系统的状态,即

$$x = x_1 x_2 + x_3 - x_1 x_2 x_3 = \begin{cases} 1 & \text{正常状态} \\ 0 & \text{失效状态} \end{cases} \tag{4.32}$$

通过蒙特卡洛法,生成 R_1, R_2, R_3 的随机数列入表 4.2 的 2 列、4 列与 6 列中。2 列中大于或等于 0.2 的数取为 1,否则取 0 写入 3 列;4 列中大于或等于 0.3 的数取 1,否则取 0 写入 5 列;6 列中大于或等于 0.4 的数取 1,否则取 0 写入 7 列。然后按式(4.32)计算表中每一行的 0 与 1 的组合,结果为 1 时为正常状态,为 0 时为失效状态。所有 1 加起来的结果为正常状态,记 N_S;所有 0 加起来的结果为失效数,设为 r,N 为生成随机数的总数。

我们计算系统的可靠度时,用状态中的失效个数 r 来计算失效状态,用正常状态 $N - r$ 计算系统的可靠度。具体计算数据见表 4.2。系统的失效概率为

$$F_S = \frac{r}{N}$$

系统的可靠度为

$$R_S = \frac{N - r}{N} = 1 - F_S \tag{4.33}$$

R_S、F_S、r 表示系统的可靠度、故障概率和失效数,N 为产生的总平均随机次数。

图 4.18 的真值为 $R_S = 0.824$,当随机数 $N = 50$ 时,混联系统中的状态出现 0 的次数是 11 次,其混联系统的可靠度为 0.78,其误差为 5.3%。如果我们提高运算次数,就可以大大提高可靠性的精度,当 $n = 100$,混联系统的可靠度为 0.86,误差为 4.4%;当 $n = 500$,混联系统的可靠度为 0.834,其误差为 1.2%;当 $n = 1\,000$,系统的可靠度为 0.832,其误差为 0.97% ≈1%。现把计算的数据列于表 4.2 中,取 $N = 50$。

表 4.2　元件混联系统失效模拟($N=50$)

序号	R_1 的均匀随机数	R_1 的状态(x_1)	R_2 的均匀随机数	R_2 的状态(x_2)	R_3 的均匀随机数	R_3 的状态(x_3)	混联系统的状态(x)
1	0.990 88	1	0.798 99	1	0.213 87	0	1
2	0.987 65	1	0.085 28	0	0.197 07	0	0
3	0.075 47	0	0.812 00	1	0.756 72	1	1
4	0.045 13	0	0.059 27	0	0.331 15	0	0
5	0.315 19	1	0.373 24	1	0.947 08	1	1
6	0.309 54	1	0.631 43	1	0.298 80	0	1
7	0.582 85	1	0.762 32	1	0.013 30	0	1
8	0.610 59	1	0.564 33	1	0.868 41	1	1
9	0.460 87	1	0.523 77	1	0.993 55	1	1
10	0.262 07	1	0.251 56	0	0.395 11	0	0
11	0.040 61	0	0.737 44	1	0.316 86	0	0
12	0.535 22	1	0.715 91	1	0.017 55	0	1
13	0.239 14	1	0.906 15	1	0.968 02	1	1
14	0.548 42	1	0.101 42	0	0.843 26	1	1
15	0.523 76	1	0.014 95	0	0.868 42	1	1
16	0.860 51	1	0.719 81	1	0.150 88	0	1
17	0.066 13	0	0.766 03	1	0.062 41	0	0
18	0.123 85	0	0.948 54	1	0.753 99	1	1
19	0.989 28	1	0.068 58	0	0.629 66	1	1
20	0.344 12	1	0.892 29	1	0.432 99	1	1
21	0.975 74	1	0.900 29	1	0.175 91	0	1
22	0.566 57	1	0.736 15	1	0.180 33	0	1
23	0.864 10	1	0.480 47	1	0.322 32	0	1
24	0.845 94	1	0.111 63	0	0.191 45	0	0
25	0.381 24	1	0.901 08	1	0.687 87	1	1
26	0.815 21	1	0.928 66	1	0.438 24	1	1
27	0.347 16	1	0.810 80	1	0.296 85	0	1
28	0.723 74	1	0.641 43	1	0.075 33	0	1
29	0.237 70	1	0.679 42	1	0.960 25	1	1
30	0.030 41	0	0.196 95	0	0.676 14	1	1
31	0.538 22	1	0.066 85	0	0.473 38	1	1
32	0.863 80	1	0.430 68	1	0.706 02	1	1
33	0.760 16	1	0.298 01	0	0.957 56	1	1
34	0.413 66	1	0.223 89	0	0.179 21	0	0
35	0.811 48	1	0.572 59	1	0.445 78	1	1
36	0.094 19	0	0.630 36	1	0.538 83	1	1
37	0.572 27	1	0.274 53	0	0.334 49	0	0
38	0.746 92	1	0.744 60	1	0.045 64	0	1
39	0.394 97	1	0.132 67	0	0.406 07	1	1
40	0.678 06	1	0.848 29	1	0.347 06	0	1
41	0.824 79	1	0.518 77	1	0.036 72	0	1
42	0.392 05	1	0.194 68	0	0.058 93	0	0
43	0.196 73	0	0.253 90	0	0.118 79	0	0
44	0.584 48	1	0.344 54	1	0.888 89	1	1
45	0.657 86	1	0.336 01	1	0.929 70	1	1
46	0.639 05	1	0.025 28	0	0.314 24	0	0
47	0.282 86	1	0.883 52	1	0.990 41	1	1
48	0.217 54	1	0.842 29	1	0.480 80	1	1
49	0.205 50	1	0.333 51	1	0.287 72	0	1
50	0.214 95	1	0.898 89	1	0.564 70	1	1

【附】 仿真程序如下,用 Matlab 编写。

```
%x1,x2,x2 为产生的随机数列
% 约定可靠度 x1 >= 0.8,x2 >= 0.7,x3 >= 0.6
x1 = rand(1,50);x2 = rand(1,50);x3 = rand(1,50);      % 产生均匀随机数
for i = 1:50     % 与原定的可靠度比较,大于、等于时设为 1,否则设为 0
  if x1 (i) >= 0.2
    x11 (i) = 1;
    else x11 (i) = 0;
  end
  if x2 (i) >= 0.3
    x21 (i) = 1;
    else x21 (i) = 0;
  end
  if x3 (i) >= 0.4
    x31 (i) = 1;
    else x31 (i) = 0;
  end
end
for i = 1:50     % 系统可靠度方程
  R (i) = x11 (i) * x21 (i) + x31 (i) - x11 (i) * x21 (i) * x31 (i);
end
  k = 0;
for i = 1:50     % 计算可靠次数
  if R (i) >= 1
    k = k + 1;
  end
end
Rf = k/50
```

4.4 表决系统

有时为了提高可靠度并考虑节省资源,采用表决系统。表决系统有“好”与“坏”的系统,分别记为 $k/n[G]$ 与 $k/n[F]$。

① $k/n[G]$,表示 n 中取 k 的好系统。当组成系统的 n 个单元中,有 k 个或 k 个以上的单元完好时,系统完好。

② $k/n[F]$,表示 n 中取 k 的坏系统。当组成系统的 n 个单元中,有 k 个或 k 个以上的单元失效时,系统不能正常工作。

显然,$k/n[G]$ 相当于 $(n-k+1)/n[F]$。串联系统是 $n/n[G]$;并联系统是 $1/n[G]$。

现举 3 个单元系统的例子。2/3[G] 表示有 2 个单元完好时,系统就完好(图 4.19)。

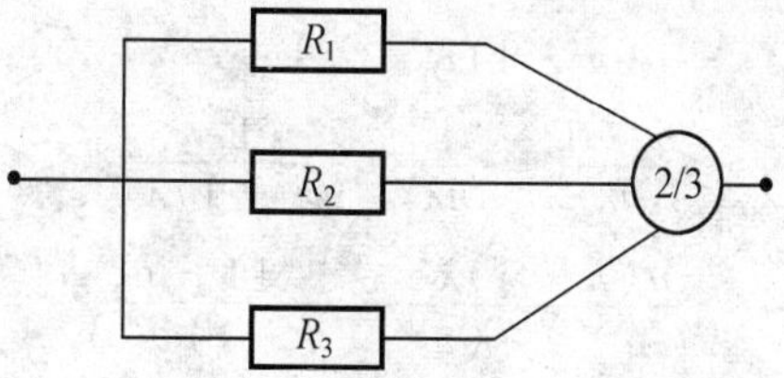

(a) 2/3[G] 系统图

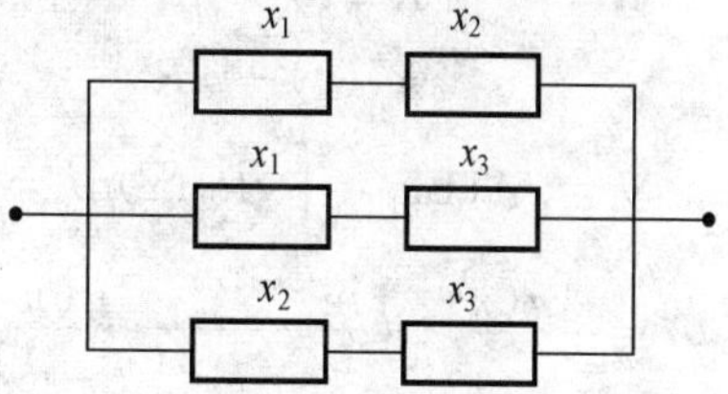

(b) 2/3[G] 可靠性框图

图 4.19　表决系统可靠性框图

设 3 个单元为 A_1,A_2,A_3,系统可靠度为 A_S。A_S 表示在 3 个单元中有 2 个以上单元完好的状态的可靠度。表示为

$$A_S = A_1A_2A_3 \cup A_1A_2\overline{A_3} \cup A_1\overline{A_2}A_3 \cup \overline{A_1}A_2A_3 \tag{4.34}$$

式中　$\bar{A}$—— 失效状态,即 $\bar{A} = 1 - A$。

故

$$R_S = R_1R_2R_3 + R_1R_2(1-R_3) + R_1(1-R_2)R_3 + (1-R_1)R_2R_3 =$$
$$R_1R_2 + R_1R_3 + R_2R_3 - 2R_1R_2R_3$$

当 $R = R_1 = R_2 = R_3$ 时

$$R_S = 3R^2 - 2R^3 \tag{4.35}$$

当

$$R_1 = e^{-\lambda_1 t} \qquad R_2 = e^{-\lambda_2 t} \qquad R_3 = e^{-\lambda_3 t}$$

则

$$R_S = e^{-\lambda_1 t}e^{-\lambda_2 t} + e^{-\lambda_1 t}e^{-\lambda_3 t} + e^{-\lambda_2 t}e^{-\lambda_3 t} - 2e^{-\lambda_1 t}e^{-\lambda_2 t}e^{-\lambda_3 t} =$$
$$e^{-(\lambda_1+\lambda_2)t} + e^{-(\lambda_1+\lambda_3)t} + e^{-(\lambda_2+\lambda_3)t} - 2e^{-(\lambda_1+\lambda_2+\lambda_3)t}$$

当 $\lambda_1 = \lambda_2 = \lambda_3 = \lambda$ 时

$$R_S = 3e^{-2\lambda t} - 2e^{-3\lambda t} \tag{4.36}$$

$$\lambda_S(t) = \frac{f_S(t)}{R_S(t)} = \frac{6\lambda(1-e^{-\lambda t})}{3-2e^{-\lambda t}} \tag{4.37}$$

$$\mathrm{MTBF} = \theta = \int_0^\infty R(t)\mathrm{d}t = \int_0^\infty [e^{-(\lambda_1+\lambda_2)t} + e^{-(\lambda_1+\lambda_3)t} + e^{-(\lambda_2+\lambda_3)t} - 2e^{-(\lambda_1+\lambda_2+\lambda_3)t}]\mathrm{d}t =$$

$$\frac{1}{\lambda_1+\lambda_2}+\frac{1}{\lambda_1+\lambda_3}+\frac{1}{\lambda_2+\lambda_3}-\frac{2}{\lambda_1+\lambda_2+\lambda_3} \tag{4.38}$$

当 $\lambda=\lambda_1=\lambda_2=\lambda_3$ 时

$$\theta=\frac{3}{2\lambda}-\frac{2}{3\lambda}=\frac{5}{6\lambda}$$

$(n-1)/n[G]$ 系统情况为

$$R_S(t)=R^n(t)+nR^{n-1}(t)F(t)=R^n(t)+nR^{n-1}(1-R(t))=$$

$$R^n(t)+nR^{n-1}-nR^n=nR^{n-1}-(n-1)R^n$$

$$\theta=\text{MTBF}=\int_0^{\infty}R_S(t)\mathrm{d}t=\frac{n}{(n-1)\lambda}-\frac{n-1}{n\lambda}=\frac{1}{n\lambda}+\frac{1}{(n-1)\lambda}$$

$$\lambda_S(t)=\frac{\lambda n(n-1)\mathrm{e}^{-(n-1)\lambda t}-n(n-1)\lambda\mathrm{e}^{-n\lambda t}}{n\mathrm{e}^{-(n-1)\lambda t}-n(n-1)\mathrm{e}^{-n\lambda t}}=\frac{n(n-1)\lambda\mathrm{e}^{-(n-1)\lambda t}(1-\mathrm{e}^{-\lambda t})}{\mathrm{e}^{-(n-1)\lambda t}(n-(n-1)\mathrm{e}^{-\lambda t})}=$$

$$\frac{n(n-1)(1-\mathrm{e}^{-\lambda t})\lambda}{n-(n-1)\mathrm{e}^{-\lambda t}}$$

在 $k/n[G]$ 系统中，由于 k 个单元不同的情况过于复杂，仅以 k 个单元可靠度相同单元的失效分布为指数分布时

$$R_i(t)=R(t)=\mathrm{e}^{-\lambda t}$$

$$F(t)=1-R(t)$$

假设系统中各单元互相独立，其二项分布的概率公式为

$$R_S(t)=\sum_{i=k}^{n}C_n^iR^i(t)[1-R(t)]^{n-1}$$

进一步写为

$$R_S(t)=\sum_{i=k}^{n}C_n^i\mathrm{e}^{-i\lambda t}[1-\mathrm{e}^{-\lambda t}]^{n-i}$$

$$R_S(t)=R^n(t)+nR^{n-1}(t)[1-R(t)]+\frac{n(n-1)}{2!}R^{n-2}(t)[1-R(t)]^2+\cdots+$$

$$\frac{n!}{k!(n-k)!}R^k(t)[1-R(t)]^{n-k}\quad(k\leqslant n) \tag{4.39}$$

$$\theta=\int_0^{\infty}R_S(t)\mathrm{d}t=\int_0^{\infty}[\sum_{i=k}^{n}C_n^i\mathrm{e}^{-i\lambda t}(1-\mathrm{e}^{-\lambda t})^{n-i}]\mathrm{d}t$$

$$\theta=\frac{1}{n\lambda}+\frac{1}{(n-1)\lambda}+\cdots+\frac{1}{k\lambda}=\sum_{i=k}^{n}\frac{1}{i\lambda} \tag{4.40}$$

【例 4.9】 已知某型飞机安装 3 台同类型、同一功率的发动机。发动机寿命数据服从指数分布，其失效率均为 $\lambda=0.001\ \mathrm{h}^{-1}$。该飞机要求 2 台发动机正常工作，飞机就能正常工作，设工作 100 h。假设 3 台发动机同时工作，试求 2 台发动机与 2/3[G] 工作时系统可靠度与平均寿命。又假设采用 4 台发动机时，求每 2 台并联后再串联的可靠度与平均寿命。

解　① 2 台发动机工作时的可靠度。

串联系统的可靠度为

$$R_2(t) = (e^{-\lambda t})^2 = e^{-2\lambda t} = e^{-2\times 0.001\times 100} = e^{-0.2} = 0.818\ 7$$

$$\theta_2 = \int_0^{\infty} R_2(t)dt = \int_0^{\infty} e^{-2\lambda t}dt = \frac{1}{2\lambda} = \frac{1\ 000}{2} = 500\ h$$

2/3[G] 表决系统时可靠度为

$$R_{2/3}(t) = 3e^{-2\lambda t} - 2e^{-3\lambda t} = 3e^{-2\times 0.001\times 100} - 2e^{-3\times 0.001\times 100} =$$
$$3e^{-0.2} - 2e^{-0.3} = 3\times 0.818\ 7 - 2\times 0.740\ 8 =$$
$$2.456\ 1 - 1.481\ 6 = 0.974\ 5$$

$$\theta_{2/3} = \int_0^{\infty} R_{2/3}(t)dt = \frac{3}{2\lambda} - \frac{2}{3\lambda} = \frac{9-4}{6\lambda} = \frac{5}{6\times 0.001} = \frac{5\ 000}{6} = 833.333\ h$$

② 4 台发动机工作时的可靠性框图，见图 4.20。

图 4.20 中，两两并联的串联系统的可靠度为

$$R_4 = [1-(1-R)^2][1-(1-R)^2] = [1-(1-e^{-\lambda t})^2]^2 = [1-(1-e^{-0.001\times 100})^2]^2 =$$
$$[1-(1-e^{-0.01})^2]^2 = [1-(1-0.904\ 8)^2]^2 =$$
$$[1-0.095\ 2^2]^2 = [1-0.009\ 06]^2 = 0.990\ 94^2 = 0.982$$

$$\theta_4 = \frac{7}{12\lambda} = \frac{7\ 000}{12} = 583.3\ h$$

由以上计算可以看出，2/3[G] 方法采用 3 台发动机其可靠度接近 4 台发动机的可靠度，故该法是既节省资源又提高可靠度的合理方法之一。

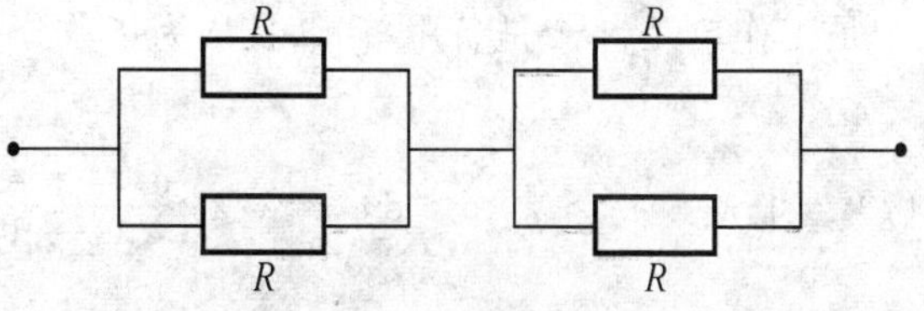

图 4.20　并串系统示意图

4.5　旁联系统(贮备系统)

旁联系统(贮备系统) 亦称为非工作贮备模型，它是提高系统可靠度的一种冗余方式，亦是产品提高可靠性与长寿命的一种节省资源的办法。该系统是在关键单元处设置备用单元，当工作单元失效时备用单元立刻替代工作单元工作，故称为旁联系统(贮备系统)。如图4.21 所示，当工作单元失效时，备用单元立即替代工作，如汽车的轮胎作为备用单元的系统则为典型的例子。旁联系统又根据备用单元在备用期间失效与否分为两大系统，即冷贮备与热贮备系

统。冷贮备系统是当贮备单元在贮备期间失效率为零的系统。热贮备系统是当贮备单元在贮备期间失效率不为零的系统。

4.5.1 冷贮备系统

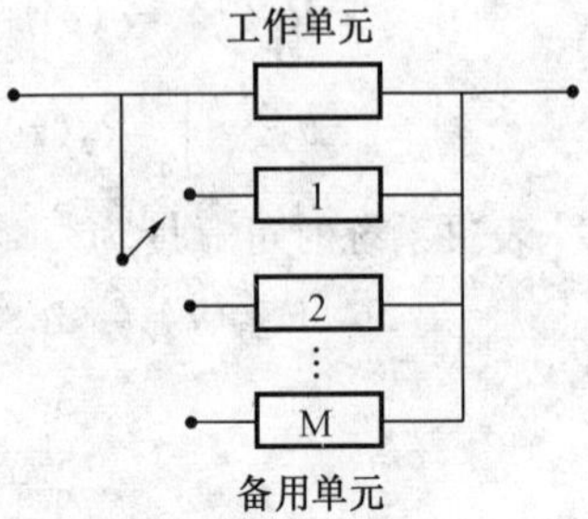

图 4.21 冷贮备系统框图

设其系统由一个工作单元与 n 个贮备单元组成，当工作单元失效时，贮备单元立即逐个去替换工作，直到全部单元失效为止，如图 4.21 所示。

1.转换装置安全可靠的冷贮备系统

设 $n+1$ 个单元的寿命为随机变量 $T_1, T_2, \cdots, T_{n+1}$，则系统的寿命为

$$T = T_1 + T_2 + \cdots + T_{n+1}$$

可靠度为

$$R_S(t) = P(T_1 + T_2 + \cdots + T_{n+1} > t) = 1 - p(T_1 + T_2 + \cdots + T_{n+1} \leqslant t) \tag{4.41}$$

由于系统的各单元逐个参加工作，因而系统的平均寿命是各单元平均寿命之和，即

$$\theta_S = \theta_1 + \theta_2 + \cdots + \theta_{n+1}$$

又因为随机变量 T_i 是相互独立的，它们之间有时间差，故系统的寿命分布的概率密度 $f_S(t)$ 是 $n+1$ 个单元寿命分布概率密度 $f_i(t)$ 的卷积，即

$$f_S(t) = f_1(t) * f_2(t) * \cdots * f_{n+1}(t) \tag{4.42}$$

当只有 2 个单元，1 个是工作单元，1 个是备用单元，且均为指数分布，其失效率为 λ_1 与 λ_2 时，由卷积公式得

$$f_{S_2}(t) = \int_0^t \lambda_1 e^{-\lambda_1(t-x)} \lambda_2 e^{-\lambda_2 x} dx = \lambda_1 \lambda_2 \frac{e^{-\lambda_1 t} - e^{-\lambda_2 t}}{\lambda_2 - \lambda_1}$$

故

$$R_{S_2} = \int_t^\infty \lambda_1 \lambda_2 \frac{e^{-\lambda_1 x} - e^{-\lambda_2 x}}{\lambda_2 - \lambda_1} dx = \frac{\lambda_2}{\lambda_2 - \lambda_1} e^{-\lambda_1 t} - \frac{\lambda_1}{\lambda_1 - \lambda_2} e^{-\lambda_2 t} \tag{4.43}$$

所以

$$\theta_{S_2} = \frac{1}{\lambda_1} + \frac{1}{\lambda_2}$$

如果 $\lambda_1 = \lambda_2 = \lambda$，则

$$f_{S_2}(t) = \int_0^t \lambda e^{-\lambda(t-x)} \lambda e^{-\lambda x} dx = \lambda^2 t e^{-\lambda t}$$

$$R_{S_2}(t) = \int_t^\infty \lambda^2 x e^{-\lambda x} dx = (1 + \lambda t) e^{-\lambda t} \tag{4.44}$$

$$\theta_{S_2}(t) = \frac{2}{\lambda}$$

当 $n = 3$ 时,单元寿命分布均服从指数分布,失效率为 λ,其概率密度函数为

$$g(t) = f_2(t) * f(t)$$

$$g(t) = \int_0^t \lambda^2 x e^{-\lambda x} \lambda e^{-\lambda(t-x)} dx = \int_0^t \lambda^3 x e^{-\lambda t} dx = \int_0^t \frac{\lambda^3}{2} e^{-\lambda t} dx^2 = \frac{\lambda^3}{2} t^2 e^{-\lambda t} \tag{4.45}$$

$$R(t) = \int_t^\infty \frac{\lambda^3}{2} t^2 e^{-\lambda t} dt = -\int_t^\infty \frac{\lambda^2}{2} t^2 de^{-\lambda t} = -\frac{\lambda^2}{2} t^2 e^{-\lambda t}\Big|_t^\infty - \lambda t e^{-\lambda t}\Big|_t^\infty + \int_t^\infty \lambda e^{-\lambda t} dt =$$

$$-\frac{\lambda^2}{2} t^2 e^{-\lambda t}\Big|_t^\infty - \lambda t e^{-\lambda t}\Big|_t^\infty - e^{-\lambda t}\Big|_t^\infty = \frac{\lambda^2}{2} t^2 e^{-\lambda t} + \lambda t e^{-\lambda t} + e^{-\lambda t} =$$

$$e^{-\lambda t}(1 + \lambda t + \frac{(\lambda t)^2}{2})$$

即

$$R(t) = (1 + \lambda t + \frac{(\lambda t)^2}{2!}) e^{-\lambda t} \tag{4.46}$$

依次类推,当 $n + 1$ 单元的寿命分布都是失效率 λ 的指数分布时,其结果为

$$f_S(t) = \sum_{k=0}^{n} \left[\frac{(\lambda t)^{k+1}}{(k+1)!} - \frac{(\lambda t)^k}{k!} + 1 \right] \tag{4.47}$$

$$R_S(t) = \sum_{k=0}^{n} \frac{(\lambda t)^k}{k!} e^{-\lambda t} = \left[1 + \lambda t + \frac{(\lambda t)^2}{2!} + \cdots + \frac{(\lambda t)^n}{n!} \right] e^{-\lambda t} \tag{4.48}$$

$$\theta_S = \frac{n+1}{\lambda}$$

如果系统需要 m 个单元同时工作,系统才能正常工作,还有 n 个备用单元,每个单元的可靠度均为 $e^{-\lambda t}$,它们正常工作与否都是相互独立的。m 个工作单元的可靠度为 $e^{-m\lambda t}$,当其中有一个失效时,n 个备用单元中立刻有一个接替工作,此时工作单元的可靠度仍为 $e^{-m\lambda t}$,该系统相当于可靠度都是 $e^{-m\lambda t}$ 的 $n + 1$ 个单元的冷贮备系统。因而由式(4.48)得

$$R_S(t) = \sum_{k=0}^{n} \frac{(m\lambda t)}{k!} e^{-m\lambda t} \tag{4.49}$$

$$\theta_S = \frac{n+1}{L\lambda}$$

2.转换装置不完全可靠的冷贮备系统

由于 n 个单元的转换装置不完全可靠的冷贮备系统的可靠度与平均寿命的公式比较复杂,这里只研究 2 个单元的可靠度为 $e^{-\lambda_1 t}$ 与 $e^{-\lambda_2 t}$ 的冷贮备系统。

设转换开关的可靠度为 $e^{-\lambda_d t}$,其寿命 T_d 与 2 个单元的寿命 T_1、T_2 相互独立。当工作单元 A_1 失效时,若转换开关已经失效,即 $T_d < T_1$,则系统就失效,此时系统的寿命就是工作的单元 A_1 的寿命 T_1;当单元 A_1 失效时,若转换开关未失效,即 $T_d > T_1$,则备用单元 A_2 立即接

替单元 A_1 工作,直至单元 A_2 失效,系统才失效,此时系统的寿命是 $T_1 + T_2$。由此,系统的寿命分布为

$$1 - R_S(t) = P(T \leqslant t) = P(T_1 \leqslant t, T_d \leqslant T_1) + P(T_d \leqslant T_1, T_1 + T_2 \leqslant t) =$$

$$1 - e^{-\lambda_1 t} - \frac{\lambda_1}{\lambda_d + \lambda_1 - \lambda_2}[e^{-\lambda_2 t} - e^{-(\lambda_1 + \lambda_d)t}] \tag{4.50}$$

系统的可靠度和平均寿命为

$$R_S(t) = e^{-\lambda_1 t} + \frac{\lambda_1}{\lambda_d + \lambda_1 - \lambda_2}[e^{-\lambda_2 t} - e^{-(\lambda_1 + \lambda_d)t}] \tag{4.51}$$

$$\theta_S = \int_0^\infty R_S(t)\mathrm{d}t = \frac{1}{\lambda_1} + \frac{\lambda_1}{\lambda_2(\lambda_d + \lambda_1)}$$

当 $\lambda_1 = \lambda_2 = \lambda$ 时,系统的可靠度和平均寿命分别为

$$R_S(t) = e^{-\lambda t} + \frac{\lambda}{\lambda_d}[e^{-\lambda} - e^{-(\lambda + \lambda_d)t}]$$

$$\theta_S = \frac{1}{\lambda} + \frac{1}{\lambda_d + \lambda}$$

如果转换开关在不使用时,失效率为零,而在需要使用时可以认为其可靠度是常数 R_d,此时冷贮备系统的可靠度为

$$R_S(t) = P(T_1 > t)(1 - R_d) + R_d P(T_1 + T_2 > t) =$$

$$(1 - R_d)e^{-\lambda_1 t} + R_d\left(\frac{\lambda_2}{\lambda_2 - \lambda_1}e^{-\lambda_1 t} - \frac{\lambda_1}{\lambda_1 - \lambda_2}e^{-\lambda_2 t}\right)$$

$$e^{-\lambda_1 t} + \frac{\lambda_1 R_d}{\lambda_1 - \lambda_2}(e^{-\lambda_2 t} - e^{-\lambda_1 t}) \tag{4.52}$$

系统的平均寿命为

$$\theta_S = \frac{1}{\lambda_1} + R_d \frac{1}{\lambda_2}$$

特别当 $\lambda_1 = \lambda_2 = \lambda$ 时,系统的可靠度和平均寿命分别为

$$R_S(t) = e^{-\lambda t}(1 - R_d) + R_d(1 + \lambda t)e^{-\lambda t} = e^{-\lambda t} + \lambda t R_d e^{-\lambda t} = (1 + \lambda t R_d)e^{-\lambda t}$$

$$\theta_S = \frac{1}{\lambda}(1 + R_d) \tag{4.53}$$

当转换装置安全可靠,即 $\lambda_d = 0, R_d = 1$ 时,以上的结果与前面的结果一样。

4.5.2 热贮备系统

在实际工作中,备用单元在贮备期期间失效率不一定为零,即使不通电工作的设备,也因温度、振动、冲击与噪声等其他应力的作用,可能受到损坏。当然其失效率不同于工作时的失效率,一般要小得多。考虑备用单元在贮备期也可能失效的热贮备系统要比冷贮备系统复杂得

多,因此考虑最简单的情况。假设系统由两个单元组成,其中一个单元工作,可靠度为 $e^{-\lambda_1 t}$,另一单元作热贮备,贮备期间可靠度为 $e^{-\mu t}$,工作期间可靠度为 $e^{-\lambda_2 t}$。又假设两个单元工作相互独立,备用单元进入工作状态后的工作寿命与其经过的贮备期长短无关。

1.转换装置完全可靠的二单元热贮备系统

如将备用单元在备用期内可靠度 $e^{-\mu t}$ 等价地视为转换装置不完全可靠时的可靠度为 $e^{-\lambda_d t}$,则利用上一节(4.5.1 冷贮备系统中的 2) 推导的结果,可得两个单元热贮备系统的可靠度和平均寿命分别为

$$R_S(t) = e^{-\lambda_1 t} + \frac{\lambda_1}{\lambda_1 + \mu - \lambda_2}[e^{-\lambda_2 t} - e^{-(\lambda_1+\mu)t}]$$

$$\theta_S = \frac{1}{\lambda_1} + \frac{\lambda_1}{\lambda_2(\lambda_1 + \mu)} \tag{4.54}$$

特别地,当 $\lambda_1 = \lambda_2 = \lambda$ 时,系统的可靠度和平均寿命分别为

$$R_S(t) = e^{-\lambda_1 t} + \frac{\lambda}{\mu}[e^{-\lambda t} - e^{-(\mu+\lambda)t}]$$

$$\theta_S = \frac{1}{\lambda} + \frac{1}{\lambda + \mu} \tag{4.55}$$

当 $\mu = 0$ 时,为两个单元的冷贮备系统;当 $\mu = \lambda_2$ 时,为两个单元的并联系统。

2.转换装置不完全可靠的二单元热贮备系统

设工作单元、备用单元在工作期间的寿命和转换装置的寿命分别为 T_1、T_2、T_d,而备用单元在备用期的寿命为 X。这些都是相互独立的服从指数分布的随机变量,失效率分别为 λ_1、λ_2、λ_d 和 μ。当工作单元 A_1 失效时,若转换开关已经失效,即 $T_d < T_1$,则系统就失效,此时系统的寿命就是工作单元 A_1 的寿命 T_1;当单元 A_1 失效时,若转换装置尚未失效,即 $T_d > T_1$,但备用单元在贮备期内已失效,即 $X < T_1$,则系统也失效,此时系统的寿命仍是 T_1;当单元 A_1 失效时,若转换装置和备用单元 A_2 均未失效,即 $T_d > T_1, X > T_1$,则备用单元 A_2 立即接替单元 A_1,直至单元 A_2 失效,系统才失效,此时系统寿命是 $T_1 + T_2$。根据以上分析得到系统的失效概率为

$$\begin{aligned}1 - R(t) = {} & P(T_1 \leqslant t, T_d < T_1) + P(T_d > T_1, T_1 \leqslant t, X < T_1) + \\ & P(T_d > T, X > T_1, T_1 + T_2 \leqslant t) = \\ & 1 - e^{-\lambda_1 t} - \frac{\lambda_1}{\lambda_d + \mu + \lambda_1 - \lambda_2}[e^{-\lambda_2 t} - e^{-(t_d+\mu+\lambda_1)t}]\end{aligned}$$

故

$$R_S(t) = e^{-\lambda_1 t} + \frac{\lambda_1}{\lambda_d + \mu + \lambda_1 - \lambda_2}[e^{-\lambda_2 t} - e^{-(t_d+\mu+\lambda_1)t}]$$

$$\theta_S = \frac{1}{\lambda} + \frac{\lambda_1}{\lambda_2(\lambda_1 + \lambda_d + \mu)} \tag{4.56}$$

假设备用单元的贮备寿命与工作寿命的失效率一样，$\mu = \lambda_2$，则系统的可靠度和平均寿命为

$$R_S(t) = e^{-\lambda_1 t} + \frac{1}{\lambda_d + \lambda_1}[e^{-\lambda_2 t} - e^{-(\lambda_d + \lambda_1 + \lambda_2)t}]$$

$$\theta_S = \frac{1}{\lambda_1} + \frac{\lambda_1}{\lambda_2(\lambda_1 + \lambda_2 + \lambda_d)} \tag{4.57}$$

当转换装置的可靠度为常数 R_d 时，类似地有

$$\begin{aligned} 1 - R_S(t) = & P(T_1 \leqslant t, X > T_1) + (1 - R_d)P(T_1 \leqslant t, X > T_1) + \\ & R_d P(T_1 + T_2 \leqslant t, X > t_1) = \int_0^1 \lambda_1 e^{-\lambda_1 t}(1 - e^{-\mu t_1})dt_1 + \\ & (1 - R_d)\int_0^t \lambda_1 e^{-\lambda t_1} e^{-\mu t_1} dt_1 + R_d \int_0^t \lambda_1 e^{-\lambda_1 t_1} e^{-\mu t_1}[1 - e^{-\lambda_2(t - t_1)}]dt_1 = \\ & 1 - e^{-\lambda_1 t} - R_d \frac{\lambda_1}{\mu + \lambda_1 - \lambda_2}[e^{-\lambda_2 t} - e^{-(\mu + \lambda_1)t}] \end{aligned}$$

故系统的可靠度与平均寿命分别是

$$R_S(t) = e^{-\lambda_1 t} + R_d \frac{\lambda_1}{\mu + \lambda_1 - \lambda_2}[e^{-\lambda_2 t} - e^{-(\mu + \lambda_1)t}]$$

$$\theta_S = \frac{1}{\lambda_1} + R_d \frac{\lambda_1}{(\lambda_1 + \mu)\lambda_2} \tag{4.58}$$

特别当转换装置安全可靠，即 $\lambda_d = 0, R_d = 1$ 时，以上公式与前述转换装置安全可靠时的热贮备系统相同。

习　　题

1. 试求图 4.22 所示的可靠性框图的系统可靠度。已知 $R_1 = 0.8, R_2 = 0.6, R_3 = 0.7, R_4 = 0.85, R_5 = 0.9, R_6 = 0.85, R_7 = 0.8, R_8 = 0.9, R_9 = 0.85$。

2. 试求图 4.22 所示的最小路集、最小割集，并应用最小割集、最小路集法求系统可靠度。

3. 试用枚举法求图 4.23 所示的系统可靠度。已知 $A = C = 0.8, B = D = 0.7, E = 0.9$。

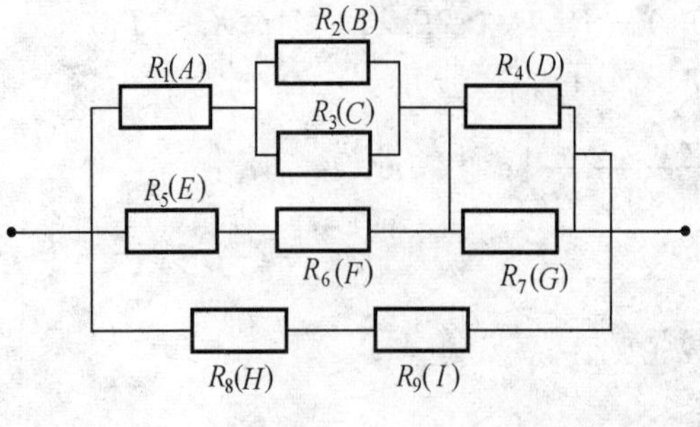

图 4.22　习题 1 与 2 的可靠性框图

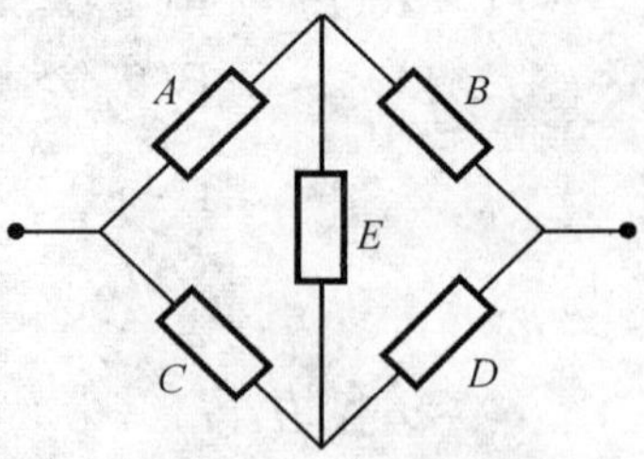

图 4.23　习题 3 的可靠性框图

4. 某飞机有 3 台发动机，至少有 2 台发动机正常工作，飞机即可安全飞行。假定飞机故障仅由发动机引起。已知发动机失效率为常数（$MTBF = 2 \times 10^4$ h），求飞机飞行 20 h 与 100 h 的可靠度。

5. 试求如图 4.24(a)，(b) 所示系统的平均寿命。假设 A、B、C 各单元均服从指数分布，失效率 $\lambda_1 = \lambda_2 = 2 \times 10^{-3}\ \mathrm{h}^{-1}$，$\lambda_3 = 1 \times 10^{-4}\ \mathrm{h}^{-1}$。

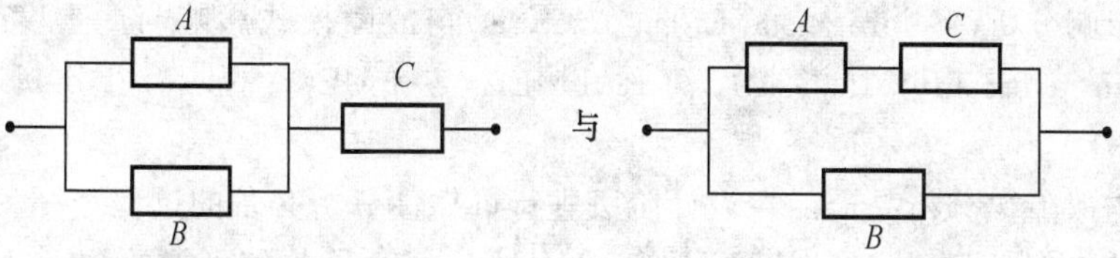

(a) 并串联型式　　(b) 串并联型式

图 4.24　习题 5 的可靠性框图

6. 已知有 2 台发动机的设备，其中 1 台为冷贮备，假设转换开关可靠度 $R = 0.999$，求系统在 $t = 90$ h 的可靠度和系统平均寿命。

7. 如图 4.25 所示，已知 $A = B = 0.7$，$C = D = 0.8$，$E = 0.9$。

(1) 试用蒙特卡洛法求系统可靠度。

(2) 试用全概率分析法求系统可靠度。

(3) 试用布尔定理展开法求系统可靠度。

8. 如图 4.26 所示，已知 $R_1 = 0.8$，$R_2 = 0.9$，$R_3 = 0.7$，试用概率图法求系统的可靠度。

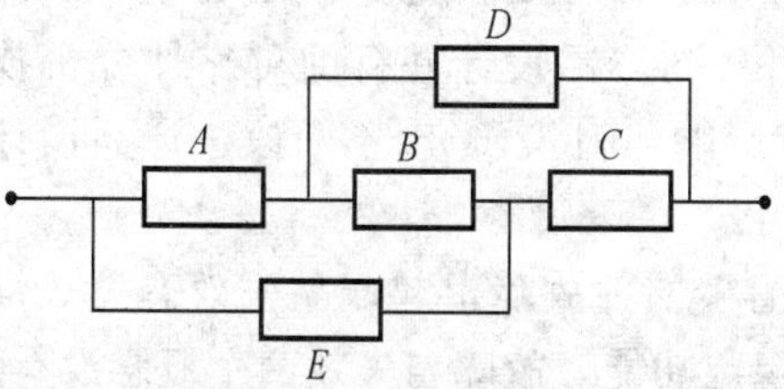

图 4.25　习题 7 的可靠性框图

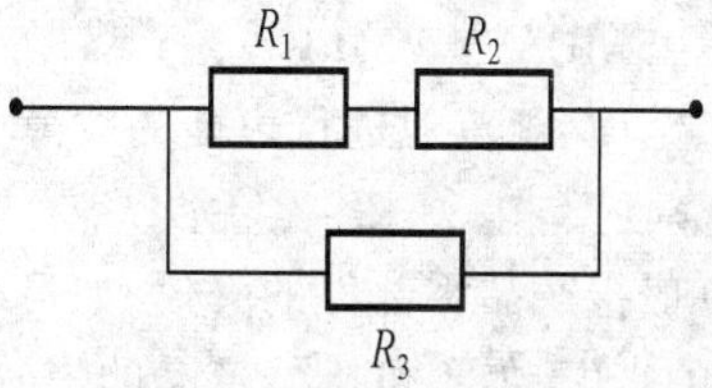

图 4.26　习题 8 的可靠性框图

第 5 章　故障模式与故障树分析

故障模式影响分析(Failure Mode Effect Analysis)与故障模式影响与严重度分析(Failure Mode Effect and Criticality Analysis),简称 FMEA 与 FMECA,故障树分析(Fault Tree Analysis)简称 FTA。

故障模式与故障树分析是产品在设计阶段进行可靠性分析必备的过程之一。在可靠性分析中,为了减少对人为因素的过分依赖,系统、全面地分析产品各种可能的故障及其影响与对策,在产品可靠性设计阶段建立各种分析方法,以便及早地改进设计,提高产品的可靠性。考虑单因素的影响,称为故障模式分析,考虑多因素的影响,称为故障树分析。

故障模式分析

5.1　概　　述

FMEA 包括 2 部分内容,FMEA 是故障模式影响分析,而 FMECA 是 FMEA 的扩展,称为严重度分析。FMEA 与 FMECA 是产品在设计过程中,与产品设计并行的可靠性分析技术。对产品系统、全面、规范地进行可能的故障分析,进行影响与对策研究,不断改进产品设计,以满足产品可靠性要求。

故障,一般指产品零部件的失效,如可维修产品的零部件故障引起产品失效。失效,通常指产品性能的丧失,如不可维修产品的失效,即丧失规定功能。故障与失效两个概念没有严格的区分,通常在可靠性分析时都用失效一词。故障模式也就是失效模式,故障模式分析也就是失效模式分析,故障树分析也就是失效树分析。

失效就是产品(系统)丧失规定的功能,规定的功能就是设计人员根据用户的要求在设计文件中规定的产品功能。失效模式就是失效或故障的形式,故障的形式是多种多样的,同一产品可能有多种失效形式,如继电器的触点与线圈的破坏形式有:①粘住;②断开缓慢;③不能闭合;④闭合缓慢;⑤对地短路;⑥对地电源短路;⑦对触点短路等。

一个部件失效对整机所产生的影响叫做失效后果,如控制系统的继电器触动故障造成控制系统不能工作(失效),这是造成的失效后果。严重度(Criticality)是失效后果的严重程度。

5.2　故障模式分析

5.2.1　FMEA 方法

1.功能 FMEA 与硬件 FMEA

故障模式分析(FMEA)可按功能分析,也可按硬件分析,也可把功能 FMEA 和硬件 FMEA 合并进行分析。在两种情况下按功能分析,一是在设计初期,硬件方案尚不具体时;二是复杂系统一般只能从最高一级结构开始功能分析。系统中每一个项目都有一定的设计功能,每一种功能就是一项输出。要逐一列出这些输出,分析它们的失效模式。大系统的 FMEA 要分级进行。功能分析一般是自上而下进行,但也可以从任一级结构开始自上而下或自下而上进行。从原理图、图样和其他设计文件等已经了解硬件单元的细节时,按硬件分析。按硬件分析一般是自下而上地进行,但也可从任一级结构开始自上而下或自下而上进行。各级 FMEA 合起来便成为一棵 FMEA 的"树"。

2.FMEA 程序

表 5.1 是一个典型的 FMEA 表格。

表 5.1　典型的 FMEA 表格——失效模式与后果分析

系统__________　　日期__________

结构级别__________　　共____页　第____页

参考图样__________　　制表__________

规定功能__________　　批准__________

标号	项目/功能名称	功能	失效模式与原因	任务阶段/工作模式	失效后果			检测方法	补救措施	严重性级别	备注
					局部后果	上一级	最终后果				

FMEA 的基本程序如下。

① 以设计文本为根据,从功能、环境条件、工作时间、失效定义等各方面全面确定设计对象(即系统)的定义;按递降的重要度分别考虑每一种工作状态(或称工作模式)。

② 针对每一种工作状态分别绘制系统功能框图和可靠性框图(系统可靠性模型)。

③ 确定每一部件与接口应有的工作参数或功能。

④ 查明一切部件与接口可能的失效模式、发生的原因与后果。

⑤ 按可能的最坏后果评定每一失效模式的严重性级别。

⑥ 确定每一失效模式的检测方法与补救措施或预防措施。

⑦ 提出修改设计或采取其他措施的建议,同时指出设计更改或其他措施对各方面的影响,如对使用、维护、后勤保障等方面的要求。

⑧ 写出分析报告,总结设计上无法改正的问题,并说明预防失效或控制失效危险性的必要措施等。

3.系统功能框图与可靠性框图

系统功能框图表示系统各组成部分功能之间的关系或工作流程图。可靠性框图表示各组成部分之间在可靠性方面的逻辑关系,如可靠性串并联框图等。图 5.1 是一个系统功能框图的例子,图 5.2 是图 5.1 系统主要功能的可靠性框图。

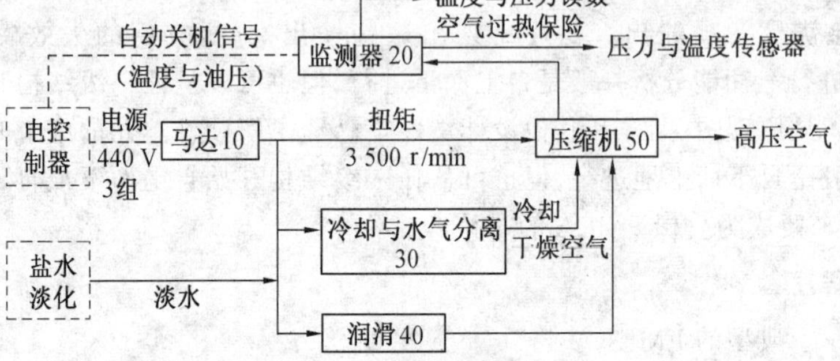

图 5.1　空气压缩机功能框图

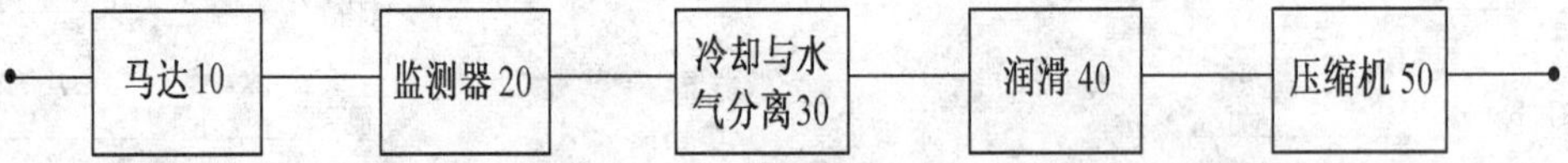

图 5.2　空气压缩机可靠性框图

4.失效模式分析

具体分析产品的失效模式时,要考虑到一切可能的隐患,如:①功能上不符合技术条件的要求;②启动工作过早;③该工作时不工作;④在工作过程中失败等。

从以下这些方面都可查出具体失效模式,如以下几方面。

① 在产品与线路应力分析中所确定的一切可能的失效模式。

② 动力学分析,结构与机构分析。

③ 试验中发生的失效,检验中发现的偏差,数据交换网所发出的报警通知,类似产品的工作情况信息等。

④ 如果专门做过安全性分析,确定系统失效模式及其原因,也可以获得完整的信息的依据,但很费时间。这时需要判断,究竟哪些部件或功能需要做进一步分析。

首先确定哪些部件失效可能造成灾难性的和严重的系统失效模式。把每一种失效模式的一切元件失效率相加,可求得“失效模式失效率”。如表 5.2 所示,序号 1,“振荡器不工作”失效模式,其中运算放大器 A_1 失效率为 $1.20\times10^{-6}\ h^{-1}$,6 个元件的失效率为 $0.52\times10^{-6}\ h^{-1}$,振荡器电路的失效率 $1.72\times10^{-6}\ h^{-1}$ 为元器件失效率之和,如表 5.3 所示。

表 5.2　电容式传感器系统失效后果分析

序号	假设失效的项目	可能的原因	征兆与后果	失效率/$10^{-6}\ h^{-1}$				最终后果
				不工作	漂移电压偏高	指示偏高	指示偏低	
1	振荡器电路	A_1 失效 C_1,C_2,R_1,R_2,R_3,R_4 开路或短路	振荡器不工作	1.20 0.52	—	—	—	传感器不工作,读数固定于中间数值
2	比较器电路	C_3,C_4,D_1,D_2,D_3,D_4 开路或短路	—	—	2.74	—	—	虚假指示
		C_6 或 C_5 短路	运算放大器不倒相,输入变到 0 伏	—	—	2.0	—	虚假最大指示
		C_5 传感器性能恶化	C_5 容量大幅度下降	—	—	—	0.07	虚假最小指示

表 5.3　可靠性预测(电容器传感器系统)

序号	电路	元件	$\lambda/10^{-6}\ h^{-1}$	N	$N\lambda$
1	振荡器	电阻	0.10	4	0.40
		电容	0.06	2	0.12
		运算放大器	1.20	1	1.20
				电路小计	1.72
2	比较器	电容	0.01	3	0.03
		二极管	0.68	4	2.72
		传感器电容	0.07	1	0.07
				电路小计	2.82

5.失效原因

一种失效模式可能有不止一种原因,应考虑到每一种独立的原因。与设计有关的一些潜在失效原因的典型例子有:①设计上有缺陷(如缺乏动稳定性);②元件有缺陷;③用一个多极点继电器承担冗余功能;④在散热量大的器件和热敏器件之间有未预计到的热交联等等。

6.失效后果

失效后果是指应从功能框图上考虑哪些部分受失效的影响;分析失效后果时应考虑任务目标、维修要求,以及人员和设备的安全性等;要考虑哪些非关键部分的失效可能造成关键部分失效;哪些原始失效(一次失效)可能造成严重的从属失效(二次失效)。表 5.1 中所谓"局部后果"首先是对产品本身的影响,其次是其他后果(二次后果)。确定局部后果的目的是作为提出补救措施建议的基础。局部后果可能是失效模式本身,“对上一级的影响”即对上一级组合件的影响,“最终结果”即对全系统的工作、功能、或状态的总后果。

7.失效检测方法

失效检测是说明工作人员如何检测失效的发生,并指出检测手段,如视觉和听觉警告装置、自动敏感装置、测量仪表、其他特殊指示、或者无检测等。

8.补救措施

补救措施是指能够消除失效后果(做到“失效保护”,fail-safe)或限制失效后果严重性(做到“有限可靠性”fail-soft)的设计措施或者由工作人员采取的措施。设计措施有以下几种。

① 能保证连续而安全工作或限制后果严重性的冗余项目。

② 安全或保险措施,如能保证有效工作或限制损害程度的监测或报警装置。

③ 另一种工作模式,如后备或贮备的项目或分系统。

由工作人员采取措施时要考虑并记载工作人员可能有的不正确动作导致的后果。

9.已采取的措施或建议

表 5.1 没有专门设“措施或建议”一栏,但在备注栏内可以记载所有的有关事项,如改进设计的建议,然后在 FMECA 报告中作进一步说明。

① 设计要说明能够减少失效模式发生的概率的设计措施,即安全系数和元件降额标准等。

② 已完成的验证设计方案的试验,和能够检测失效模式的验收试验或地面(测试)检查和维修试验等。

③ 检验保证硬件能按设计要求生产的检验,和在地面(测试)检查或维修过程中足以检测失效模式或发现失效条件的检验。

④ 对本方案或类似方案有关的实例进行说明。

5.2.2 FMEA 实例

【例 5.1】 一个电容式传感器系统的 FMEA 与可靠性预测。图 5.3 所示电容式传感器系统由 4 个电路单元组成:① 一个比较器桥式电路,此电桥输出一个相当于传感器电容(C_5)和参考电容(C_6)电荷能量之差的直流电压。② 一个振荡器电路,向比较器电桥输送电荷能量。③ 一个放大器,将比较器电桥的输出予以放大,并输出一个低阻抗电压。④ 一个分压器,确定输出放大器的工作“中点”。

表 5.2 中所列的失效率是按后果分类的,单位是每百万小时的失效数(FPMH)。每种后果的总失效率可由此计算出来。图 5.4 所示的是可靠性框图,表 5.2 所示的是失效后果分析,表 5.3 所示的是按元件计数法所做的可靠性预测的结果。

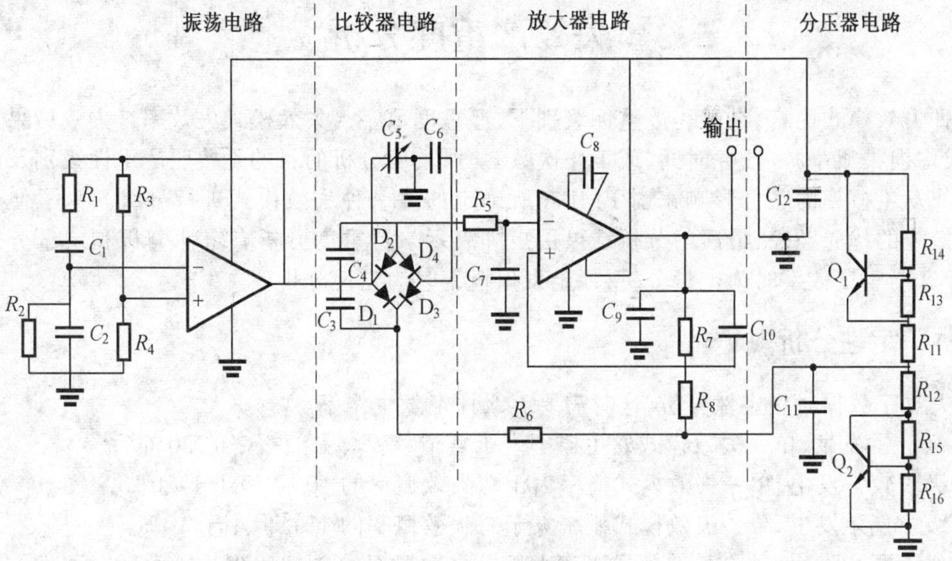

图 5.3　电容式传感器系统

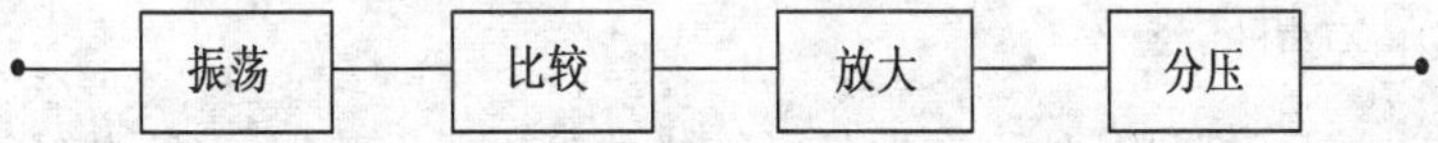

图 5.4　电容式传感器可靠性框图

5.2.3　FMEA 评审准则

对 FMEA 进行评审时的准则为：① 全面性；② 所用方法清楚，实用，并经批准；③ 及时性；④ 便于查考(可追溯性)；⑤ 实用性；⑥ 可重复性；⑦ 应用 FMEA 的结果应提高系统有效性(system effectiveness)；⑧ 资料完整，准确，并经核实。

5.2.4　FMEA 的用途

FMEA 对于大系统的研制有特殊重要的意义，对于小系统以及零件也同样有用，它不仅适用于硬件，也适用于软件。在设计管理上，FMEA 的用途是有以下几方面。

① 在建立系统可靠性模型时，要与 FMEA 相结合。

② 在设计方案对比选择中，FMEA 是评定设计方案的一种手段。

③ 在设计评审、质量复查和事故预案等活动中，FMEA 是依据和证明，也是评审和复查的对象。

5.3 失效严重度分析

对一种失效模式而言,在某一严重性级别下,严重度数字=失效模式失效率×失效后果发生概率(或称损失概率)×任务时间(或工作次数)。严重度分析的目的是按照严重性级别及严重度数字或发生概率的联合影响来对FMEA所确定的每一种失效模式进行分级。为了便于确定采取措施的优先顺序,最后的分析结果用矩阵表示。严重度分析有定性分析和定量分析两种,即计算严重度数字时为定量分析,评定发生概率时为定性分析。

5.3.1 定性分析

缺乏失效率数据时用定性分析,这时需要五级评定发生概率。

① A级。常发生,单一失效模式发生概率大于整个装置总失效概率的20%。

② B级。较常发生,单一失效模式概率大于总失效概率的10%,但小于20%。

③ C级。偶尔发生,单一失效模式概率大于总失效概率的1%,但小于10%。

④ D级。很少发生,单一失效模式概率人于总失效概率的0.1%,但小于1%。

⑤ E级。极少发生,单一失效模式概率小于总失效概率的0.1%。

5.3.2 定量分析

失效率数据应与同一型号其他可靠性与可维修性分析所用数据一致,并经过核实。

1.失效后果概率

失效后果概率(β)或称损失概率,是一种工程判断,是当失效模式发生时由失效后果造成严重度级别的条件概率,如表5.4所示。

表5.4 失效后果概率β值

失效后果	β值
必然损失	1.00
可能损失	$0.10 < \beta < 1.00$
很少损失	$0 < \beta < 0.10$
无影响	0

2.失效模式严重度数字

失效模式严重度数字(C_m)是在一种严重性级别下由失效模式之一所占严重度数字的份额,即

$$C_m = \beta\alpha\lambda_p t \tag{5.1}$$

式中 C_m—— 失效模式的严重度数字;

β—— 工作任务失败的条件概率(失效后果概率,或损失概率);

α—— 失效模式相对频率,即一种失效模式在元件失效率(λ_p)中所占的份额,是一个小数,即概率。一个元件所有失效模式的相对频率相加等于 1。没有数据时则依靠工程判断,失效模式相对频率的实例如表 5.5 所示;

λ_p—— 元件失效率;

t—— 某任务阶段内的工作时间,通常用小时或工作次数表示。

表 5.5　失效模式相对频率举例

器　件	失效模式	α(相对频率)/%
轴　承	润滑性能下降或损失	45
	污染	30
	偏斜	5
	硬化表面压痕	5
	腐蚀	5
陶瓷介质	短路	50
固定电容	电容值变化	40
	开路	5
纸介固定电容	短路	90
	开路	5

3.产品严重度数字

一个项目的严重度数字(C_r)是某一任务阶段内,同一严重性级别下各失效模式严重度数字 C_m 之和,即

$$C_r = \sum_{n=1}^{j} C_m = \sum_{n=1}^{j} (\beta\alpha\lambda_p t)_n \quad n = 1,2,3,\cdots,j \tag{5.2}$$

式中　C_r—— 产品严重度数字;

n—— 属于某一严重度的失效模式数;

j—— 产品在该严重度下的最后一个失效模式。

【例 5.2】　严重度数字计算题,设在某一任务阶段,在严重性级别 Ⅱ 下计算 C_m 和 C_r。

设已知基本失效率

$$\lambda_b = 0.10 \text{ 失效数 / 百万小时} = 0.10 \times 10^{-6}\ \text{h}^{-1}$$

又

$$\pi_A = 1.5; \pi_B = 40; \pi_Q = 1.2$$

根据 MIL - HDBK - 217 典型元件失效率模型求 λ_p。

利用

$$\lambda_p = \lambda_b(\pi_A \times \pi_B \times \pi_Q)$$

得

$$\lambda_p = 0.10 \times 10^{-6}(1.5 \times 40 \times 1.2)$$

$$\lambda_p = 7.2 \times 10^{-6}$$

在某一任务阶段，在严重性级别 Ⅱ 下有两个失效模式，在严重性级别 Ⅵ 下有一个失效模式，其失效模式如下所述。

① $\alpha_1 = 0.3$，在严重性级别 Ⅱ 下第一种失效模式；

② $\alpha_1 = 0.2$，在严重性级别 Ⅱ 下第二种失效模式；

③ $\alpha_1 = 0.5$，在严重性级别 Ⅵ 下的失效模式。

假设 $\beta = 0.5, t = 1$ h 时，求在此任务阶段，在严重性级别 Ⅱ 下的 C_m 和 C_r。

对于 α_1

$$C_m = \beta\alpha_1\lambda_p t \times 10^6 = (0.5 \times 0.3)(7.2 \times 10^{-6})(1) \times 10^6 = 1.08$$

对于 α_2

$$C_m = \beta\alpha_2\lambda_p t \times 10^6 = (0.5 \times 0.2)(7.2 \times 10^{-6})(1) \times 10^6 = 0.72$$

于是

$$C_r = \sum_{n-1}^{j}(C_m)_n = \sum_{n=1}^{2}(C_m)_n = 1.08 + 0.72 = 1.80$$

或

$$C_r = \sum_{n=1}^{j}(\beta\alpha\lambda_p t \times 10^6)_n = \sum_{n=1}^{2}(\beta\alpha\lambda_p t \times 10^6)_n = (\beta\alpha_1\lambda_p t \times 10^6) + (\beta\alpha_2\lambda_p t \times 10^6) =$$
$$(0.5 \times 7.2 \times 10^{-6} \times 1)(0.3 + 0.2) \times 10^6 =$$
$$(3.6 \times 10^{-6})(0.5) \times 10^6 = 1.8$$

典型的严重度分析表格如表 5.6。

表 5.6　固体火箭发动机失效模式后果分析

项目	失效模式	失效原因	可能后果	发生概率	严重性	可能措施
发动机壳	破裂	1. 工艺质量差 2. 材料缺陷 3. 运输损坏 4. 内压过高	火箭损坏	0.000 6	严重	严格控制原材料质量，消除缺陷。进行耐压试验，运输保护
推进剂药柱	—	1. 固化残余应力 2. 温度过低 3. 老化	燃烧速度过快；内压过高；机壳在工作过程中破裂	0.000 1	严重	严格控制生产过程，确保质量。限制在温度极限之内贮存使用

5.3.3　严重度矩阵

采用严重度矩阵是为了把每一种失效模式的严重性与其他失效模式作比较。矩阵是将产品项目或失效模式的标号按严重性级别与失效模式的发生概率或严重度数字(Cr) 进行排列，所得矩阵表明各产品项目失效模式的严重度分布情况,并成为确定补救措施优先顺序的工具。

5.3.4　严重度分析的用途

严重度分析对于维修和后勤保障方面的分析最有用;因为某种失效模式如果发生概率很高(或严重度数字大),则有必要研究采取某种措施,才能降低对维修和后勤的要求。严重度数字是以主观判断为基础的,只能作为一种相对优先顺序。典型故障模式与后果分析如表 5.6 所示。

故障树分析

故障树分析是可靠性分析中非常形象的概念分析。可靠性分析过程像一棵倒置的树,因此称为故障树分析(FTA:Fault Tree Analysis)。故障树分析是从故障的角度去分析系统的可靠性,它能完成可靠性框图的分析任务,而且还能分析故障的传播路线与故障源,因此更具有优越性,目前已经是系统可靠性分析中不可缺的方法之一。

故障树分析是在系统设计过程中对设想可能造成系统故障的各种因素(硬件、软件、环境、人为因素)进行分析,并画出逻辑框图(故障树),进而确定系统故障原因的各种可能组合方式与发生概率,计算系统故障概率,并相应采取纠正措施,实现可靠性的一种设计方法。

故障树具有以下几个特点。

① 故障树的应用领域很广泛,既可以作为一般性的分析计算,又可以深入到各种故障状态,不仅可以分析某些元部件故障对系统的影响,还可以对导致这些元部件故障的特殊原因(环境与人为等原因)进行分析,因此具有灵活性。

② 故障树是一种图形演绎方法,表达故障事件在一定条件下的逻辑推理过程,既可以围绕某些特定故障作层层深入的分析,又可在清晰的故障树图形下表述系统的内在联系,并指出元部件故障与系统故障之间的逻辑关系,进而找出薄弱环节。

③ 分析故障树的过程,也是对系统深入认识的过程,要求分析人员把握系统的内在联系,弄清各种潜在因素对系统故障的影响,及时发现及时解决。

④ 故障树既能定性分析又可定量计算,能够完美地表达系统的特征。

⑤ 故障树可以作为形象管理、维修的指南。

故障树已经在很多领域很多环境过程中被广泛应用,如在产品早期设计阶段的改进和详细设计,样机生产后批量生产阶段,验证是否满足设计要求等方面,该法显得更加重要。

5.4　故障树的建造

建树是故障树分析的基础,是故障树分析的关键过程。在建树之前要做好充分准备,广泛收集有关系统的各种技术资料,如系统的设计、运行资料,流程图,设备技术规范和描述系统有关状态的技术数据等,并对系统的 FMEA 进行深入分析,把系统可能发生的故障分类排队,画一个较大范围的功能关系图及明细表，注明其因果逻辑关系和事故链，同时，确定几个顶事件并排除一些顶事件等。

5.4.1 建树基本规则

建树具有以下几个基本原则。

① 明确定义分析对象和其他部分的边界，抓住重点又不漏掉"不重要"事件，进行合理的简化建树。

② 故障事件（失效模式）应明确定义，指明故障是什么，在何种条件下发生，即有惟一解，切忌模棱两可，含糊不清。

③ 建树过程从上到下逐次进行，循序渐进，防止"跃进"，找全找准事件原因，禁防错漏现象发生。

④ 门与门之间严防直接接触，中间一定要有事件连接。

⑤ 建树后进行合理简化，注意既不能使故障夸大又不能丢掉正确内容。

5.4.2 故障树建树的一般步骤

建树是一个复杂的过程，涉及问题较多，有时需反复进行，因此建树时必须仔细、慎重。建树过程最好请多方面有关人员参加，以防出现比较大的反复。归纳起来有以下几步：① 广泛收集并分析有关技术资料；② 选择顶事件；③ 建立故障树；④ 故障树的简化。

建树是对 FMEA 的进一步掌握的过程，是认真分析每个事件，以及事件间的关系，并在纸面上明确表示的过程，因此系统状态的表示更具有规格化、法律化。

建故障树首先要选顶事件，顶事件是一件不希望发生的事件，它是研究的核心事件，进一步研究导致顶事件发生的直接原因，如可能是硬件、软件、环境等因素引起的，这样层层分析下去直到找到最终的原因。因此故障树归纳起来可以描述为把一件不希望发生的事件作为顶事件（树根），引起顶事件的直接原因作为中间事件（树干），引起中间事件的直接原因作为次中间事件（树枝），引起次中间事件的直接原因作为底事件（树叶）。这个过程相当于一个 n 级倒置的树，称为故障树。如果中间还有很多原因，中间事件可以很多。

5.4.3 故障树中的符号

故障树中的符号有两类，一是事件符号，一是逻辑符号。

1.事件符号

① 矩形符号"▭"通常表示故障事件、顶事件、中间事件。在矩形框内标以事件的意义，如顶事件（T）或中间事件（M），该事件符号与逻辑符号相连。

② 圆形符号"○"表示底事件或基本事件。它是元部件在设计的运行条件下所发生的随机故障事件，该事件只能作为门的输入，不能作为门的输出。进一步把人为的故障事件用虚线

圆表示，以便与元部件故障区分。

③ 菱形符号"◇"表示省略事件，一般用以表示那些可能发生，但概率值很小，或者对此系统而言不需要再进一步分析的故障事件。这些事件在定性与定量分析中一般可以忽略不计。

④ 三角形符号"△"表示故障事件的转移。在故障树分析中经常遇到条件完全相同或者同一个故障事件在不同位置出现，为了减少重复工作并简化树的内容，用三角符号转移。在三角形内加上标号以示从某处转入某处，也可以在树很大时，一页纸画不下时，移页时使用。

2.逻辑门符号

① 逻辑"与门"如图 5.5(a) 中所示，设输入为 X_i，输出为 Y。只有全部输入都发生时系统才发生。逻辑"与门"称为事件交，数学表达式为

$$Y = x_1 \cap x_2 \cap \cdots \cap x_n \tag{5.3}$$

② 逻辑"或门"如图 5.5(b) 所示，当输入事件 X_i 中之一发生时，系统即发生。只有输入事件全部不发生，系统才不发生。该事件称为事件并，其数学表达式为

$$Y = x_1 \cup x_2 \cup \cdots \cup x_n \tag{5.4}$$

③ 逻辑"禁门"如图 5.5(c) 所示，当给定条件满足时，则输入事件直接引起输出事件的发生，否则输出事件不发生。图中椭圆形图是修正符号，其内注明限制条件。若条件不满足，即使有输入也没有输出。

④ 逻辑"异或门"，如图 5.5(d) 所示，输入事件中任何一个发生都可引起输出事件发生，但 X_1，X_2 不能同时发生。相应逻辑代数表达式为

$$Y = (x_1 \cap \overline{x_2}) \cup (\overline{x_1} \cap x_2) \tag{5.5}$$

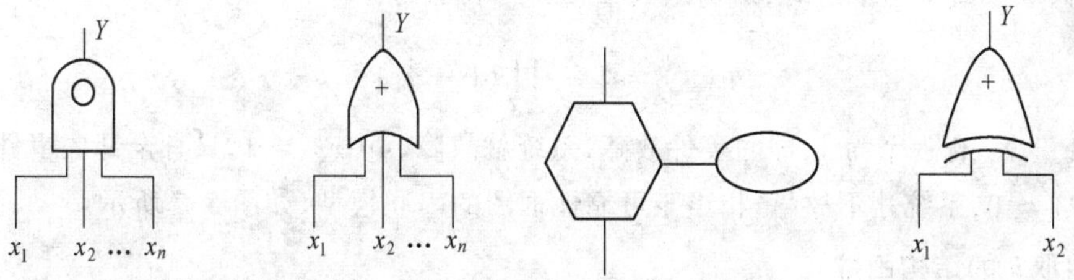

(a)逻辑"与门"符号　(b)逻辑"或门"符号　(c)逻辑"禁行"符号　(d)逻辑"异或门"符号

图 5.5　逻辑符号图

5.5　故障树的数学描述

5.5.1　故障树的结构函数

假设由 n 个独立事件构成故障树，且事件间的故障相互独立。设 $\Phi(x)$ 为故障树的结构函数，变量 x_i 表示故障树底事件的状态变量，$\Phi(x)$ 的取值为 0,1，x_i 的取值为 0,1。这个假设与

可靠性框图的假设刚好相反(请注意)。

$$\Phi(x) = \varphi(x_1, x_2, \cdots, x_i, \cdots, x_n)$$

$$\Phi(x) = \begin{cases} 1 & \text{表示系统发生(顶事件失效)} \\ 0 & \text{表示系统不发生(顶事件正常)} \end{cases}$$

$$x_i = \begin{cases} 1 & \text{零部件失效(底事件 } i \text{ 发生)} \\ 0 & \text{零部件正常(底事件 } i \text{ 不发生)} \end{cases}$$

1.故障树"与门"的结构函数

$$\Phi(x) = x_1 \cap x_2 \cap \cdots \cap x_n = \bigcap_{i=1}^{n} x_i \quad i = 1,2,\cdots,n$$

当 x_i 只取 0,1 二值时,则有

$$\Phi(x) = \prod_{i=1}^{n} x_i \tag{5.6}$$

式中　n—— 底事件的个数。

由上式可见,当底事件全部失效时,系统才失效。当其中任意一个底事件不失效时,系统也不失效。即 $x_i = 0, \Phi(x) = 0$。而 $x_1 = 1, x_2 = 1, \cdots, x_n = 1$ 时,系统 $\Phi(x) = 1$。即只有全部底事件都发生时,顶事件才发生,相当于可靠性模型的并联模型,如图 5.6 所示。

2.故障树"或门"的结构函数

$$\Phi(x) = x_1 \cup x_2 \cup \cdots \cup x_n = \bigcup_{i=1}^{n} x_i \quad i = 1,2,\cdots,n$$

当 x_i 只取 0 或 1 两个值时,结构函数 $\Phi(x)$ 可表示为:

$$\Phi(x) = 1 - \prod_{i=1}^{n} (1 - x_i) \tag{5.7}$$

只要变量 X_i 有一个为 1,即底事件故障,系统就故障,$\Phi(x) = 1$。只有全部底事件均为零时,则 $\Phi(x) = 0$,系统才不故障。相当于可靠性框图的串联模型,如图 5.7 所示。

3.n 中取 k 的结构函数

$$\Phi(x) = \begin{cases} 1 & \text{当 } i \geqslant k \quad i = 1,2,\cdots,n \\ 0 & \text{其他} \end{cases}$$

式中　k—— 使系统发生故障的最少底事件。

只要故障的元部件数大于 k 时系统就故障。该模型相当于表决系统 k/n[G] 的模型,如图 5.8 所示。

4.简单"与"门、"或"门混合系统结构函数

如图 5.9 所示,结构函数为

$$\Phi(x) = x_1 \cup (x_2 \cap x_3) \tag{5.8}$$

当 x_i 仅取 0 或 1 两值时，结构函数为

$$\Phi(x) = 1 - \left\{(1 - x_1)(1 - \prod_{i=1}^{n} x_i)\right\} = 1 - (1 - x_1)(1 - x_2 x_3) \tag{5.9}$$

故障树混合门的结构函数，可以用单独“与门”，“或门”分别表示，然后再联合表示的办法。该方法相当于可靠性框图的串并联系统，如图 5.9 所示。

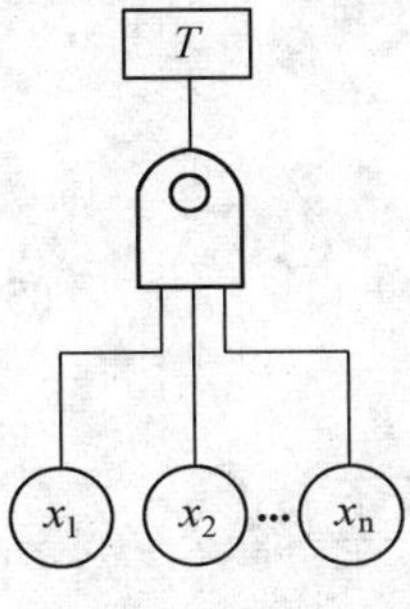

图 5.6　“与门”故障树

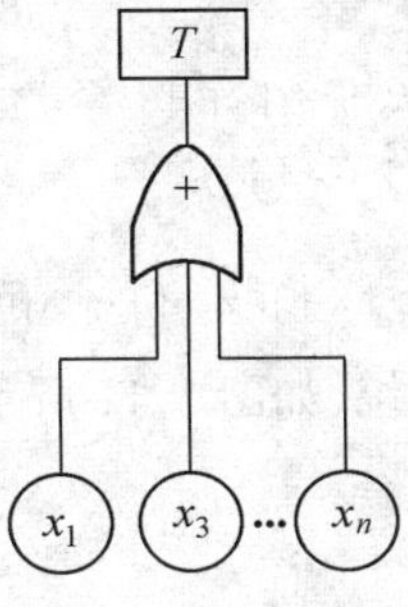

图 5.7　“或门”故障树

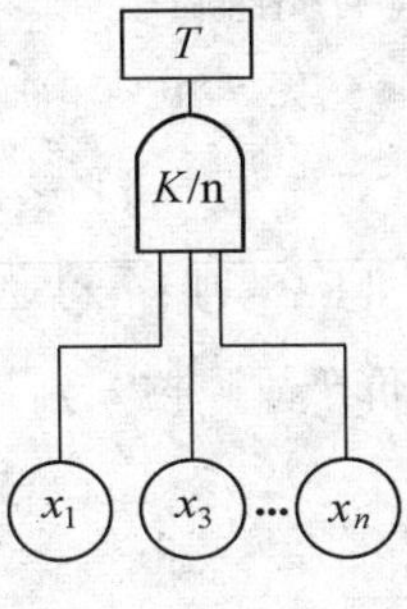

图 5.8　“表决”故障树

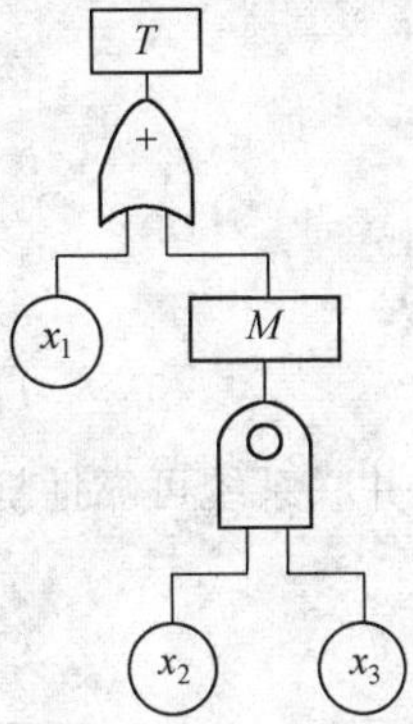

图 5.9　混合门系统

5.5.2　故障树与可靠性框图的等价关系

可靠性框图与故障树两种方法都是对系统可靠性的客观描述，因而它们之间虽然从不同的角度出发，但它们之间存在着一定的内在关系。可靠性框图是从系统正常工作的角度出发，而故障树是从系统故障的角度出发分析系统的可能性，其结果是一致的。通常：$\bar{x}_i$ 表示第 i 个部件正常；$\bar{T}$ 表示系统正常；x_i 表示第 i 个部件故障；T 表示系统故障。

1. 可靠性串联系统

可靠性串联系统的结构函数为

$$\bar{T} = \bar{x}_1 \cap \bar{x}_2 \cap \cdots \cap \bar{x}_n$$

串联系统中每个元部件都正常工作时，系统才能正常工作。

由德 · 摩根定律，知

$$T = \overline{\overline{T}} = \overline{\bar{x}_1 \cap \bar{x}_2 \cap \cdots \cap \bar{x}_n} = x_1 \cup x_2 \cup \cdots \cup x_n \tag{5.10}$$

该结构函数正是故障树“或门”的结构函数，因而可靠性串联系统与故障树“或门”系统是等价的，如图 5.10 所示。

2. 可靠性并联系统

并联系统的可靠性框图如图 5.11 所示，该框图中至少有一个元部件正常工作，系统才能正常工作，即

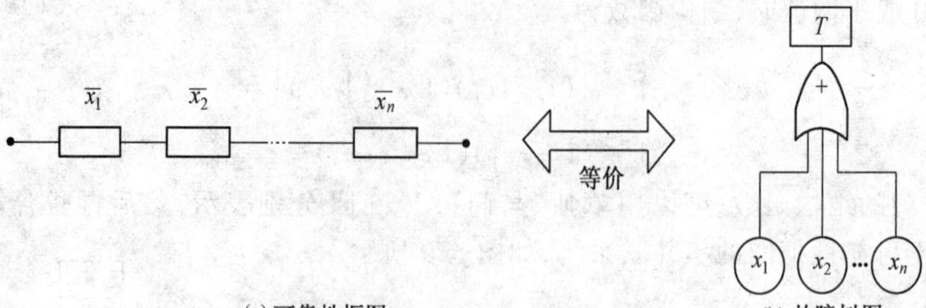

图 5.10　串联系统等价故障树图

$$\overline{T} = \overline{x}_1 \cup \overline{x}_2 \cup \cdots \cup \overline{x}_n$$

$$T = \overline{\overline{T}} = \overline{\overline{x}_1 \cup \overline{x}_2 \cup \cdots \cup \overline{x}_n} = x_1 \cap x_2 \cap \cdots \cap x_n = \bigcap_{i=1}^{n} x_i \qquad (5.11)$$

并联系统可靠性框图等价于故障树“与门”系统,如图 5.11 所示。

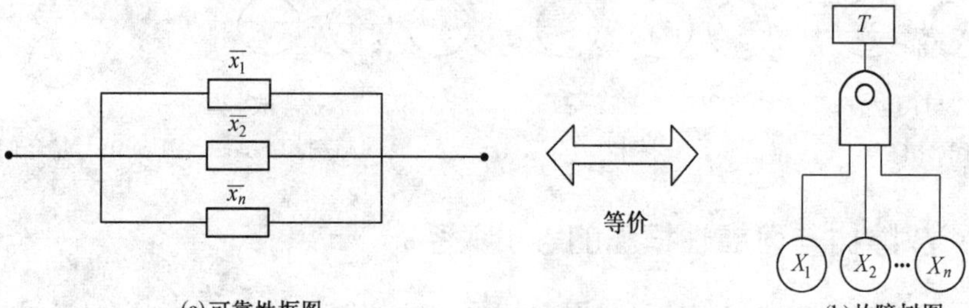

图 5.11　并联系统等价故障树图

通常对一个可靠性框图就可以找到一个等价的故障树。

5.6　故障树的定性分析

由于故障树比较复杂,直接由底事件表示顶事件比较困难,应用最小割集、最小路集法表示故障树是分析故障树的一种科学有效的方法。

5.6.1　割集与最小割集,路集与最小路集

1. 割集与最小割集

① 割集。割集是指故障树中一些底事件的集合,当这些底事件发生时,顶事件必然发生。

② 最小割集。最小割集是若将割集中所含的底事件任意去掉一个就不再成为割集了。

如图 5.9 所示,割集为 $x_1x_2x_3$, x_1, x_2x_3;最小割集为:x_1, x_2x_3。在割集 $x_1x_2x_3$ 中任意去掉一个底事件,如去掉 x_1,剩下 x_2x_3 还是一个割集,所以 $x_1x_2x_3$ 不是最小割集,而 x_1 与

x_2x_3 则是最小割集。

故障树的最小割集是故障树的故障模式。最小割集内包含底事件的个数是最小割集的阶数。一般情况下，阶数越小的最小割集越重要，低阶最小割集的底事件比高阶最小割集中的底事件重要。不同最小割集中重复出现次数越多的底事件越重要。

2. 路集与最小路集

① 路集。路集是指故障树中一些底事件的集合，当这些底事件不发生时，顶事件必然不发生。

② 最小路集。最小路集是指若将路集中所含的底事件任意去掉一个就不再成为路集了。

如图 5.9 所示，路集为 $x_1x_2x_3$，x_1x_2，x_1x_3；最小路集为：x_1x_2，x_1x_3。在路集 $x_1x_2x_3$ 中任意去掉一个，如去掉 x_2 或 x_3 仍为路集，所以 $x_1x_2x_3$ 不是最小路集。

5.6.2　用最小割集与最小路集表示故障树结构函数

1. 用最小割集表示结构函数

设最小割集用 C 表示，则

$$C_j = \bigcap_{i \in C} x_i$$

式中　C_j—— 第 j 个最小割集；

x_i—— 第 j 个最小割集中第 i 个底事件，

故障树的结构函数为

$$\Phi(x) = \bigcup_{j=1}^{n} C_j = \bigcup_{j=1}^{n} \bigcap_{i \in C} x_i \tag{5.12}$$

式中　n—— 系统中最小割集数。

该结构函数表示，故障树中有一个最小割集发生，顶事件就发生了。

如图 5.9 所示，最小割集为 x_1，x_2x_3。结构函数为

$$\phi(x) = x_1 \cup x_2x_3$$

2. 最小路集表示结构函数

设最小路集用 P 表示，则

$$P_m = \bigcap_{i \in P} \bar{x}_i$$

式中　P_m—— 第 m 个最小路集；

$\bar{x}_i$—— 第 m 个最小路集中，第 i 个底事件的补集。

设最小路集补集用 $\bar{P}$ 表示，则

$$\bar{P}_m = \overline{\bigcap_{i \in P} \bar{x}_i} = \bigcup_{i \in P} x_i$$

式中　$\bar{P}_m$—— 第 m 个最小路集的补集；

x_i—— 第 m 个最小路集中的第 i 个底事件。

设 $\Phi(x)$ 为系统的结构函数，即

$$\Phi(x)=\bigcap_{m=1}^{k}\overline{P}_m=\bigcap_{m=1}^{k}\bigcup_{i\in P}x_i \tag{5.13}$$

式中　k—— 系统中最小路集数。

在结构函数中，当所有路集都不发生时，顶事件才不发生。如图 5.9 所示，最小路集为 x_1 与 x_2；x_1 与 x_3，其结构函数为

$$\Phi(x)=(x_1\cup x_2)\cap(x_1\cup x_3)=x_1\cup(x_2\cap x_3)=x_1\cup x_2x_3$$

该结构说明最小割集表示的结构函数与最小路集表示的结构函数是一致的。

注意，最小割集内的底事件是相乘的关系，即 $C=\bigcap_{i=1}^{m}x_i$；最小路集内的底事件是相加的关系，即 $P=\bigcup_{i=1}^{m}x_i$。掌握结构函数的表示关系，就可以很方便地进行故障树的分析与计算了。

5.6.3　对偶函数用于故障树分析

一棵故障树的结构函数与另一棵树的结构函数互为对偶函数时，则两棵树互为对偶树(对偶函数见第 4 章)。

图 5.12(a) 的结构函数为

$$\Phi_a(x)=x_1\cup(x_2\cap x_3)$$

图 5.12(b) 的结构函数为

$$\Phi_b(x)=(x_1\cap x_2)\cup(x_1\cap x_3)$$

故障树(a) 的对偶函数设为

$$\Phi_a^D(x)=1-\Phi_a(1-x)=1-[(1-x_1)\cup((1-x_2)\cap(1-x_3))]$$

$$\Phi_a^D(x)=\overline{(1-x_1)\cup[(1-x_2)\cap(1-x_3)]}=x_1\cap(x_2\cup x_3)=(x_1\cap x_2)\cup(x_1\cap x_3) \tag{5.14}$$

即图 5.12(a) 的结构函数的对偶函数等于图 5.12(b) 的结构函数。因此图 5.12(a) 与图 5.12(b) 是对偶树。由此看出，一棵树的“与门” 改为“或门”，把它的“或门” 改为“与门”，得到的另一棵树是原树的对偶树。假设原树为故障树，则对偶树为成功树(正常树)。即原树的顶事件已经变成希望发生的事件。

故障树的最小割集是故障树的故障模式，而对偶树或成功树的最小割集是该树的成功模式或正常模式。

由上面对偶树我们看到(图 5.12)，原树(图 5.12(a)) 的最小割集是对偶树(图 5.12(b)) 的最小路集，即 x_1 与 x_2x_3。原树的最小路集是对偶树的最小割集。如果原树为 Φ，而对偶树为 Φ^D，则可以很容易得到以下结论。

① Φ 的最小割集是 Φ^D 的最小路集，反之亦然。

② Φ 的最小路集是 Φ^D 的最小割集，反之亦然。

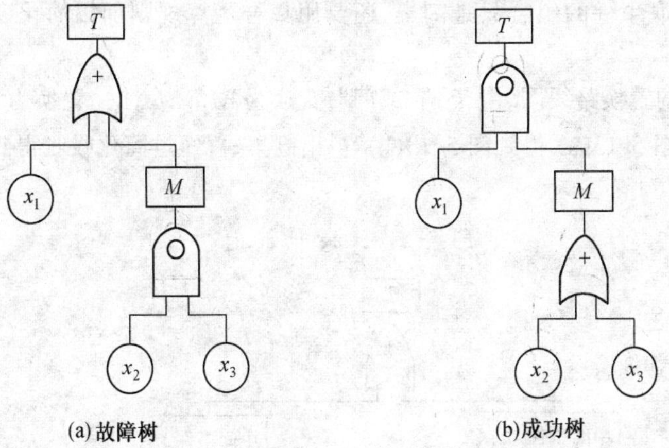

图 5.12　对偶树

有了对偶原理在研究实际问题时非常有用。可以利用对偶系统求对偶系统的最小割(路)集来得到原树的最小路(割)集,方便了分析。

求成功树的另一种方法是故障树中的顶事件与底事件用补函数 $\bar{T} = 1 - T$ 与 $\bar{x} = 1 - x$ 代替,由补函数组成的树即为成功树,即

$$\Phi(\bar{x}) = 1 - \Phi^D(1 - x) \tag{5.15}$$

例如,图 5.9 中故障树由最小割集表示的结构函数为

$$\Phi(x) = x_1 \cup (x_2 \cap x_3)$$

用补函数变换得

$$\Phi(\bar{x}) = \bar{x}_1 \cup (\bar{x}_2 \cap \bar{x}_3);$$

$$\overline{\Phi(\bar{x})} = \overline{\bar{x}_1 \cup (\bar{x}_2 \cap \bar{x}_3)} = x_1 \cap (x_2 \cup x_3) = (x_1 \cap x_2) \cup (x_1 \cap x_3)$$

即为成功树的最小割集表示的结构函数。

5.6.4　最小割集的求法

对于单调并联系统求最小割集的方法很多,一般都需要用计算机来计算。简单的故障树可以用手来完成计算。下面介绍两种常用的方法。

1. 下行法

从上面分析我们知道,最小割集由底事件组成,故障树由最小割集组成。分析故障树,就要分析最小割集,即由最小割集按着逻辑关系组成的故障树。“与门”直接增加割集的容量,“或门”直接增加割集的数目,这是一个基本性质,由此性质,可以得出下面的分析方法。下行法是沿着故障树自上而下进行,即从顶事件开始,顺次将上排事件置换为下排事件。遇到“与门”,将门的输入横向并列写出,遇到“或门”则将门的输入竖向串列写出,直到全部门都置换为底事

件为止。这样得到的底事件的组合只是割集，还要用集合运算规则加以简化、吸收，才能得到全部最小割集。

如图 5.13 所示的置换路线图，由 T 遇“或门”，置换为 M_1，M_2；M_1 置换为 x_4M_3；M_2 置换为 x_1，M_4；以此类推由图 5.13(a) 得到图 5.13(b)。得出割集，再经过简化吸收得到最小割集为

$$x_1, x_5, x_3x_4$$

$$T = x_1 + x_5 + x_3x_4$$

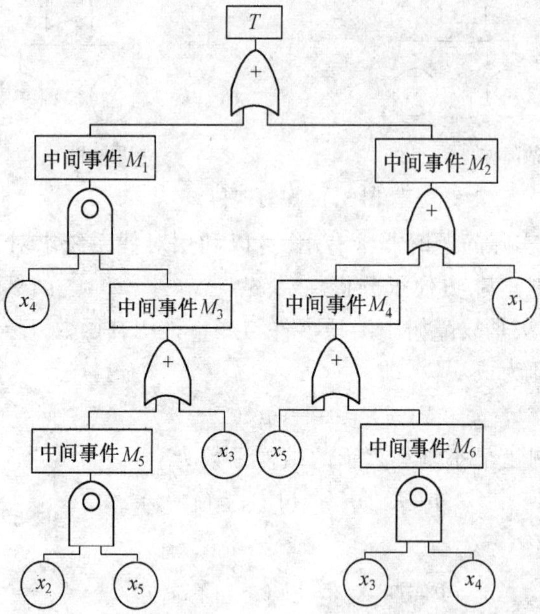

(a)　多门故障树

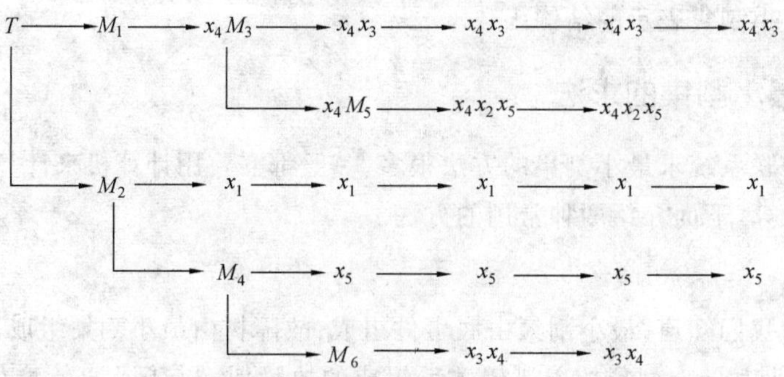

(b)　置换路线图

图 5.13　由故障树求最小割集分析图

2.上行法

上行法是由下往上进行。把顶事件表示成底事件之积的和的形式。以上例进行运算，即

$$M_6 = x_3x_4, M_5 = x_2x_5, M_3 = x_3 + M_5, M_4 = x_5 + M_6$$

$$M_1 = x_4(x_3 + M_5), M_2 = x_1 + x_5 + M_6$$

$$M_1 = x_3x_4 + x_4x_5x_2, M_2 = x_1 + x_5 + x_3x_4$$

$$T = M_1 + M_2 = x_3x_4 + x_2x_4x_5 + x_1 + x_5 + x_3x_4 = x_1 + x_5 + x_3x_4$$

上行法与下行法所得结果相同。但下行法步骤清晰不易出错，上行法看起来简单，但运算起来不是十分有把握，通常还是下行法用得多。

【例 5.3】　如图 5.14 所示故障树，试求最小割集与最小路集。

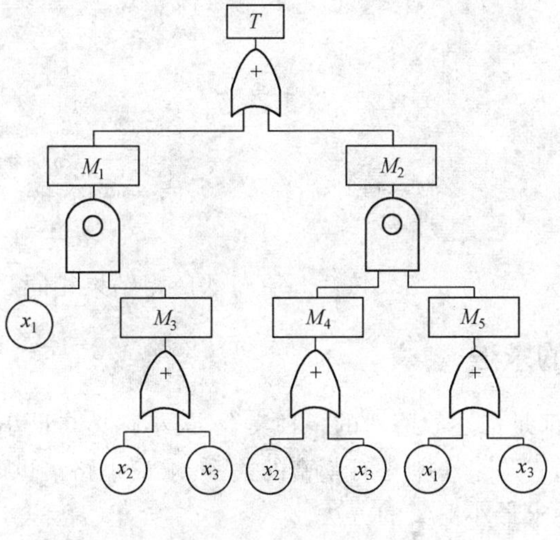

(a)　故障树

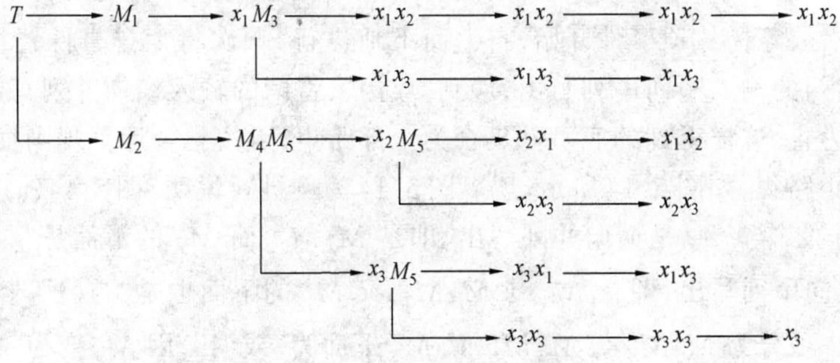

(b)　置换路线图

图 5.14　由故障树求最小割集与最小路集分析图

(1) 由下行法求最小割集

由所有割集经简化、吸收得到最小割集为(x_3)与(x_1x_2)。

(2) 由上行法求最小割集

由中间事件的表达式

$$M_3 = x_2 + x_3;M_4 = x_2 + x_3;M_5 = x_1 + x_3$$

$$M_1 = x_1M_3 = x_1(x_2 + x_3);M_2 = M_4M_5 = (x_2 + x_3)(x_1 + x_3)$$

得

$$T = M_1 + M_2 = x_1(x_2 + x_3) + (x_2 + x_3)(x_1 + x_3) = (x_2 + x_3)[x_1 + (x_1 + x_3)] = (x_2 + x_3)(x_1 + x_3) = x_1x_2 + x_1x_3 + x_2x_3 + x_3x_3$$

经简化吸收得

$$T = x_1x_2 + x_3$$

应用上行法,则

$$T = (x_1 + x_3)(x_2 + x_3) + x_1x_2 + x_1x_3 = x_1x_2 + x_2x_3 + x_3 + x_1x_2 + x_1x_3 = x_1x_2 + x_3$$

经简化吸收得到最小割集为 x_3 与 x_1x_2。该法与下行法所得结果相同。

5.6.5 最小路集的求法

最小路集与最小割集都是描述故障树的一种集合。最小路集与最小割集相反,它是从成功的角度分析底事件的集合,它与最小割集有紧密的关系。求最小路集也可以仿照最小割集的求法进行分析,下面介绍几种求最小路集的方法。

1.下行法

下行法也是沿故障树从顶事件开始,自上而下地进行,顺次将上排事件置换为下排事件,即遇到“与门”,将门的输入竖向串列写出,遇到“或门”,将门的输入横向并列写出,直到全部门都置换为底事件为止。这样得到的底事件集合为全部路集,再按集合运算规则加以简化、吸收,即可得到全部最小路集,如图5.14所示。现以图5.14为例进行说明。图5.14(a)中顶事件 T 的下面是“或门”,则 M_1 与 M_2 是横向并列写出,即是 M_1M_2,而 M_1 的下面是“与门”,则门下面的 x_1 与 M_3 应竖向串列写出,即 x_1M_2 与 M_3M_2,又 M_2 的下面也是“与门”,竖向串列写出为 M_4 与 M_5,M_3M_2 项分为 M_3M_4 与 M_3M_5,又 M_3 下面为“或门”,因 M_3 变为 x_2x_3,M_3M_4 项变为 $x_2x_3M_4$,M_3M_5 项变为 $x_2x_3M_5$,M_4 下面是“或门”,M_4 变为 x_2x_3,$x_2x_3M_4$ 项展开为 $x_2x_3x_2x_3$。M_5 下面为“或门”,故可以变为 x_1x_2,则 $x_2x_3M_5$ 项变为 $x_2x_3x_1x_3$。M_1 的另一支 x_1,x_1 与 M_2 的组合与上面 M_3M_2 的分析相同,x_1M_2 变为 x_1M_4 与 x_1M_5 再进行变换得

$x_1x_2x_3$ 与 $x_1x_1x_3$。通过简化与吸收，得到最小路集为 x_1x_3 与 x_2x_3。详细分析过程可参照图 5.15(b) 的置换路线分析过程。

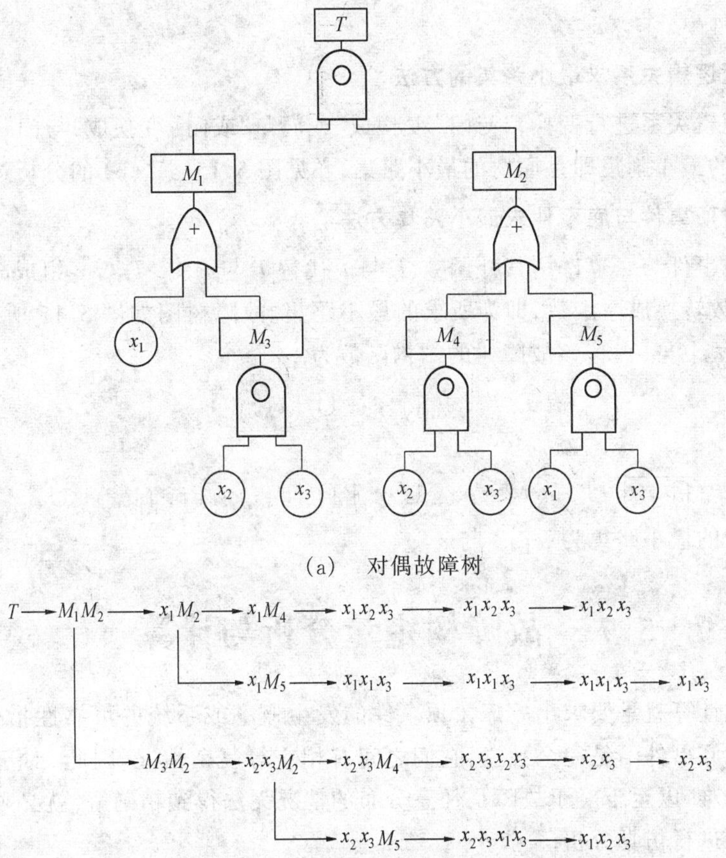

(a)　对偶故障树

(b)　置换路线图

图 5.15　对偶故障树的最小割集分析图

2.上行法

用求最小割集同样的方法求最小路集，如图 5.14。此时"或门"则为相乘，而"与门"则相加。运算公式为

$$M_3 = x_2x_3 \qquad M_4 = x_2x_3 \qquad M_5 = x_1x_3$$

又

$$M_1 = x_1 + M_3 = x_1 + (x_2x_3) \qquad M_2 = M_4 + M_5 = (x_2x_3 + x_1x_3)$$

则

$$T = M_1M_2 = [x_1 + (x_2x_3)] \cdot [(x_2x_3) + (x_1x_3)] =$$

$$x_1x_2x_3 + x_2x_3x_2x_3 + x_1x_1x_3 + x_1x_2x_3x_3 =$$

$$x_1x_2x_3 + x_2x_3 + x_1x_3 + x_1x_2x_3 = x_2x_3 + x_1x_3$$

因此,最小路集为 x_1x_3 与 x_2x_3。

3.变换故障树逻辑关系求最小路集的方法

将故障树的逻辑关系进行变换,“与门”变换成“或门”,“或门”变换成“与门”后,求系统的最小割集,本系统的最小割集即是原树的最小路集,详见图 5.15(a)、(b) 的分析过程。

4.改变故障树顶事件与底事件求最小路集方法

将故障树的顶事件与底事件用其补函数 $\bar{T}$ 与 $\bar{x}$ 代替 T 与 x,求 $\bar{T}$ 与 $\bar{x}$ 组成故障树的最小割集,再将该补函数转换成原函数,即为所求的最小路集。故障树图如图 5.15 所示,经过变换的最小割集为 $\{\bar{x}_1\bar{x}_2\}$ 与 $\{\bar{x}_3\}$。该故障树的结构函数为

$$\bar{T} = \{\bar{x}_1 \cap \bar{x}_2\} \cup \{\bar{x}_3\}$$

又,原函数为

$$T = \overline{\{\bar{x}_1 \cap \bar{x}_2\} \cup \{\bar{x}_3\}} = \{\bar{x}_1 \cup \bar{x}_2\} \cap \{\bar{x}_3\} = \{\bar{x}_1 \cap \bar{x}_2\} \cup \{\bar{x}_3\}$$

由此得到原故障树的最小路集为 x_1x_3 与 x_2x_3。

5.7 故障树定量分析与计算

故障树定量化计算就是要求出故障树顶事件的发生概率或系统的可靠性指标。由于在故障树结构函数中的底事件不是完全独立,它们之间有相交等复杂情况。因此,对于复杂系统多部件的求解比较困难,以至于对于故障是任意分布的情况无法得到精确解,就必须用统计模拟技术的蒙特卡洛法进行仿真分析。

为了实用的要求,在进行定量计算时,一般假设:

① 底事件之间相互独立;

② 底事件和系统都只考虑两种状态 —— 发生或不发生。即元部件与系统都只存在两种状态 —— 正常与故障;

③ 一般情况下,故障的分布都假设为指数分布。

5.7.1 故障树计算的概率基础知识*

(1) 容斥公式

设有 n 个任意集合 $A_1, A_2, \cdots, A_n$,则

* 见第一章。

$$|A_1 \cup A_2 \cup \cdots \cup A_n| = \sum_{i=1}^{n} |A| - \sum_{1 \leqslant i < j \leqslant n} |A_i A_j| + \cdots \pm |A_1 A_2 \cdots A_n| =$$

$$\sum_{i=1}^{n} (-1)^{i-1} \sum_{1 \leqslant j_1 < j_2 < \cdots < j_i \leqslant n} |A_{j1} A_{j2} \cdots A_{ji}| \tag{5.16}$$

(2) 不交并公式

设变量为 $M_1, M_2, \cdots, M_n$，则不交并计算公式为

$$M_1 \uplus M_2 \uplus \cdots \uplus M_n = M_1 \cup M'_1 M_2 \cup \cdots \cup M'_1 M'_2 \cdots M'_{n-1} M_n =$$

$$M_1 + M'_1 M_2 + \cdots + M'_1 M'_2 \cdots M'_{n-1} M_n \tag{5.17}$$

式中，$M'_i = 1 - M_i \quad i = 1,2,\cdots,n\cdots$

5.7.2　具体算例

【例 5.4】　设图 5.13 中单元失效概率为 $q_1 = q_2 = q_3 = q_4 = q_5 = 0.1$

① 用容斥公式求顶事件精确概率

解　故障树的事件表示为

$$T = x_1 + x_5 + x_3 x_4$$

设

$$M_1 = x_1, M_2 = x_5, M_3 = x_3 x_4$$

则

$$T = M_1 + M_2 + M_3$$

又

$$x_1 = q_1, x_2 = q_2, x_3 = q_3, x_4 = q_4$$

故

$$M_1 = q_1, M_2 = q_5, M_3 = q_3 q_4$$

$$P(T) = P(M_1) + P(M_2) + P(M_3) - P(M_1 M_2) - P(M_2 M_3) -$$

$$P(M_1 M_3) + P(M_1 M_2 M_3)$$

将 q 代入公式，则

$$P(T) = P(q_1) + P(q_5) + P(q_3 q_4) - P(q_1 q_5) - P(q_1 q_3 q_4) -$$

$$P(q_5 q_3 q_4) + P(q_1 q_5 q_3 q_4) =$$

$$0.1 + 0.1 + 0.01 - 0.01 - 0.001 - 0.001 + 0.000\,1 = 0.1981$$

② 用不交并公式求顶事件概率

解　由式(5.17)，知

$$T = M_1 \uplus M_2 \uplus M_3$$

$$P(T) = P(M_1 \uplus M_2 \uplus M_3) = P(M_1 + M'_1 M_2 + M'_1 M'_2 M_3) =$$

$$P(M_1)+P(M'_1M_2)+P(M'_1M'_2M_3)$$

将 q 代入公式,则

$$P(T)=P(q_1)+P[(1-q_1)q_5]+P[(1-q_1)(1-q_5)q_3q_4]=$$
$$0.1+[0.9\times0.1][0.9\times0.9\times0.1\times0.1]=0.198\ 1$$

由上述分析可见,两种方法结果相同,但不交并法在最小割集数目较大时要比容斥法方便。

通过上例还可以看到,如果最小割集数目很大时,计算起来很麻烦,有时可能由于计算的问题会造成很大困难,采用近似方法完全可以满足工程需要。

(1) 相斥近似

如果最小割集发生概率很小(小于 0.01),此时最小割集之间可以认为相斥,且可取首项近似,即

$$P(T)\approx\sum_{i=1}^{k}P(M_i)$$

由【例 5.4】得

$$P(T)\approx0.1+0.1+0.01=0.21$$

如果取首项与前两项平均,则

$$P(T)\approx\frac{1}{2}\Big(\sum_{i=1}^{k}P(M_i)+\sum_{i=1}^{k}P(M_i)-\sum_{i<j=2}^{k}P(M_iM_j)\Big)=$$
$$\sum_{i=1}^{k}P(M_i)-\frac{1}{2}\sum_{i<j=2}^{k}P(M_iM_j)$$

仍以上例数值代入得

$$P(T)\approx0.21-\frac{3}{2}(0.012)=0.21-0.018=0.192(0.012)=0.21-0.018=0.192$$

(2) 独立近似

当最小割集发生概率较小时(小于 0.1),可视为最小割集之间相互独立,即

$$P(\bigcap_{i=1}^{k}M_i)\approx\prod_{i=1}^{k}P(M_i)$$

顶事件发生的概率可以近似表示为

$$P(T)\approx1-\prod_{i=1}^{k}[1-P(M_i)]$$

仍将【例 5.4】的数值代入,则

$$P(T)\approx1-[1-P(M_1)][1-P(M_2)][1-P(M_3)]=1-(1-q_1)(1-q_5)(1-q_3q_4)=$$
$$1-0.9\times0.9\times(1-0.01)=1-0.9\times0.9\times0.99=1-0.801\ 9=0.199\ 1$$

5.8　单元重要度及其在设计中的应用

由于系统中各单元的可靠度及其位置状态不同,单元本身的失效功能各异,因此单元在系统中的影响是不一样的,一般将单元的变化对系统的贡献大小称为重要度。在设计中,如果根据单元重要度发现系统的薄弱环节进行改进,则对提高系统可靠性具有重要意义。首先介绍临界状态与关键单元。

对于单调并联的故障树系统,如果第 i 个单元状态从 0 变到 1,其他单元不变,相应系统状态(顶事件)可能有 3 种情况,即

$$\Phi(0_i,x) = 0 \rightarrow \Phi(1_i,x) = 1$$
$$\Phi(0_i,x) = 0 \rightarrow \Phi(1_i,x) = 0$$
$$\Phi(0_i,x) = 1 \rightarrow \Phi(1_i,x) = 1$$

后一种状态减去前一种状态,则

$$\Phi(1_i,x) - \Phi(0_i,x) = 1$$
$$\Phi(1_i,x) - \Phi(0_i,x) = 0$$
$$\Phi(1_i,x) - \Phi(0_i,x) = 0$$

在上面的三种状态中只有 $\Phi(1_i,x) - \Phi(0_i,x) = 1$ 必须考虑成立,因为另两种状态的贡献为零。在这个状态中(认为其他状态不变)i 单元一旦失效,则系统失效,即认为本系统处于临界状态。使系统处于临界状态的单元为关键单元。

图 5.16 中有 3 个单元,每一个单元有 2 个状态(正常或故障),系统共有个 $2^3 = 8$ 状态,即

$$\Phi(0,0,0) = 0, \Phi(0,1,0) = 0, \Phi(0,0,1) = 0, \Phi(1,0,1) = 1$$
$$\Phi(1,0,0) = 1, \Phi(0,1,1) = 0, \Phi(1,1,0) = 1, \Phi(1,1,1) = 1$$

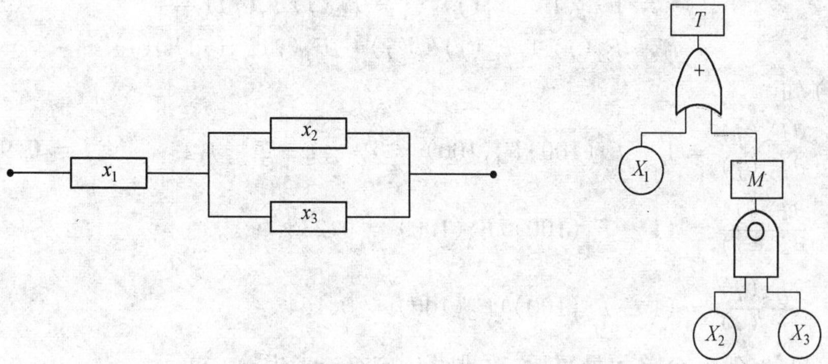

(a) 可靠性框图　　(b) 故障树

图 5.16　关键部件分析图

式 $\Phi(1,2,3)$ 内 3 个单元为 1,2,3。单元为 0 代表失效,为 1 代表正常。而函数 $\Phi(1,2,3)$ 为

0 代表失效,为 1 代表正常。

各单元使系统处于临界状态,则分别为:

单元 1:$\Phi(0,0,0)$,$\Phi(0,0,1)$ 与 $\Phi(0,1,0)$

单元 2:$\Phi(0,0,1)$

单元 3:$\Phi(0,1,0)$

单元 1,2,3 分别为对应临界状态的关键单元。

5.8.1　单元概率重要度

为了改进设计,降低顶事件发生的概率,就要了解降低每个单元故障概率对降低顶事件故障概率的影响。为反映单元故障概率变化对顶事件故障概率的贡献大小的关系,定义了单元概率重要度,即

$$I_{gi}(j)=\frac{\partial F_S(j)}{\partial F_i(j)} \tag{5.18}$$

式中　$I_{gi}(j)$—— 第 i 个单元的概率重要度;

$F_S(j)$—— 系统的故障概率;

$F_i(j)$—— 第 i 个单元的故障概率。

式(5.18) 说明由第 i 个单元发生故障时引起系统故障概率的变化,第 i 个单元就是关键单元。

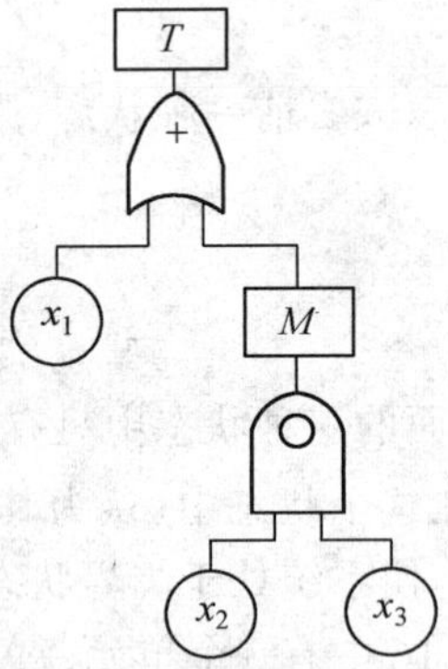

图 5.17　故障树

【例 5.5】　故障树如图 5.17 所示,已知 $\lambda_1=0.001\ \text{h}^{-1}$,$\lambda_2=0.002\ \text{h}^{-1}$,$\lambda_3=0.003\ \text{h}^{-1}$,$t=100$ h,试求各单元概率的重要度。

解　最小割集表示的结构函数如图 5.9 所示,则

$$F_S(j)=1-(1-F_1(j))(1-F_2(j)F_3(j))=$$
$$F_1(j)+F_2(j)F_3(j)-F_1(j)F_2(j)F_3(j)$$

由式(5.18) 知

$$I_{g1}(100)=\frac{\partial F_S(j)}{\partial F_1(j)}=1-F_2(100)F_3(100)=1-(1-e^{-0.2})(1-e^{-0.3})=0.953$$

$$I_{g2}(100)=\frac{\partial F_S(j)}{\partial F_2(j)}=(1-F_1(100))F_3(100)=0.235$$

$$I_{g3}(100)=\frac{\partial F_S(j)}{\partial F_3(j)}=(1-F_1(100))F_2(100)=0.164$$

由以上计算可知,第一个单元最重要,改进设计应首先考虑第一单元。

5.8.2　单元结构重要度

单元结构重要度是反映单元在故障树结构中的重要程度的量值,与该单元发生概率的大

小无关,定义为

$$I_\Phi(j) = \frac{1}{2^{n-1}} n_j \tag{5.19}$$

式中　$I_\Phi(j)$—— 单元结构重要度;

n—— 系统中全部单元的个数;

n_j—— 表示第 j 个单元的临界状态数。

该数越大,部件 j 导致系统失效的可能性越大。将 j 单元加入 2^{n-1} 个组合中,使之从非割集变成割集的组合总数。

在单调并联系统中有 n 个单元,当第 j 个单元状态由 0 变到 1 时,其他单元状态不变,只有 $\Phi(1_i, x) - \Phi(0_i, x) = 1$ 状态使结构函数值发生变化。若将单元 j 状态固定(取 0 或 1),其余的 $n-1$ 个单元可能状态组合有 2^{n-1} 种,在这 2^{n-1} 种状态中,能够发生该状态的总次数为

$$n_j = \sum_{2^{n-1}} [\Phi(1_i, x) - \Phi(0_i, x)]$$

显然 n_j 是 j 单元的临界状态数。

【例 5.6】　如图 5.17 所示,试求该图的单元结构重要度。

解　在 8 种状态中,若固定单元 1 取 0 状态,其余两个单元使系统所处状态为

$$\Phi(0,0,0) = 0, \Phi(0,1,0) = 0, \Phi(0,0,1) = 0, \Phi(0,1,1) = 0$$

这四种状态中能够发生第一种情况的次数总和为

$$n_j(1) = [\Phi(1,0,0) - \Phi(0,0,0)] + [\Phi(1,1,0) - \Phi(0,1,0)] + [\Phi(1,0,1) - \Phi(0,0,1)] = 3$$

若固定单元 2 取 0 状态,其余两个单元使系统所处的状态为

$$\Phi(0,0,0) = 0, \Phi(0,0,1) = 0, \Phi(1,0,1) = 1, \Phi(1,0,0) = 1$$

这四种状态中能够发生第一种情况的次数为

$$n_j(2) = [\Phi(1,0,1) - \Phi(0,0,1)] = 1$$

若固定单元 3 取 0 状态,其余两个单元使系统所处的状态为

$$\Phi(0,0,0) = 0, \Phi(0,1,0) = 0, \Phi(1,0,0) = 1, \Phi(1,1,0) = 1$$

这四种状态中能够发生第一种情况的次数为

$$n_j(3) = [\Phi(1,1,0) - \Phi(0,1,0)] = 1$$

于是 3 个单元的结构重要度分别为

$$I_\Phi(1) = \frac{n_j(1)}{2^{n-1}} = \frac{3}{2^{3-1}} = \frac{3}{4} = 0.75$$

$$I_\Phi(2) = \frac{n_j(2)}{2^{n-1}} = \frac{1}{2^{3-1}} = \frac{1}{4} = 0.25$$

$$I_\Phi(3) = \frac{n_j(3)}{2^{n-1}} = \frac{1}{2^{3-1}} = \frac{1}{4} = 0.25$$

可见,单元1在系统中所处的地位比单元2、3更加重要。

当系统的单元数目较大时,结构重要度的计算十分繁琐,通常借助于概率重要度来计算。可以证明,当单元失效率 $Q_i = \frac{1}{2}$ 时,则

$$I_\Phi(i) = I_{gi} \mid_{Q_i = \frac{1}{2}} \tag{5.20}$$

5.8.3 单元相对概率重要度

单元相对概率重要度定义为

$$I_C(i) = \lim_{\Delta q_i \to 0} I_C(i) = \lim_{\Delta q_i \to 0} \frac{\Delta Q}{Q} \bigg/ \frac{\Delta q_i}{q_i} \tag{5.21}$$

式中 $I_C(i)$—— 第 i 个单元的相对概率重要度。

相对概率重要度反映了系统故障概率变化随单元故障变化率的比值,它不仅可以反映该单元故障概率重要度的影响,而且还可以反映该单元故障概率改进的难易程度。

如果将公式改变一下,令

$$I_{gt}(t) = \lim \frac{\Delta Q}{\Delta q_i}$$

则

$$I_C(i) = \frac{q_i}{Q} I_{gi}(j) \tag{5.22}$$

式中 q_i—— 第 i 个单元的故障概率;

Q—— 系统的故障概率;

$I_{gi}(i)$—— 第 i 个单元的概率重要度。

【例 5.7】 试求图 5.17,求故障树的相对概率重要度并与其他重要度比较。

解 求 $I_C(i) = \frac{q_i}{Q} I_{gi}(j)$

由

$$q_i = 1 - e^{-\lambda_i t}$$

$$q_1 = 1 - e^{-\lambda_1 t} = 1 - e^{-0.001 \times 100} = 1 - e^{-0.1} = 1 - 0.904\,8 = 0.095\,16$$

$$q_2 = 1 - e^{-\lambda_2 t} = 1 - e^{-0.002 \times 100} = 1 - e^{-0.2} = 1 - 0.818\,7 = 0.181\,3$$

$$q_3 = 1 - e^{-\lambda_3 t} = 1 - e^{-0.003 \times 100} = 1 - e^{-0.3} = 1 - 0.740\,8 = 0.259\,2$$

又

$$\begin{aligned} Q = {} & 1 - (1 - q_1(j))(1 - q_2(j) q_3(j)) = \\ & 1 - (1 - 0.095\,16)(1 - 0.181\,3 \times 0.259\,2) = \\ & 1 - 0.904\,8 \times (1 - 0.047) = 1 - 0.904\,8 \times 0.953 = \\ & 1 - 0.862\,3 = 0.137\,7 \end{aligned}$$

故由式(5.22)可知

$$I_C(1) = 0.095\,16 \times \frac{1}{0.137\,7} \times 0.953 = 0.095\,16 \times 0.726\,2 \times 0.953 = 0.658\,6$$

$$I_C(2) = 0.181\,3 \times \frac{1}{0.137\,7} \times 0.235 = 0.181\,3 \times 0.726\,2 \times 0.235 = 0.309\,4$$

$$I_C(3) = 0.259\,4 \times \frac{1}{0.137\,7} \times 0.164 = 0.259\,2 \times 0.726\,2 \times 0.164 = 0.308\,7$$

为了比较方便,在表 5.7 中列出了各种单元重要度的计算结果。

表 5.7　各种重要度比较

单　　元	概率重要度	结构重要度	相对重要度
1	0.953	0.75	0.658 6
2	0.235	0.25	0.309 4
3	0.164	0.25	0.308 7

习　　题

1. 已知故障树如图 5.18 所示,试求最小割集,写出结构函数,并计算系统顶事件的可靠度。已知单元失效概率 $x_1 = x_2 = 0.1$;$x_3 = x_4 = 0.2$。

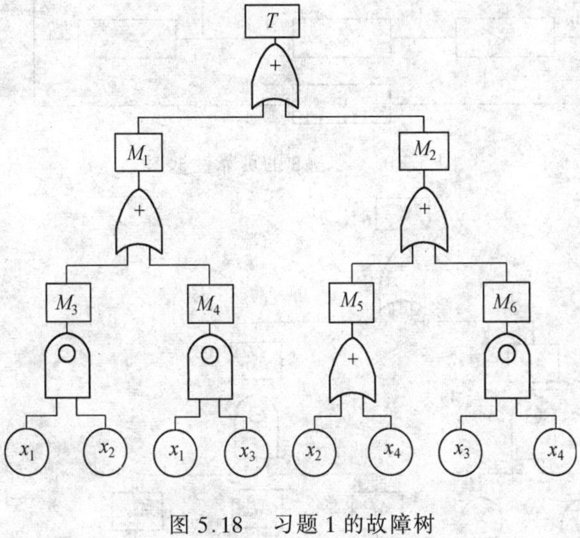

图 5.18　习题 1 的故障树

2. 将图 5.19 所示的故障树改为可靠性框图并求顶事件的可靠度。已知失效概率为:$x_1 = 0.1, x_2 = 0.2, x_3 = 0.25, x_4 = 0.3$。

3. 已知可靠性框图如图 5.20 所示,将其改写为故障树,并计算系统可靠度。

$x_1 = 0.3, x_2 = x_3 = 0.1, x_4 = x_8 = 0.2, x_5 = x_6 = 0.25, x_7 = 0.1$。

4. 已知故障树如图 5.21 所示,求最小割集,并用最小割集法求顶事件的可靠度。

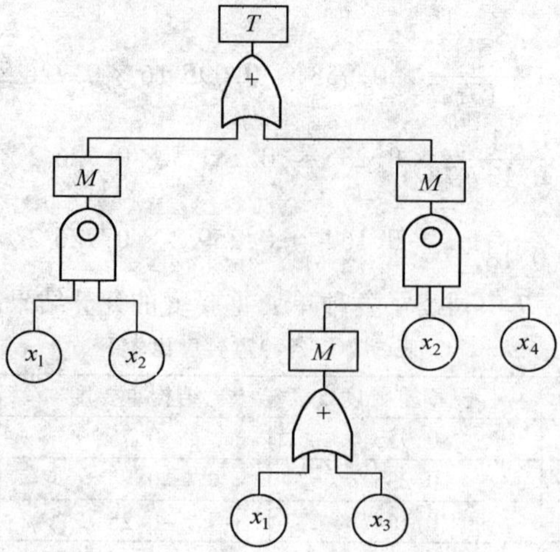

图 5.19　习题 2 的故障树

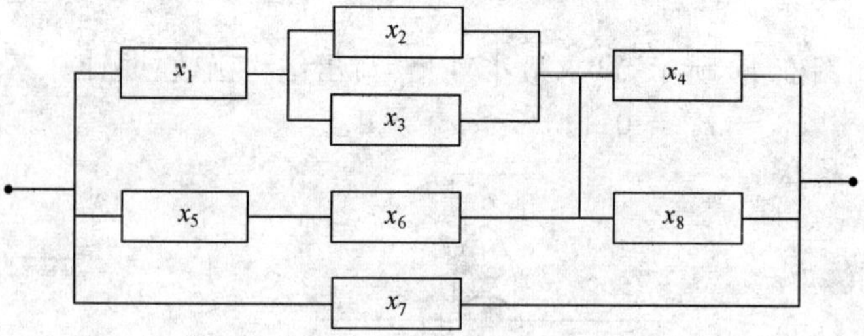

图 5.20　习题 3 的可靠性框图

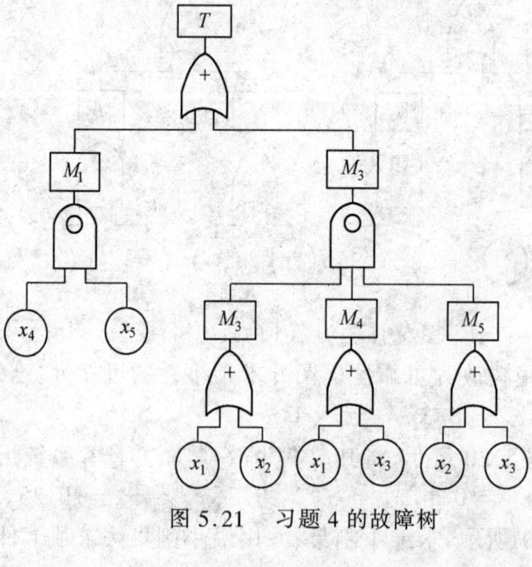

图 5.21　习题 4 的故障树

5. 试求如图 5.22 所示的故障树各单元的概率重要度，已知工作时间为 100 h；单元失效率 $\lambda_1 = 0.001$；$\lambda_2 = \lambda_3 = 0.002$。

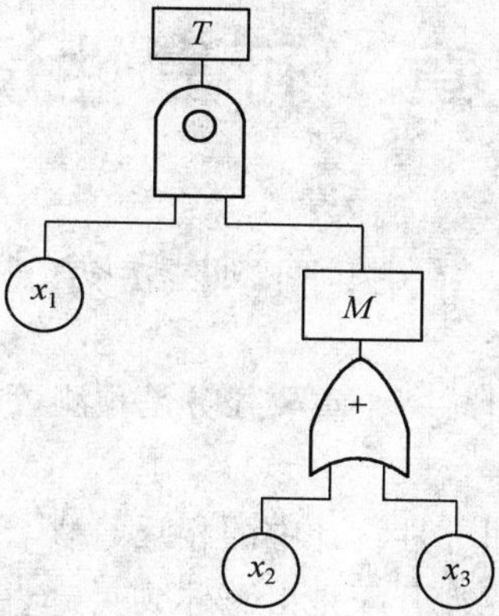

图 5.22　习题 5 的故障树

第 6 章　可靠性设计

可靠性预测与分配

系统(产品)在进行可靠性设计中一个重要任务是预测可靠性并在给定总体可靠性时将其分配到系统的各环节中去。

可靠性预测与可靠性分配是可靠性设计中的相反过程。可靠性预测是由局部到总体、由小到大与由下到上的过程。而可靠性分配是由总体到局部、由大到小与由上到下的过程。两种可靠性分析技术是有严格内在关系的对立统一过程,最终目的是提高系统的可靠性。

可靠性预测是在产品设计过程预测产品可靠性是否达到要求的指标,达不到指标时,产品进行可靠性重新分配,改进产品设计,这样反复进行工作直到达到要求的指标为止的全部过程。可靠性分配则是将可靠性总体指标分配到各单元,使在单元生产过程及在其他因素影响下仍能保证总体指标的实现。

6.1　系统可靠性预测

可靠性预测是在产品设计过程中定量的预计产品可靠性的一种方法。通过分析可以及早发现设计中的薄弱环节,可以评定结果的可靠性设计方案,并对设计方案提出改进措施等。由于产品在设计过程中缺乏可靠性分析所需要的足够数据,只能参考相似产品、零部件手册以及近似估计方法进行预测。常用的方法有性能参数法、元件计数法、应力分析法、边值(上、下限)法以及故障率预测法等。下面仅就常用的方法予以介绍。

6.1.1　元器件计数法

元器件计数法适用于电子设备方案论证及初步设计阶段。该法是首先将各元器件的基本失效率求出来,然后乘以相应元器件的数目,进行累加得到总的失效率。对于给定的一种设备环境来说,其公式为

$$\lambda_{设备} = \sum_{i=1}^{n} N_i(\lambda_G \pi_Q) \tag{6.1}$$

式中　λ_G—— 第 i 种通用元器件的通用失效率;

π_Q—— 第 i 种通用元器件的质量系数;

N_i—— 第 i 种通用元器件的数量；

n—— 系统采用元器件种类数。

元器件失效率 λ_G 通常可以通过查表得到。在元器件手册 MIL – HDBK – 217D 中规定了各种通用元器件在初步设计时采用的失效率 λ_G、质量系数 π_Q 等,为可靠性预测提供了数据来源。

【例 6.1】　设某一产品有 4 类元件,元件参数见表 6.1,预测该设备 50 h 的可靠性。

表 6.1　元件参数表

种　类	A	B	C	D
数　量	1	16	200	300
失效率 /h	100×10^{-6}	5×10^{-6}	20×10^{-6}	1.5×10^{-6}

解　假设质量等级 $\pi_Q = 1$,应用公式(6.1)

$$\lambda_{设备} = \sum_{i=1}^{4} N_i(\lambda_G \pi_Q)$$

代入数值,则

$$\begin{aligned}\lambda_{设备} = &1 \times 100 \times 10^{-6} \times 1 + 16 \times 5 \times 10^{-6} \times 1 + 200 \times 20 \times 10^{-6} \times 1 + \\ &300 \times 1.5 \times 10^{-6} \times 1 = \\ &(100 + 16 \times 5 + 200 \times 20 + 300 \times 1.5) \times 10^{-6} = \\ &(180 + 4000 + 450) \times 10^{-6} = \\ &4\,630 \times 10^{-6} = 0.463 \times 10^{-2}\end{aligned}$$

又因

$$R(t) = e^{-\int_0^t \lambda(t)dt}$$

当 $t = 50$ 时,有

$$R(t) = e^{-\int_0^{50} 0.463\times10^{-2} dt} = e^{-0.463\times10^{-2}\times50} = e^{-0.231\,5} = \frac{1}{e^{0.231\,5}} = 0.793\,34$$

故预测该系统在工作 50 h 的可靠度为 79.334% 。

6.1.2　边值法(上、下限法)

边值法是指求上下限的边值,因而也称上下限法。对于一个复杂系统在可靠性预测时,是难以求得精确值的,为了快速获得预测值,采用近似方法,既有效又经济,是工程上通常采用的方法。该法在复杂的阿波罗号宇宙飞船中得到成功的应用。

上下限法是在精确值难以获得的情况下,抓住主要因素,求得可靠度的边界值,进而估计可靠度的方法。由于可靠度是小于 1 而大于零的数,因此串联单元越多则系统可靠度越小,而串联单元越少则可靠度越大,这样首先取系统的串联单元作为估计的依据,进而考虑并联单元的作用。并联单元是提高系统的可靠度的手段,根据并联单元的影响,修正系统可靠度,使之从上下限值逼近真正可靠度。具体做法如下。

1.上限值预测

应用上下限法估计图 6.1 的可靠度。

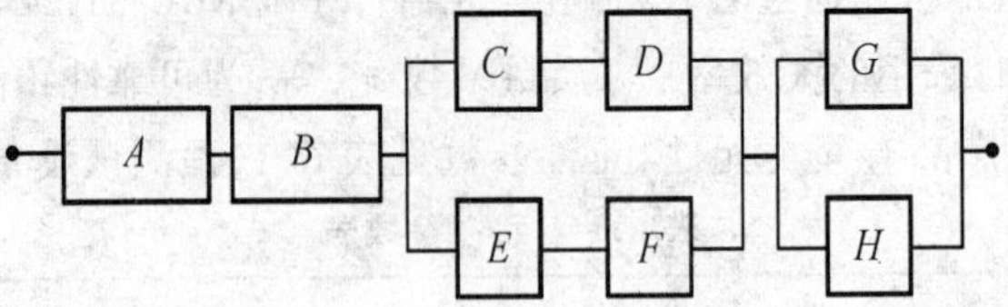

图 6.1　某仪器可靠性框图

(1) 第一次预测

第一次预测只取系统中的串联单元,而认为并联部分的可靠度为 1。这样的可靠度是把串联部分的结果增大了,因而可靠度提高了,作为第一次的可靠度上限 $R_{上1}$,即

$$R_{上1} = R_A R_B \cdot 1$$

(2) 第二次预测

考虑并联部分的作用,并联部分的可靠度不是 1,是小于 1 的值,应该在系统中减去由于并联部分的可靠度设为 1 的影响。

在并联单元系统中,每个单元失效,使系统失效的状态(参照图 6.1) 是 $AB\overline{C}\overline{E}$,$AB\overline{D}\overline{E}$,$AB\overline{D}\overline{F}$,$AB\overline{C}\overline{F}$,$AB\overline{G}\overline{H}$。这里考虑一些主要状态,如考虑 C,E 失效时,其他 D,F 与 G,H 不一定都不失效,则第二次预计的故障概率为

$$\begin{aligned} F_2 = & P(AB\overline{C}\overline{E}) + P(AB\overline{D}\overline{E}) + P(AB\overline{D}\overline{F}) + P(AB\overline{C}\overline{F}) + P(AB\overline{G}\overline{H}) = \\ & R_A R_B F_C F_E + R_A R_B F_D F_E + R_A R_B F_D F_F + R_A R_B F_C F_F + R_A R_B F_G F_H = \\ & R_A R_B (F_C F_E + F_D F_E + F_D F_F + F_C F_F + F_G F_H) \end{aligned}$$

故第二次上限值为

$$\begin{aligned} R_{上2} = & R_{上1} - F_2 = R_A R_B [1 - (F_C F_E + F_D F_E + F_D F_F + F_C F_F + F_G F_H)] = \\ & \prod_{i=1}^{n} R_i [1 - \sum_{K,L=1}^{m} (F_K F_L)] \end{aligned} \tag{6.2}$$

式中　n—— 系统串联单元数;

m—— 同一并联单元中两个单元同时故障引起系统故障的状态数,本例 $m = 5$;

F_K,F_L—— 引起系统故障的同一并联单元两个故障单元的故障概率。

2.下限值的估计

(1) 第一次预测

假设系统中所有的单元都认为是串联系统的单元,这样得出的值是可靠度下限(因为并联部分的可靠度大于每个单元的可靠度)为

$$R_{下1} = R_A R_B R_C R_D R_E R_F R_G R_H$$

$$R_{下1} = \prod_{i=1}^{n} R_i \tag{6.3}$$

式中　n—— 为整个系统单元数。

(2) 第二次预测

考虑并联部分的作用，上例中共有六种状态，即 $AB\bar{C}DEFGH$，$ABC\bar{D}EFGH$，$ABCD\bar{E}FGH$，$ABCDE\bar{F}GH$，$ABCDEF\bar{G}H$，$ABCDEFG\bar{H}$。则

$$\begin{aligned} R_2 = {} & P(AB\bar{C}DEFGH + ABC\bar{D}EFGH + ABCD\bar{E}FGH + ABCDE\bar{F}GH + \\ & ABCDEF\bar{G}H + ABCDEFG\bar{H}) = \\ & R_A R_B R_C R_D R_E R_F R_G R_H \left(\frac{F_C}{R_C} + \frac{F_D}{R_D} + \frac{F_E}{R_E} + \frac{F_F}{R_F} + \frac{F_G}{R_G} + \frac{F_H}{R_H}\right) \end{aligned}$$

一般表示为

$$R_2 = \prod_{i=1}^{n} R_i \left(\sum_{j=1}^{T} \frac{F_j}{R_j}\right) \tag{6.4}$$

式中　n—— 整个系统单元数；

T—— 并联单元中一个单元故障后系统能正常工作的状态数，本例取 $T = 6$；

F_j, R_j—— 并联单元中一个故障单元故障概率与可靠度。

故第二次下限预测值为

$$R_{下2} = R_{下1} + R_2 = \prod_{i=1}^{n} R_i \left(1 + \sum_{j=1}^{T} \frac{F_j}{R_j}\right) \tag{6.5}$$

(3) 第三次预测

考虑并联单元中，处于同一并联单元中有两个单元故障时，系统处于正常状态，则系统中有两种状态，即 $AB\bar{C}\bar{D}EFGH$，$ABCD\bar{E}\bar{F}GH$。此时系统正常工作的概率为

$$R_3 = R_A R_B R_C R_D R_E R_F R_G R_H \left(\frac{F_C}{R_C}\frac{F_D}{R_D} + \frac{F_E}{R_E}\frac{F_F}{R_F}\right)$$

一般表示为

$$R_3 = \prod_{i=1}^{n} R_i \left(\sum_{K,L=1}^{S} \frac{F_K}{R_K} \cdot \frac{F_L}{R_L}\right) \tag{6.6}$$

式中　F_K, F_L—— 并联单元中两个故障单元的故障概率；

R_K, R_L—— 并联单元中两个故障单元的可靠度；

S—— 并联单元中两个单元故障后系统正常工作的状态数，本例取 $S = 2$。

由此得

$$R_{下3} = R_{下1} + R_2 + R_3 = \prod_{i=1}^{n} R_i \left(1 + \sum_{j=1}^{T} \frac{F_j}{R_j} + \sum_{K,L=1}^{S} \frac{F_K}{R_K} \cdot \frac{F_L}{R_L}\right) \tag{6.7}$$

最终的可靠度为上下限的几何平均值(见图 6.2) 为

$$R_S = 1 - \sqrt{(1 - R_{上限})(1 - R_{下限})} = 1 - \sqrt{(1 - R_{上1})(1 - R_{下2})} \tag{6.8}$$

或者进行到下一级时写为

$$R_S = 1 - \sqrt{(1 - R_{上2})(1 - R_{下3})}$$

在进行可靠度计算时，上限 1($R_{上1}$) 已经考虑了并联的作用，而下限 1($R_{下1}$) 没有考虑并联的作用，由此 $R_{上1}$ 与 $R_{下2}$ 是对应的。在计算总可靠度时，必须用对应的上下限值进行几何平均。

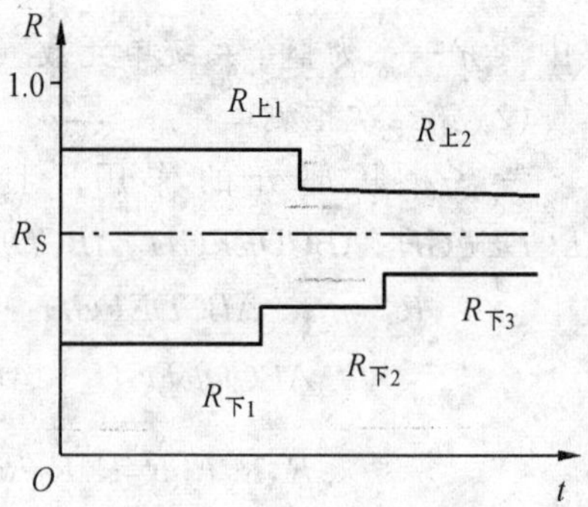

图 6.2　上下限法图解表示

【例 6.2】　试用上下限法预测图 6.1 所示系统工作 80 h 系统的可靠度。已知每个单元的失效率 $\lambda_A = \lambda_B = \lambda_C = \lambda_D = \lambda_E = \lambda_F = \lambda_G = \lambda_H = 0.001\ \text{h}^{-1}$。

解　上限预测

$$R_{上1} = R_A R_B = e^{-(\lambda_A + \lambda_B)t} = e^{-2\times0.001\times80} = e^{-0.16} = 0.852$$

下限值预测由式(6.3) 得

$$R_{下1} = \prod_{i=1}^{n} R_i = e^{-8\times0.001\times80} = e^{-0.64} = 0.527\ 3$$

第二次预测，由式(6.4) 得

$$R_{下2} = \prod_{i=1}^{n} R_i \left(\sum_{j=1}^{T} \frac{F_j}{R_j}\right) = e^{-8\times0.001\times80} \times \left(6 \times \frac{1 - e^{-0.001\times80}}{e^{-0.001\times80}}\right) =$$

$$e^{-0.64} \times \left(6 \times \frac{0.076\ 9}{0.923\ 1}\right) = 0.527\ 3 \times \frac{0.461\ 4}{0.923\ 1} = 0.265\ 36$$

故

$$R_{下2} = 0.527\ 3 + 0.265\ 36 = 0.790\ 86$$

由式(6.8) 得

$$R_S = 1 - \sqrt{(1 - 0.852\ 0)(1 - 0.790\ 86)} = 1 - 0.175\ 9 = 0.824\ 1$$

又本系统真值为 $R_S^* = 0.824$，其算得的相对误差为 $\frac{0.824\ 1 - 0.824}{0.824} \times 100\% = 0.012\%$。上下限值法误差是在工程允许的范围内，故应用价值很大。

6.2　系统可靠度分配

系统可靠度分配是在系统设计时将系统的总的可靠度指标分配给系统的各个分系统、部件以及元器件的过程，为产品的生产制造过程提出可靠性要求，保证产品达到总的可靠性指标，该过程是可靠性预测的逆过程。由于分配过程是一个已知参数少求解参数较多的分析过

程，因此是一个不确定的问题，对于一个串联系统，如果没有约束条件的话，则有无穷多解，即

$$R_1(t) \cdot R_2(t) \cdots R_n(t) \geqslant R_S(t) \tag{6.9}$$

为了得到惟一解，则需要规定一些准则，以便将可靠度合理地分配下去。分配时应遵循下列几种原则。

① 对于复杂度高的分系统、设备等，应分配较低的可靠性指标，因为可靠度越高越难加工。

② 对于技术不成熟的产品，也应分配较低的可靠性指标，否则会延长研制时间，增加研制经费。

③ 对于恶劣环境条件下工作的产品，也应分配较低的可靠性指标，恶劣环境会增加产品的故障率。

④ 对于重要度高的产品，应分配较高的可靠性指标，严防人员与设备受到影响与伤害。

6.2.1　串联系统的可靠度分配

串联系统相对于并联系统来说运算比较简单，因此，比较复杂的系统也尽量简化合并为串联系统。

1. 等分配法

在设计初期，系统结构尚不十分明确，采用等分配法是十分可行的。等分配法认为串联系统的单元可靠度相等。如对一种 n 个单元的串联系统，求各单元的可靠度的方法如下。

串联系统的可靠度为

$$R_S = R_1 R_2 \cdots R_n = R^n$$

各单元分配的可靠度为

$$R_i = \sqrt[n]{R_S} \tag{6.10}$$

这是最简单的方法，也是派生其他方法的基础。

2. 评分分配法

评分分配法是最灵活又非常实际的方法，它是在缺乏设备可靠性数据的情况下，进行分配的初步而有效的方法。可根据具体情况请有经验的工程人员对各环节、各单元的重要性进行打分。一般考虑 4 个因素，即结构的复杂度、技术的成熟程度、环境条件和重要度。每个因素的分数取 1 ～ 10 之间。

① 复杂度。复杂度是指分配可靠度的设备元部件数目占系统元部件总数的百分比。最低评 1 分，最高评 10 分。

② 技术成熟程度。最成熟评 1 分，最不成熟评 10 分。

③ 环境条件。环境条件最好的评 1 分，最恶劣的评 10 分。

④ 重要度。分配可靠度的设备故障引起的系统故障的概率最高评 1 分，最低评 10 分。

在已知系统故障率的情况下，根据分配参数，求出每个设备或单元的失效率。其公式为

$$\lambda_i = k_i \lambda_s \tag{6.11}$$

式中 λ_i—— 分配设备 i(单元) 的失效率;

k_i—— 分配设备 i(单元) 的分配系数;

λ_S—— 系统失效率。

分配系数为

$$k_i = \frac{\omega_i}{\omega} \tag{6.12}$$

式中 k_i—— 第 i 个设备(单元) 的分配系数;

ω_i—— 第 i 个设备(单元) 的评分数;

ω—— 系统的总评分数。

系统的总评分数为

$$\omega = \sum_{i=1}^{n} \omega_i \tag{6.13}$$

式中 n—— 分配设备(单元) 的总数。

每个系统的评分数为

$$\omega_i = \prod_{j=1}^{4} E_{ij} \tag{6.14}$$

式中 i—— 第 i 个设备(单元);

j—— 第 j 个因素的评分数;

E—— 某设备(单元) 代号。

注:$j = 1$,代表复杂度;$j = 2$,代表技术成熟度;$j = 3$,代表环境条件;$j = 4$,代表重要度。

【例 6.3】 某型发动机统计数据见表 6.2。

表 6.2 评分法分配可靠度*

序号	系统名称	复杂度 E_{i1}	技术水平 E_{i2}	工作时间 E_{i3}	环境条件 E_{i4}	分系统评分数 ω_i	分系统分配系数 k_i	分配给系统的失效率 $\lambda_i/10^{-5}\ h^{-1}$	分系统可靠度
1	燃油系统	10	6	10	5	3 000	0.480	12.64	0.951
2	滑油系统	6	5	10	8	2 400	0.384	10.11	0.960
3	防喘系统	5	4	4	7	560	0.090	2.37	0.991
4	供气防水系统	4	4	4	4	256	0.041	1.08	0.996
5	点火系统	4	2	2	2	32	0.005	0.13	0.999
总计	发动机部分分系统	—	—	—	—	6 248	1.00	26.34	≈0.9

* 引自文献[14](本题略有改动)。

某型发动机有燃油、滑油、防喘、供气防水、点火等主要系统。系统总可靠度为 $R_S^* = 0.9$，工作时间为 400 h，试按评分法给定各系统分配的可靠度指标。

解　已知 $R_S = 0.9$，$t = 400$ h，与五个系统的数据及其评分分配数列入表 6.2 中，并将该表中数据代入

$$\lambda_S = (-\ln R_S)/t$$

中，得

$$\lambda_S = (-\ln 0.9)/400 = 26.34 \times 10^{-5}$$

已知各系统的四种因素通过计算得到评分分配数 k_i，列入表 6.2 中。

将 k_i 的结果代入式(6.11)中得到 λ_i，通过 λ_i 求得 R_i。由 R_i 求得 R_S^*。

$$R_S^* = 0.951 \times 0.960 \times 0.991 \times 0.996 \times 0.999 = 0.909 > 0.9$$

验算结果表明分配后的系统可靠度 R_S^* 大于给定的系统可靠度 R_S，满足要求，分配合理。

3.失效率加权分配法

在寿命服从指数分布的串联系统中，采用失效率加权的办法进行可靠性分配，也是较常使用的方法。该方法首先给出各单元的失效率初值 $\hat{\lambda}_i$（该值可以查阅有关表格或根据经验给定），其次确定各单元的权值 ω_i，即

$$\omega_i = \frac{\hat{\lambda}_i}{\sum \hat{\lambda}_i} \tag{6.15}$$

再次，确定分配给各单元的失效率 λ_i，即

$$\lambda_i = \omega_i \lambda_S \tag{6.16}$$

$$R_i = e^{-\lambda_i t}$$

λ_S 是系统的总失效率，最后，进行验证，即

$$\omega_1 \lambda_S + \omega_2 \lambda_S + \cdots + \omega_n \lambda_S = \sum_{i=1}^{n} \omega_i \cdot \lambda_S = \hat{\lambda}_S \leqslant \lambda_S$$

即 $\hat{R}_S \geqslant R_S$ 满足要求，否则重新设计。

【例 6.4】　一串联系统 $\lambda_S = 0.001\ \text{h}^{-1}$，工作时间 20 h，系统由四个服从指数分布的单元组成。在相关表格中查得四个单元的失效率预计值为 $\lambda_1 = 0.005\ \text{h}^{-1}$，$\lambda_2 = 0.004\ \text{h}^{-1}$，$\lambda_3 = 0.003\ \text{h}^{-1}$，$\lambda_4 = 0.002\ \text{h}^{-1}$，试用失效率加权方法进行可靠性分配。

解　① $\hat{\lambda} = \sum_{i=1}^{n} \lambda_i = (0.005 + 0.004 + 0.003 + 0.002)\ \text{h}^{-1} = 0.015\ \text{h}^{-1}$

② 计算权值

$\omega_i = \dfrac{\hat{\lambda}_i}{\hat{\lambda}}$，得 $\omega_1 = 0.333$，$\omega_2 = 0.267$，$\omega_3 = 0.200$，$\omega_4 = 0.133$

③ 计算分配的失效率

由 $\lambda_i = \omega_k \lambda_S$,得 $\lambda_1 = 0.000\,333, \lambda_2 = 0.000\,267, \lambda_3 = 0.000\,200, \lambda_4 = 0.000\,133$。

④ 求分配的可靠度

由 $R_i^0 = e^{-\lambda_i t}, t = 20\ h$,得 $R_1^0 = 0.993\,36, R_2^0 = 0.994\,67, R_3^0 = 0.996\,00, R_4^0 = 0.997\,40$

⑤ 校核

由 $\lambda_S = 0.001\ h^{-1}, R_S = 0.980$ 得分配后系统的可靠度为

$$R_S^0 = \prod_{i=1}^{4} R_i^0$$

$$R_S^0 = 0.981\,6 \quad R_S^0 > R_S$$

故分配各单元的可靠度,使系统总可靠度大于原系统可靠度,满足要求。

4.重要度与复杂度分配法(AGREE)

重要度与复杂度分配法是考虑分配单元的重要度与复杂度以及工作时间等多种综合因素的方法,是比较完善的分配方法。

单元重要度是表示单元的故障引起系统故障的概率,即

$$K_{0i} = \frac{N_r}{r_i}$$

式中 K_{0i}—— 第 i 个单元的重要度(权值);

N_r—— 第 i 个单元故障引起系统故障次数;

r_i—— 第 i 个单元故障总次数。

单元的复杂度为单元中所含重要零部件数与系统中重要零部件总数之比,即

$$K_i = \frac{N_i}{N} = \frac{N_i}{\sum N_i}$$

式中 K_i—— 第 i 个单元的复杂度;

N_i—— 第 i 个单元的重要零部件数;

N—— 系统中重要零部件总数。

由上面公式之间的关系可以看到,分配到各单元的失效率应该与单元的复杂度成正比,而与重要度(即权值) 成反比,即

$$\frac{\lambda_i}{\lambda_S} \sim \frac{N_i}{N}\frac{1}{K_i}$$

式中 λ_i—— 分配给第 i 个单元的失效率;

λ_S—— 系统的失效率。

一般情况下

$$\frac{\lambda_i}{\lambda_S} = \frac{N_i}{N}\frac{1}{K_i}$$

故

$$\lambda_i = \frac{N_i}{N}\frac{\lambda_S}{K_i}$$

对于指数分布

$$R_S = e^{-\lambda_S t}$$

则

$$\ln R_S = -\lambda_S t, \lambda_S = -\frac{\ln R_S}{t}$$

故

$$\lambda_i = -\frac{N_i}{N}\frac{\ln R_S}{K_i t} \tag{6.17}$$

【例 6.5】　一系统由三个单元串联组成，要求系统在工作时间内具有 0.90 的可靠度。假设单元 1 由 10 个零件组成，单元 2 由 20 个零件组成，单元 3 由 40 个零件组成。单元重要度为 $K_1 = K_2 = K_3 = 1.0$，$t_1 = 50$ h，$t_2 = 30$ h，$t_3 = 50$ h，试用重要度与复杂度分配法分配可靠度指标。

解　① 系统的总数为 $N = \sum_{i=1}^{3} N_i = 10 + 20 + 40 = 70$

② 由 $\lambda_i = -\frac{N_i}{N}\frac{\ln R_S}{K_i t_i}$ 求 λ_i。

根据已知条件，得

$$\lambda_1 = \frac{10 \times (-\ln 0.9)}{70 \times 1.0 \times 50} = 0.000\,30\ \text{h}^{-1}$$

$$\lambda_2 = \frac{20 \times (-\ln 0.9)}{70 \times 1.0 \times 30} = 0.001\,00\ \text{h}^{-1}$$

$$\lambda_3 = \frac{40 \times (-\ln 0.9)}{70 \times 1.0 \times 50} = 0.001\,20\ \text{h}^{-1}$$

③ 由 $R_i = e^{-\lambda_i t_i}$ 得

$$R_1 = e^{-0.000\,3\times 50} = e^{-0.015} = 0.985$$

$$R_2 = e^{-0.001\,1\times 30} = e^{-0.033} = 0.970\,3$$

$$R_3 = e^{-0.001\,2\times 50} = e^{-0.06} = 0.942$$

分配后，系统可靠度 $R_S^0 = R_1 R_2 R_3 = 0.900\,3$，$R_S^0 > R_S = 0.900$，故满足要求。

5.可靠度再分配

在进行可靠度设计时经常会遇到有达不到设计总的指标要求的时候，这就要进一步改进原设计以提高可靠度,也就是说对各分系统的可靠性指标进行再分配。在进行可靠性再分配时,不是全面重做,而是从可靠度较低的分系统(单元)进行改进,这样的效果明显。因此,可靠性再分配是把原来可靠度较低的分系统的可靠度提高到某个满足要求的值,而对原来可靠度较高的分系统的可靠度保持不变。具体有以下几步。

① 将单元的可靠度从低到高依次排序,即

$$R_1 < R_2 \cdots < R_k < R_{k+1} < \cdots < R_n$$

② 把可靠度较低的 $R_1 \sim R_k$ 都提高到R_0,而原来的 $R_{k+1} \sim R_n$ 保持不变,则系统可靠度 R_S 为

$$R_S = R_0^k \prod_{i=k+1}^{n} R_i \tag{6.18}$$

同时,又要满足规定的系统可靠度指标的要求,即

$$R_S = R_S^*$$

式中 R_S^* —— 系统规定的可靠性指标,则

$$R_S = R_S^* = R_0^k \prod_{i=k+1}^{n} R_i$$

③ 确定 k 及R_0,确定哪些分系统的可靠度需要提高,提高到什么程度,可由不等式

$$\left(\frac{R_S^*}{\prod_{i=j+1}^{n+1} R_i} \right)^{1/j} > R_j \tag{6.19}$$

给出。令 $R_{n+1} = 1$,k 为满足该不等式j 中的最大值。k 值已知后即可求出R_0,即

$$R_0 = \left(\frac{R_S^*}{\prod_{i=k+1}^{n+1} R_i} \right)^{1/k} \tag{6.20}$$

【例 6.6】 某系统由四个单元串联,总可靠度为0.7,而第一次分配的结果是 $R_1 = 0.95$,$R_2 = 0.94$,$R_3 = 0.88$,$R_4 = 0.85$,如果它们的费用函数相同,试用花费最小原则对各单元可靠度指标重新分配。

解 ① $R_S = R_1 R_2 R_3 R_4 = 0.95 \times 0.94 \times 0.88 \times 0.85 = 0.668 < 0.7$(规定)

需要再分配处理。

② 四个单元排序

$$R_1^* = R_4 = 0.85; R_2^* = R_3 = 0.88; R_3^* = R_2 = 0.94; R_4^* = R_1 = 0.95$$

③ 求 j 的最大值

当 $j = 1$ 时

$$R_{01} = \left(\frac{R_S}{\prod_{i=1+1}^{4+1} R_i} \right)^{1/1} = \left[\frac{0.7}{0.88 \times 0.94 \times 0.95 \times 1} \right]^1 = 0.929 > 0.85 = R_1$$

当 $j = 2$ 时

$$R_{02} = \left(\frac{R_S}{\prod_{i=2+1}^{4+1} R_i}\right)^{1/2} = \left[\frac{0.7}{0.94 \times 0.95 \times 1}\right]^{1/2} = 0.885\,9 > 0.88 = R_2$$

当 $j = 3$ 时

$$R_{03} = \left(\frac{R_S}{\prod_{i=3+1}^{4+1} R_i}\right)^{1/3} = \left[\frac{0.7}{0.95 \times 1}\right]^{1/3} = 0.903\,2 < 0.94 = R_3$$

故取 $k = 2$,以上各式中 $R_5 = 1$,即

$$\left(\frac{R_S}{\prod_{i=k_0+1}^{n+1} R_i}\right)^{1/k_0} = \left[\frac{0.7}{0.94 \times 0.95 \times 1}\right]^{1/2}$$

解得

$$R_0 = 0.885\,4$$

故

$$R_1 = 0.885\,4 \qquad R_2 = 0.885\,4 \qquad R_3 = 0.94 \qquad R_4 = 0.95$$

分配后的可靠度 $R_S^0 = 0.700\,05$;$R_S^0 > R_S(R_S = 0.7)$,故满足要求。

6.可靠性分配的最优化方法

最优化是解决分配问题的一种最佳方法,它是在一些约束条件下,通过应用优化技术控制各种参数,使目标函数达到最优化。拉格朗日(Lagrange)乘子法就是优化技术之一。

首先确定函数 $z = \varphi(x,y)$,在 $L(x,y) = 0$ 条件下的最小值(最大值),并引入一个待定常数 λ 构成一新函数,即

$$F(x,y) = \varphi(x,y) + \lambda L(x,y) \tag{6.21}$$

$$\frac{\partial F}{\partial x} = 0, \frac{\partial F}{\partial y} = 0, L(x,y) = 0 \tag{6.22}$$

这是一目标函数,求对 x、y 的偏导数,令之为0,再与约束条件联合起来解出 x,y,λ,则其中 x,y 就是满足优化条件的变量。

【例 6.7】　某系统可靠度要求为 0.8,试分配给两个串联单元,使花费最小。已知 $\alpha_1 = 0.8, \beta_1 = 3.5$;$\alpha_2 = 0.3, \beta_2 = 0.0$ 与单元 i 的可靠度与其费用 r_i 之间的关系为

$$R_i = 1 - \exp[-\alpha_i(r_i - \beta_i)] \tag{6.23}$$

解　这是一个分配优化的问题,可以选取目标函数,设目标函数为

$$\min \sum_{i=1}^{2} r_i \tag{6.24}$$

约束条件

$$R_S - \prod_{i=1}^{2} R_i = 0$$

引入拉格朗日乘子值 λ,建立新函数,即

$$F = \sum_{i=1}^{2} r_i + \lambda(R_S - \prod_{i=1}^{2} R_i) \tag{6.25}$$

对式(6.23)R_i 取自然对数,可得

$$\ln(1 - R_i) = -\alpha_i(r_i - \beta_i)$$

或

$$r_i = \beta_i - \frac{\ln(1 - R_i)}{\alpha_i} \tag{6.26}$$

将 r_i 代入式(6.25),得

$$F = \sum_{i=1}^{2}\left[\beta_i - \frac{\ln(1 - R_i)}{\alpha_i}\right] + \lambda R_S - \lambda \prod_{i=1}^{2} R_i =$$

$$\beta_1 - \frac{\ln(1 - R_1)}{\alpha_1} + \beta_2 - \frac{\ln(1 - R_2)}{\alpha_2} + \lambda R_S - \lambda R_1 R_2 \tag{6.27}$$

取偏导数,令等于零,即

$$\frac{\partial F}{\partial R_1} = 0, \frac{\partial F}{\partial R_2} = 0, \frac{\partial F}{\partial \lambda} = 0$$

$$\frac{\partial F}{\partial R_1} = \frac{1}{\alpha_1(1 - R_1)} - \lambda R_2 = 0$$

$$\frac{\partial F}{\partial R_2} = \frac{1}{\alpha_2(1 - R_2)} - \lambda R_1 = 0$$

$$\frac{\partial F}{\partial \lambda} = R_S - R_1 R_2 = 0$$

故

$$\lambda = \frac{1}{R_2 \alpha_1(1 - R_1)} = \frac{1}{R_1 \alpha_2(1 - R_2)} \tag{6.28}$$

或

$$\frac{R_1}{\alpha_1(1 - R_1)} = \frac{R_2}{\alpha_2(1 - R_2)}$$

即

$$\frac{R_1}{R_S \alpha_1(1 - R_1)} = \frac{R_2}{R_S \alpha_2(1 - R_2)}$$

又

$$R_S = R_1 R_2$$

联立解得

$$\frac{R_1}{0.8\times0.8(1-R_1)}=\frac{R_2}{0.8\times0.35(1-R_2)}$$

$$R_2(1-R_1)\times0.8=0.35\times R_1(1-R_2)$$

代入

$$R_1=\frac{R_S}{R_2}=\frac{0.8}{R_2}$$

得

$$R_2\left(1-\frac{0.8}{R_2}\right)\times0.8=0.35\times\frac{0.8}{R_2}(1-R_2)$$

$$R_2(R_2-0.8)\times0.8=0.35\times0.8(1-R_2)$$

$$0.8R_2^2-0.36R_2-0.28=0$$

$$8R_2^2-3.6R_2-2.8=0$$

故

$$R_2=0.858,R_1=\frac{0.8}{0.858}=0.932$$

由式(6.26)求得

$$r_1=\beta_1-\frac{\ln(1-R_1)}{\alpha_1}=3.5-\frac{\ln(1-0.932)}{0.8}=3.5-\frac{\ln0.068}{0.8}$$

$$r_1=3.5-\frac{-2.688}{0.8}=3.5+3.36=6.86$$

$$r_2=\beta_2-\frac{\ln(1-R_2)}{0.3}=0.0-\frac{\ln(1-0.858)}{0.3}=6.506$$

$$\lambda=\frac{1}{R_2\alpha_1(1-R_1)}=\frac{1}{0.858\times0.8\times(1-0.932)}=21.42$$

6.2.2　并联系统的可靠性分配

并联系统的可靠性分配比串联系统可靠性分配要复杂得多。下面仅就两个简单方法进行介绍。

1.冗余系统等分配法(如图 6.3 所示)

因为

$$F_S=F_i^n$$

所以

$$F_i=\sqrt[n]{F_S}$$

式中　F_S—— 系统的故障概率；

F_i—— 并联单元的故障概率；

n—— 系统的并联单元数。

又

$$R_S = 1 - F_S$$

$$R_i = 1 - F_i$$

故

$$R_i = 1 - \sqrt[n]{1 - R_S} \tag{6.29}$$

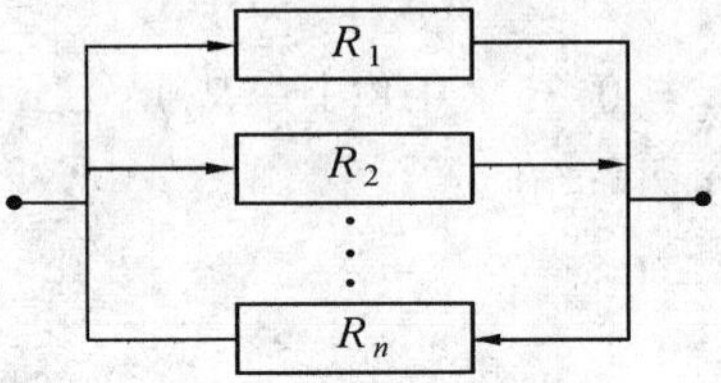

图 6.3　等分配冗余系统图

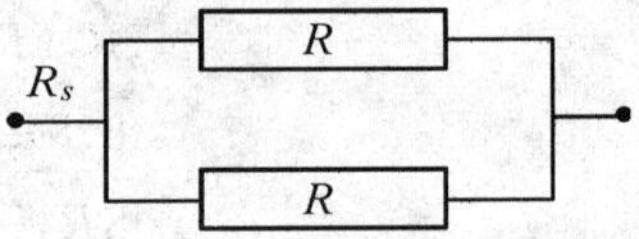

图 6.4　二度冗余系统图

【例 6.8】　某系统是由两个元件并联组成的冗余系统。已知系统可靠度 $R_S = 0.90$，试求分配给两个单元的可靠度。

解　由式 6.29 可知

$$R_i = 1 - \sqrt{1 - R_S} = 1 - \sqrt{0.1} = 1 - 0.316 = 0.684$$

2.经验比例分配法(如图 6.4 所示)

设两个单元的失效率分别为 λ_1 与 λ_2，系统失效率为 λ_S。

由

$$e^{-\lambda t} \approx 1 - \lambda t$$

故

$$F = \lambda t$$

又

$$F_S = F_1 F_2 = \lambda_S t = \lambda_1 t \lambda_2 t$$

则

$$\left.\begin{aligned} \lambda_1 &= \frac{\lambda_S}{\lambda_2 t} = \frac{\lambda_1 \lambda_S}{\lambda_2 \lambda_1 t} = \left(\frac{\lambda_1}{\lambda_2}\right)\frac{\lambda_S}{\lambda_1 t} \\ \lambda_1^2 &= \frac{\lambda_1}{\lambda_2}\frac{\lambda_S}{t} \end{aligned}\right\} \tag{6.30}$$

如已知

$$\frac{\hat{\lambda}_1}{\hat{\lambda}_2}=\frac{\lambda_1}{\lambda_2}$$

则

$$\lambda_1^2=\frac{\hat{\lambda}_1}{\hat{\lambda}_2}\cdot\frac{\lambda_S}{t}$$

$$\lambda_1=\sqrt{\frac{\hat{\lambda}_1}{\hat{\lambda}_2}\cdot\frac{\lambda_S}{t}}$$

同理

$$\lambda_2=\sqrt{\frac{\hat{\lambda}_2}{\hat{\lambda}_1}\cdot\frac{\lambda_S}{t}} \tag{6.31}$$

式中　$\hat{\lambda}_1$—— 第 1 个单元的失效率估计值；

$\hat{\lambda}_2$—— 第 2 个单元的失效率估计值；

t—— 系统工作任务时间。

【例 6.9】　已知两个单元的估计失效率为 0.001 h^{-1} 与 0.002 h^{-1}，系统失效率为 0.003（$R_S=0.86$），工作时间为 50 h，试求分配给各单元的可靠度。

解　由式(6.31)知

$$\lambda_1=\sqrt{\frac{\hat{\lambda}_1}{\hat{\lambda}_2}\cdot\frac{\lambda_S}{t}}=\sqrt{\frac{0.001}{0.002}\cdot\frac{0.003\,0}{50}}=\sqrt{0.000\,03}=0.005\,5$$

$$\lambda_2=\sqrt{\frac{\hat{\lambda}_2}{\hat{\lambda}_1}\cdot\frac{\lambda_S}{t}}=\sqrt{\frac{0.002}{0.001}\cdot\frac{0.003\,0}{50}}=\sqrt{0.000\,12}=0.010\,95$$

则

$$R_1=e^{-\lambda_1 t}=e^{-0.005\,5\times50}=0.760$$

$$R_2=e^{-\lambda_2 t}=e^{-0.010\,95\times50}=0.578$$

经验证

$$R_S^*=1-(1-R_1)(1-R_2)=1-(1-0.760)(1-0.578)=0.899\approx0.90$$

$R_S^*>R_S=0.86$，满足要求。

【例 6.10】　某一混联系统如图 6.5 所示。已知系统与单元的失效分布为指数分布，系统

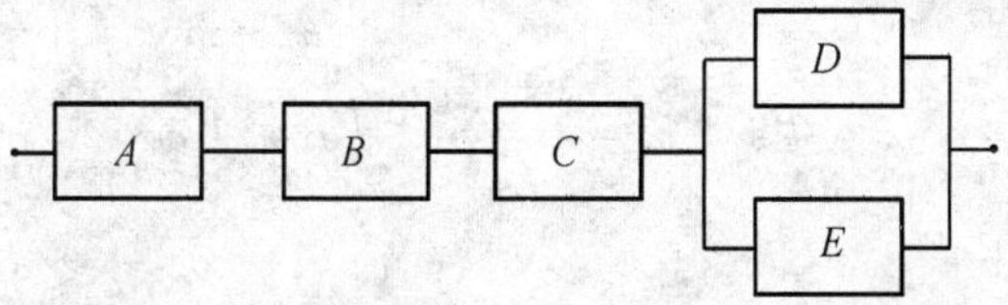

图 6.5　某一混联系统

可靠度为 $R_S = 0.85$,工作任务时间为 20 h,试将可靠度分配给各单元。已预估的各单元的可靠度在表 6.3 中第 3 列。

表 6.3　混联系统数据表

1	2	3	4	5	6	7	8	9
序号	单元符号	单元预估可靠度	单元预估失效率	单元预估不可靠度	系统预估不可靠度	F_i^*/F_S^*	$F_i = (F_i^*/F_S^*)F_S$	按要求 $R_S = 0.85$ 分配的可靠度
1	A	0.95	0.002 56	0.050		0.156	0.023 4	0.976
2	B	0.92	0.004 17	0.080		0.250	0.037 5	0.962
3	C	0.93	0.003 60	0.070		0.219	0.032 9	0.967
4	D	0.70	0.017 80	0.300				
5	E	0.60	0.025 50	0.400			0.056 3	
6	DE	0.88	0.006 38	0.120	0.32	0.375	$F_S = 0.15$	0.944

解　(1) 首先考虑串联系统,认为并联部分的 D 与 E 为 DE 单元,计算数据见表 6.3。由

$$R_S = R_A R_B R_C R_{DE}$$

又

$$R_S = e^{-\lambda_S t} \approx 1 - \lambda_S t \qquad F_S = \lambda_S t = \sum_{i=1}^{n} \lambda_i t \qquad R_S = 0.85$$

则

$$F_S = 0.15$$

系统的失效率为

$$\lambda_S = \frac{F_S}{t} = \frac{0.15}{20} = 0.007\ 5$$

预估单元的失效率为

$$\lambda_A = \frac{\ln R_1}{-t} = \frac{\ln 0.95}{-20} = 0.002\ 56 \qquad \lambda_B = 0.004\ 17 \qquad \lambda_C = 0.003\ 63 \qquad \lambda_{DE} = 0.006\ 40$$

由

$$F_S^* = F_A^* + F_B^* + F_C^* + F_{DE}^* \tag{6.32}$$

故

$$F_A = \frac{F_A^*}{F_S^*} F_S \qquad F_A = 0.023\ 4 \qquad F_B = 0.037\ 5 \qquad F_C = 0.032\ 9 \qquad F_{DE} = 0.056\ 3$$

从而得

$$R_A = 0.976 \quad R_B = 0.962 \quad R_C = 0.967 \quad R_{DE} = 0.944\text{(见表 6.3)}$$

再对并联部分进行分配。可靠度为

$$R_{DE} = 0.944, F_{DE} = 0.056$$

$$\lambda_{DE} = \frac{\ln R_{DE}}{-t} = \frac{0.056}{20} = 0.002\,8$$

由式(6.31)可知

$$\lambda_D = \sqrt{\frac{\lambda_D}{\lambda_E}\frac{\lambda_{DE}}{t}} = \sqrt{\frac{0.017\,8}{0.025\,5}\times\frac{0.002\,80}{20}} = \sqrt{0.000\,100\,5} = 0.010\,03$$

$$\lambda_E = \sqrt{\frac{\lambda_E}{\lambda_D}\frac{\lambda_{DE}}{t}} = \sqrt{\frac{0.025\,5}{0.017\,8}\times\frac{0.002\,80}{20}} = \sqrt{0.000\,206} = 0.014\,36$$

故

$$R_D = e^{-\lambda_D t} = e^{-0.010\,03\times 20} = e^{-0.200\,6} = 0.818$$

$$R_E = e^{-\lambda_E t} = e^{-0.014\,36\times 20} = e^{-0.287\,2} = 0.750$$

经验算

$$R_{DE}^* = 1-(1-R_D)(1-R_E) = 1-(1-0.818)(1-0.750) = 1-0.045\,5 = 0.954$$

$$R_{DE}^* > R_{DE} = 0.944$$

$$R_S^* = R_A^* \cdot R_B^* \cdot R_C^* \cdot R_{DE}^* = 0.976\times 0.962\times 0.967\times 0.944 = 0.866 > R_S = 0.85$$

满足要求。

总结起来，对于混联系统的可靠性分配，先对串联部分进行分配，然后再对并联部分进行分配，这样层次清楚，计算方便，适合工程应用。

电子系统可靠性设计

电子元器件由于数量大，体积小，在大批量生产过程中受到设计、材料与制造工艺等多种条件以及设备、环境与人为因素的影响，不可避免地产生差错，电子元器件的性能、参数不易控制，以至于产生不符合要求的产品，造成寿命偏低、早期失效等等问题。为此，对电子元器件要进行严格的选择与控制，以提高系统的可靠性。

6.3　电子元器件的筛选与老炼

电子元器件的筛选老炼是电子系统可靠性的基础。在电子系统设计过程中，首先遇到的技术问题是电子元器件的选用与管理，要通过各种有效方法剔除元器件的残余缺陷，剔除早期失效产品。实践证明，就目前的生产水平，通过有效的筛选，可以使元器件的总使用失效率下降1～2个数量级，提高可靠性是明显的。因此，无论军品或是民品都要进行筛选，而且要对所有产品进行筛选。

通常用于筛选剔除的次品数 r 与参与试验产品总数 N 之比，称为筛选剔除率，即

$$Q = r/N \times 100\%$$

可用该指标衡量产品的质量，如美国标准规定，电阻器的 Q 值小于3%～5%，而电容器 Q 值小于5%～8%。当 Q 值超过该值时，就不能作为高可靠性产品交付使用。筛选后产品的可靠性指标提高的效果用筛选效果来表示，即筛选前的失效率 λ_N 和筛选后的失效率 λ_S 之差与筛选前失效率 λ_N 之比，即

$$\beta = \frac{\lambda_N - \lambda_S}{\lambda_N} \times 100\% \tag{6.33}$$

β 表示筛选效果，即经过筛选后产品的失效率降低的相对幅度。

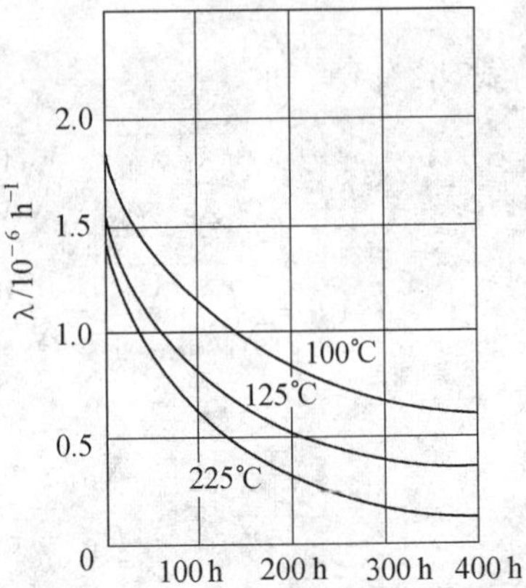

图6.6　温度应力下失效率水平比较

由图6.6可见温度应力对筛选后失效率的影响，在图中应力为125℃经筛选100 h与100℃经筛选240 h的失效率相同，即筛选效果相同。

6.4　电子元器件的降额使用

降额即元器件在低于其额定值的应力条件下工作。电子元器件的降额使用可进一步提高元器件和设备的可靠性。实践证明，大部分元器件的失效率模型取决于应力条件。应力条件越高则失效率越高，为了降低失效率，必须降额以提高可靠性。

降额一般遵循降额曲线，如图6.7所示。图中与温度 t 轴平行的 AB 段表示当工作环境低于 T_S 时，器件可满额工作。BC 段表示温度高于 T_S 后需要遵循的降额率。$T_{0.5}$ 时，对应的额定率为满额的一半，即0.5。温度达 T_{max} 时管芯已达最高结温，半导体器件不能工作。

ABC 曲线表示要保证元器件正常工作，即允许的最大应力与环境温度间的函数关系，元器件只能在曲线 ABC 下工作才能保证可靠性。

图6.8中说明 R 区是禁区，不能工作。Q 区是有疑义区，器件在此区工作不能保证足够的可靠性，因此尽量少用。A 区是工作区，为合格使用区，可靠性与费用之比是最佳的区域。在半导体降额图中有较详细的标定，注意使用。

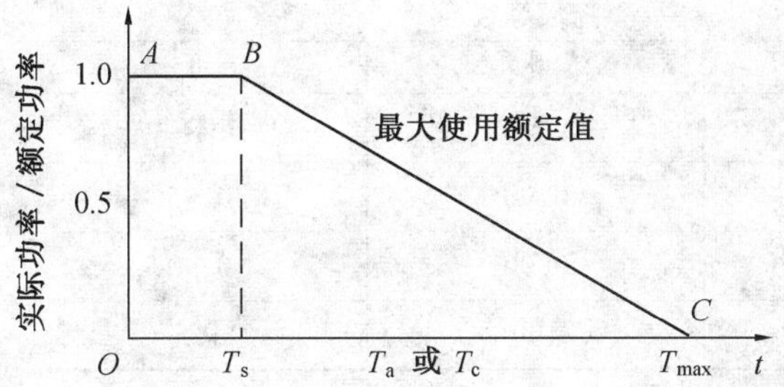

图6.7　半导体器件典型降额曲线

T_s—温度降额点(通常为25℃);T_a—周围温度;

T_c—管壳温度;T_{max}—最高结温。

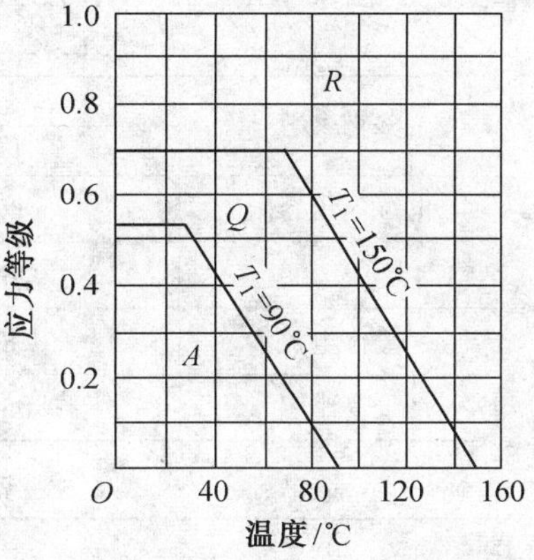

图6.8　最高结温为150℃的半导体器件降额图

【例6.11】　某元器件的寿命与温度的关系是

$$t = e^{A+B/T} \tag{6.34}$$

当某元器件在基准温度下的寿命为

$$t_1 = e^{A+B/T_1}$$

时,其相对关系为

$$t/t_1 = e^{B\left(\frac{1}{T}-\frac{1}{T_1}\right)} \tag{6.35}$$

式中　B——为正数,某硅小功率晶体管老化寿命 $B = 7\,080\ \mathrm{K}^{-1}$;

T——元器件工作温度;

T_1——元器件对于寿命 t_1 时的工作温度。

当 $T > T_1$ 时,$t < t_1$ 为加速寿命试验原理。当 $T < T_1$ 时,$t > t_1$ 这就是降额使用原理,可延长寿命。如果除温度以外的应力用 S 表示,则存在"α 次幂法则",即

$$t/t_1 = (s/s_1)^{\alpha} \tag{6.36}$$

式中　s_1——基准应力,相应寿命为 t_1;

s——任意应力,寿命为 t。

如果同时考虑温度影响,则

$$t/t_1 = (s/s_1)^{\alpha} e^{B\left(\frac{1}{T}-\frac{1}{T_1}\right)} \tag{6.37}$$

利用式(6.37),即可以计算出降额效果。例如,对于电子器件老炼的效果,温度相差10℃,则寿命就会相差1/2～1/1.5倍之多。

降额因子直接利用严格的数学模型或降额值还存在着一定的困难,对每一种元器件的主要应力决定一个降额因子,以此确定降额值使用起来比较方便。下面列出降额因子表格,见表

6.4 与表 6.5(国家军用标准 GJB/Z35)《元器件降额标准》。

表 6.4 双极型数字电路降额准则示例

降额参数	降额等级		
	Ⅰ	Ⅱ	Ⅲ
电源电压容限	±3%	±5%	见技术条件
频 率	0.80	0.90	0.95
输出电流	0.80	0.90	0.90
最高结温	85	100	115

表 6.5 元器件降额准则一览表(参考件)

元器件种类				降额等级		
				Ⅰ	Ⅱ	Ⅲ
集成电路	模拟电路	放大器	电源电压	0.70	0.80	0.80
			输入电压	0.60	0.70	0.70
			输出电流	0.70	0.80	0.80
			功率	0.70	0.75	0.80
			最高结温 /℃	80	95	105
		比较器	电源电压	0.70	0.80	0.80
			输入电压	0.70	0.80	0.80
			输出电流	0.70	0.80	0.80
			功率	0.70	0.75	0.80
			最高结温 /℃	80	95	105
		电压调整器	电源电压	0.70	0.80	0.80
			输入电压	0.70	0.80	0.80
			输入输出电压差	0.70	0.80	0.85
			输出电流	0.70	0.75	0.80
			功率	0.70	0.75	0.80
			最高结温 /℃	80	95	105
		模拟开关	电源电压	0.70	0.80	0.85
			输入电压	0.80	0.85	0.90
			输出电流	0.75	0.80	0.85
			功率	0.70	0.75	0.80
			最高结温 /℃	80	95	105

续表 6.5

元器件种类					降额等级 I	降额等级 Ⅱ	降额等级 Ⅲ
集成电路	数字电路	双极型电路	频率		0.80	0.90	0.90
			输出电流		0.80	0.90	0.90
			最高结温 /℃		85	100	115
		MOS 型电路	电源电压		0.70	0.80	0.80
			输出电流		0.80	0.90	0.90
			频率		0.80	0.80	0.90
			最高结温 /℃		85	100	115
	混合集成电路		厚膜功率密度 /($W\cdot cm^{-2}$)		7.5		
			薄膜功率密度 /($W\cdot cm^{-2}$)		6.0		
			最高结温 /℃		85	100	115
	大规模集成电路		最高结温 /℃		改进散热方式以降低结温		
	晶体管		反向电压	一般晶体管	0.60	0.70	0.80
				功率 MOSFET 的栅源电压	0.50	0.60	0.70
			电流		0.60	0.70	0.80
			功率		0.50	0.65	0.75
			功率管安全工作区	集电极 — 发射极电压	0.70	0.80	0.90
				集电极最大允许电流	0.60	0.70	0.80
			最高结温 T_{jm}/℃	200	115	140	160
				175	100	125	145
				≤150	$T_{jm}-65$	$T_{jm}-40$	$T_{jm}-20$
	微波晶体管		最高结温		同晶体管		
	二极管（基准管除外）		电压(不适用于稳压管)		0.60	0.70	0.80
			电流		0.50	0.65	0.80
			功率		0.50	0.65	0.80
			最高温度 /℃	200	115	140	160
				175	100	125	145
				≤150	$T_{jm}-60$	$T_{jm}-40$	$T_{jm}-20$

6.5　电路与系统的可靠性设计

根据电路与系统的具体情况，主要讨论保障电路与系统可靠性的重要思路与方法。

1. 元器件的正确使用与采用优选电路

采用分立元件的电路，避免元器件的老化及参数漂移，避开各种干扰与电流过载等，严格按正确电路设计方法进行设计，选择最优参数，考虑可测性及可维修性。

其次采用 TTL 等集成电路，这些电路已经选择了优化参数。

再次是尽量选用标准化集成度高的电路与经过考验可靠性高的电路，这样可以避开很多处发生故障的机会，保障了设计的质量。

2. 简化设计原则

在保证原设计功能指标的情况下，尽可能简化电路设计，即用最简单的电路和最少量的元器件达到规定的指标要求。在减少元器件数量的同时，注意元器件的种类。

3. 边缘性能设计(最坏情况设计)

由于电子元器件的参数分散性大，当仅知道参数的变化最大范围时，可以用边缘性能设计方法进行设计。例如图 6.9 所示反相电路的驱动信号 V_S，应怎样选择才能使电路可靠地工作。

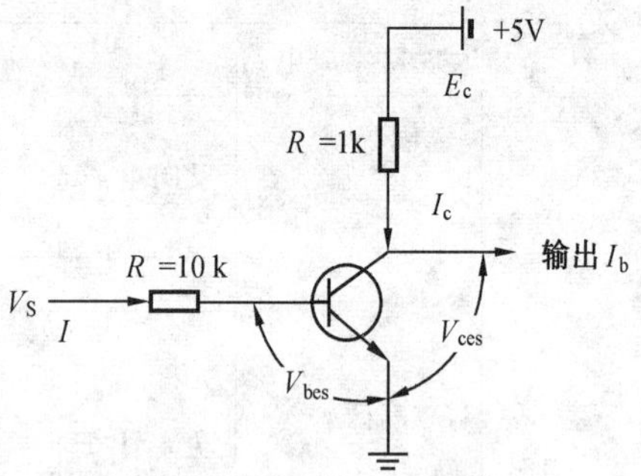

图 6.9　晶体管电路图分析

已知如图 6.9 所示，电阻值在 ±10% 变化，三极管的参数 h_{fe} 放大系数在 20 ~ 70 之间变化，$E_C = 5$ V。又 $V_{bes} = 0.8$ V，$V_{ces} = 0.3$ V 均不变。在最坏情况下设计，即为了满足可靠性的要求，设计中要保证系统在元器件参数在边缘值时，能正常工作。N 为电路系数，取 2。

若保证 $I_{min} > I_{bmax}$ 时系统仍能正常工作。又

$$I = \frac{V_s - V_{bes}}{R_1}, I_b = \frac{N}{h_{fe}} \cdot \frac{E_c - V_{ces}}{R_2}$$

要求 I_{min}、I_{bmax} 的表达式

$$I_{min} = \frac{\underline{V}_s - V_{bes}}{\overline{R}_1}$$

$$I_{bmax} = \frac{N}{\underline{h}_{fe}} \cdot \frac{\overline{E}_c - V_{ces}}{\underline{R}_2}$$

式中　$\bar{R}_1$—— 表示最大值，即 $\bar{R}_1 = 10 \times 10^3 + 10 \times 10^3 \times 10\% = 11\ \text{k}\Omega$；

$\underline{R}_2$—— 表示最小值，即 $\underline{R}_2 = 1 \times 10^3 - 1 \times 10^3 \times 10\% = 900\ \Omega$；

$\underline{h}_{fe}$—— 取最小值，即取 20。

这样要求不等式

$$I_{min} = \frac{\underline{V}_s - V_{bes}}{\bar{R}_1} > I_{bmax} = \frac{N}{\underline{h}_{fe}} \cdot \frac{\bar{E}_c - V_{ces}}{\underline{R}_2}$$

$$\frac{\underline{V}_s - 0.8}{11\ 000} > \frac{2(5 - 0.3)}{20 \times 900}$$

得

$$\underline{V}_s > \frac{5 - 0.3}{9\ 000} \times 11\ 000 + 0.8 = \frac{4.7 \times 11}{9} + 0.8 = (5.74 + 0.8)\ \text{V}$$

$$\underline{V}_s > 6.54\ \text{V}$$

取 $V_s = 7$ V 时，确保电路安全可靠。

4. 电路漂移分析

随着电子元器件的老化，电路性能指标（如放大倍数等）也不断下降，当该指标下降到一定程度时，该电路就失效，如图 6.10 所示。一般假设性能指标是正态分布，随着时间的漂移，工作成功的概率就是正态分布曲线在失效阈值以上的阴影部分的面积。

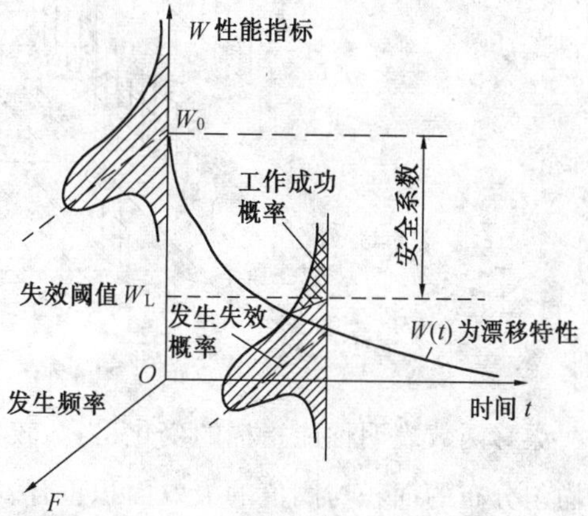

图 6.10　漂移示意图

为了分析方便，假设性能指标 x 分布为均匀分布，进一步把性能指标按 $t = 0$ 时 x_0 进行归一化处理，令 $W = \dfrac{x}{x_0}$（图 6.11）。又假设随时间的漂移函数定为 e^{-at^b}，a，b 为常数。如果性能指标均匀分布的高为 h，宽度为 $2\Delta W$（$\Delta W = \dfrac{\Delta x}{x_0}$），则由总概率为 1 得

$$h 2\Delta W = 1$$

$$h = \frac{1}{2\Delta W} = \frac{x_0}{2\Delta x}$$

由概率知

$$\sigma^2 = \frac{(2\Delta W)^2}{12} = \frac{(\Delta W)^2}{3} = \frac{1}{3}\left(\frac{\Delta x}{x_0}\right)^2$$

故

$$\sigma = 0.578 \frac{\Delta x}{x_0}$$

式中 ΔW—— 性能指标相对增量；

W—— 性能指标相对变量；

Δx—— 性能指标变量增量；

x—— 性能指标变量；

x_0—— 性能指标 $t = 0$ 的量值。

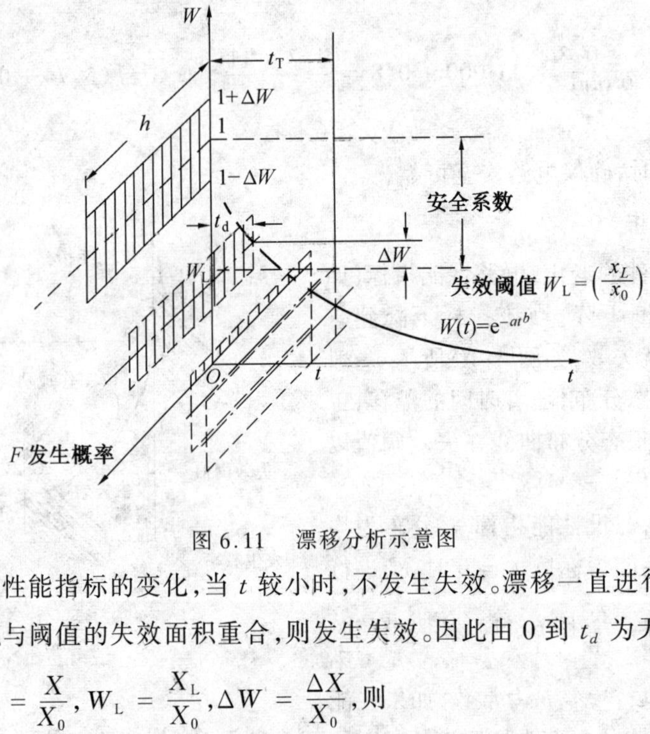

图 6.11 漂移分析示意图

漂移函数表明性能指标的变化，当 t 较小时，不发生失效。漂移一直进行到失效阈值 W_L，即均匀分布的面积与阈值的失效面积重合，则发生失效。因此由 0 到 t_d 为无失效区，性能指标也没有下降。设 $W = \frac{X}{X_0}$，$W_L = \frac{X_L}{X_0}$，$\Delta W = \frac{\Delta X}{X_0}$，则

$$e^{-at_d^b} - \frac{\Delta X}{X_0} = e^{-at_d^b} - \Delta W = \frac{X_L}{X_0}$$

故

$$e^{-at_d^b} = \frac{X_L}{X_0} + \frac{\Delta X}{X_0} = \frac{X_L + \Delta X}{X_0}$$

取对数求 t_d，则

$$-at_d^b = \ln\left(\frac{X_L + \Delta X}{X_0}\right)$$

$$t_d = \sqrt[b]{\frac{1}{a}\ln\left(\frac{X_0}{X_L + \Delta X}\right)}$$

式中 t_d—— 漂移时间值。

当着漂移进行 $t \geqslant t_d$ 时,发生失效,此时正常工作的概率 P_S 应为矩形在 W_L 以上的面积,即

$$P_S = h[e^{-at^b} - (W - \Delta W)] = h\left[e^{-at^b} - \frac{X_L - \Delta X}{X_0}\right] =$$

$$he^{-at^b} - h\frac{X_l - \Delta X}{X_0} = he^{-at^b} - hW_l + h\Delta W$$

$$P_S = he^{-at^b} - h\frac{X_L}{X_0} + h\frac{\Delta X}{X_0}$$

又

$$h2\Delta W = 1, h = \frac{1}{2\Delta W} = \frac{X_0}{2\Delta X}$$

故
$$P_S = 0.5 + h(e^{-at^b} - W_L) = 0.5 + \frac{X_0}{2\Delta X}\left(e^{-at^b} - \frac{X_L}{X_0}\right)$$

当 $t \geqslant t_d$ 时,$R_S = 0, P_S = 0$,故

$$0.5 + \frac{X_0}{2\Delta X}e^{-at_d^b} - \frac{X_0}{2\Delta X}\frac{X_L}{X_0} = 0$$

$$e^{-at_d^b} = \frac{X_L - \Delta X}{X_0}$$

$$-at_d^b = \ln\frac{X_L - \Delta X}{X_0}$$

$$t_d = \sqrt[b]{\frac{1}{a}\ln\frac{X_0}{X_L - \Delta X}}$$

故工作范围为

① 当 $t \leqslant \sqrt[b]{\frac{1}{a}\ln\frac{X_0}{X_L + \Delta X}}$ 时,$R_S = 1$;

② 当 $t \geqslant \sqrt[b]{\frac{1}{a}\ln\frac{X_0}{X_L - \Delta X}}$ 时,$R_S = 0$;

③ 当 $\sqrt[b]{\frac{1}{a}\ln\frac{X_0}{X_L + \Delta X}} \leqslant t \leqslant \sqrt[b]{\frac{1}{a}\ln\frac{X_0}{X_L - \Delta X}}$ 时,$R_S = \frac{1}{2} + \frac{X_0}{2\Delta X}\left(e^{-at^b} - \frac{X_L}{X_0}\right)$。

以上结论是在假定性能为均匀分布,漂移函数为 e^{-at^b} 的情况时推导出来的,对于其他的不同分布和漂移函数也可按此方法进行推导。

6.6 耐环境设计

环境影响是产品周围条件对产品的影响,环境条件是复杂的,有单因素的作用与综合因素的作用,不同的产品其环境的影响是不同的。介绍几种典型条件对一般产品的可靠性的影响与预防。电子系统通常受到潮湿、盐雾、霉菌、辐射、振动、冲击与热的影响,致使可靠性水平降低。为了防止受到环境条件的影响,提高电子系统的可靠度,必须进行预防性设计。

6.6.1 防潮湿设计

防潮湿设计是指可以采取单项或几项综合措施来防止湿气的影响。防潮湿的主要措施有采用防水、防霉、防锈蚀材料;提供排水系统或空气循环系统;采用干燥层;憎水与浸渍处理;灌注以及封装等措施,以防止潮湿造成性能下降。

6.6.2 防盐雾和腐蚀

由于盐雾的存在,使金属产生电化腐蚀。防止的措施是清除电化学腐蚀的条件,如选用不易腐蚀的金属;金属表面间设置油漆进行隔离;减少两金属间电位差;排除电器接触,如钢材发蓝、铝材采用阳极化处理等。

由于腐蚀比较复杂,根据不同的腐蚀进行相应的防护,如对电偶腐蚀、浓差电池腐蚀、应力腐蚀、晶间辐射以及均匀氧化腐蚀等均应进行防护。

6.6.3 防霉菌设计

防霉菌可选择不长菌的材料;采用防霉剂处理零件;设备、零件的密封以及采取相应的紫外线照射等。

6.6.4 耐冲击、振动与噪声的设计

一般采用如下几种办法。

① 消除产生源的设计。如消除振源、噪声源、冲击源等。

② 隔离设计。防止振动、冲击现象对产品的影响。

③ 减振设计。如阻尼减振,动力减振,消耗振动能量的动力减振器等,摩擦减振与抗振设计等。

④ 抗振设计。刚性化抗振是提高离散元器件的安装刚性,设备框架、印制板等紧固安装,集成元件贴面安装,振动与声敏感的设备安装在振动不激烈的部位,降低振动响应,采用约束阻尼处理技术与合理安装,改善振动环境等。

6.6.5　电子设备辐射设计

辐射有太阳辐射、核辐射与宇宙线辐射等，提高电子设备的抗辐射能力基本上有两种途径，一是寻找能削弱辐射影响的封装屏蔽材料，二是从线路结构与元器件制造上考虑。陶瓷、玻璃与云母是防辐射能力较强的材料，而硅酮树脂也是目前使用封装材料抗辐射性能较好的一种。

线路设计时可采取抗辐射措施，如用限流电阻防止过大的瞬时光电流，或用反向二极管产生电流来抵消影响；采用适当的退耦、旁路滤波和反馈，有助于消除 γ 射线、瞬时中子辐射、电磁脉冲等造成的不良影响，不能用增大电路的放大能力补偿辐射造成的影响等。

6.7　耐热设计

6.7.1　热设计概述

电子元器件受温度的影响是非常敏感的，当温度超过某一极限时则物理性能会发生变化，甚至会发生性能失效，电子设备失效率与温度的关系如图 6.12 所示，从图中看到温度起着明显的作用。

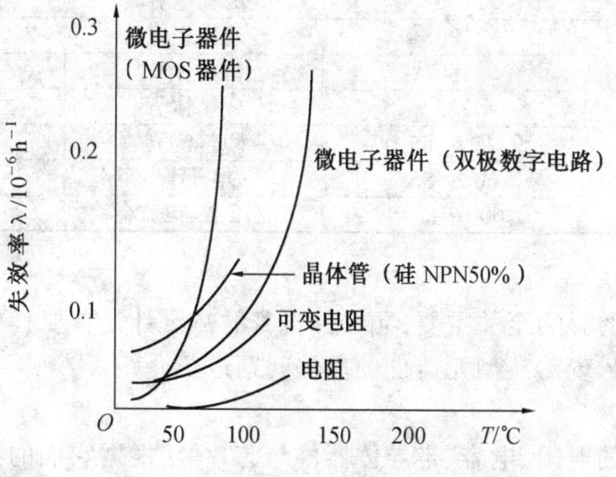

图 6.12　元器件失效率随温度变化曲线

经验证明，在高温或负温条件下，器件或电路容易发生故障，因此，设计耐温措施，防止由温度引起的可靠度失效，是电子系统设计的一道关键步骤。耐热设计的重点是通过器件的选择、电路设计（如降额设计、漂移设计等）及结构设计来减少温度对产品性能的影响，使产品能在较宽的温度范围内可靠地工作。由上分析我们知道，控制温度将明显地降低产品的失效率，有效地提高了产品的可靠性。

通常控制产品温度的方法有以下几种。

① 采用耐温较高的材料，这种材料具有较好的耐热性与热稳定性。

② 减少设备的发热量,减少热源,如选用小功率的能源与小功率的元器件,用芯片代替分立元件等。

③ 采用冷却降温方法和加快散热速度改变温度环境,如利用传导、辐射、对流(自然与强迫通风)、水冷、以及相变冷却(蒸发,冷却) 和半导体致冷等。

6.7.2 元器件的热设计

元器件的耐热设计主要在两方面进行,一是控制元器件的工作环境温度;二是元器件结构本身的自然散热。

1.元器件工作环境的温度控制

由于温度直接影响元器件的性能,因此要严格控制元器件的工作环境,电阻元器件受温度影响是升高10℃,寿命大约下降1倍;电容器、变压器每温度升高10 ~ 20℃,寿命下降1倍;对于半导体器件,温度过高性能下降,严重时会引起热击穿,而集成电路的结温,每升高10℃,失效率约提高1倍。这些数字说明环境温度对元器件有严重影响。表6.6给出了常用元器件的允许工作温度。

表6.6 元器件的允许工作温度

元件名称	表面允许温度/℃	元件名称	表面允许温度/℃
碳膜电阻	100	陶瓷电容	80 ~ 85
金属膜电阻	100	玻璃陶瓷电容	200
压制线绕电阻	150	锗晶体管	70 ~ 100
涂釉线绕电阻	225	硅晶体管	150 ~ 200
低介电阻	75 ~ 85	硒整流管	75 ~ 85
电解电容	60 ~ 85	电子管	150 ~ 200
薄膜电容	60 ~ 130	变压器、扼流器	95

2.元器件自然散热

温度对元器件性能的影响至关重要,元器件自身的热设计是首要任务。电子元器件的种类多,其散热方法也不相同,现对典型元器件的散热问题进行介绍。

(1) 元器件的散热

对主要电子元器件的电阻、电容、半导体器件与芯片等,根据它们的特点选用传导、对流与辐射的方法进行热设计。对于电阻、电容及芯片来说,其装配引线应尽量短些,安装位置应使发热量大的面垂直于对流气体的通路,且要加大与其他元器件的距离。对于半导体器件,大功率晶体管应采用散热器散热,器件的热量从管壳把热量传给散热器散发到空间去。

(2) 元器件的安装与布局

元器件合理安排、正确布置是热设计的重要内容,应根据设备中各热源的发热情况合理安排,防止热量积蓄及元器件间的热影响,使元器件工作在允许的工作范围内。一般应遵循的原则是:发热元器件应尽可能分散,尤其应尽量远离热敏感与高发热元器件,对于自由对流冷却设备,不要将元器件正好放在高发热元器件的上方等;对温度敏感的元器件应处于温度最低区域，且应尽量放置在底部，避开热源的影响。应尽量减少传导热阻，采用短通路，且需加大安装面积，此外还要考虑采用热传导高的材料等措施。

(3) 热管的应用

热管是一种具有散热功能的组合件，它具有极高的传热性能，与近于等温的工作状态，且没有运动部件，是目前比较理想的设备。

热管结构是一套由蒸发器、凝结液体、通道等组成的装置，其热交换过程是蒸发 - 凝结闭合循环机构。它的优点是在小温差下传递大热流，其内应用一套毛细抽吸结构代替循环泵回输凝液进行工作，并将其封装在一个很紧凑的机构内。

3. 电子设备热设计程序

电子设备热设计程序首先应明确设计条件，如设备的功能耗，发热量，设备的允许温升，设备外形尺寸，放置的环境条件等。确定设备的冷却方式，可采用图 6.13 所示的流程。

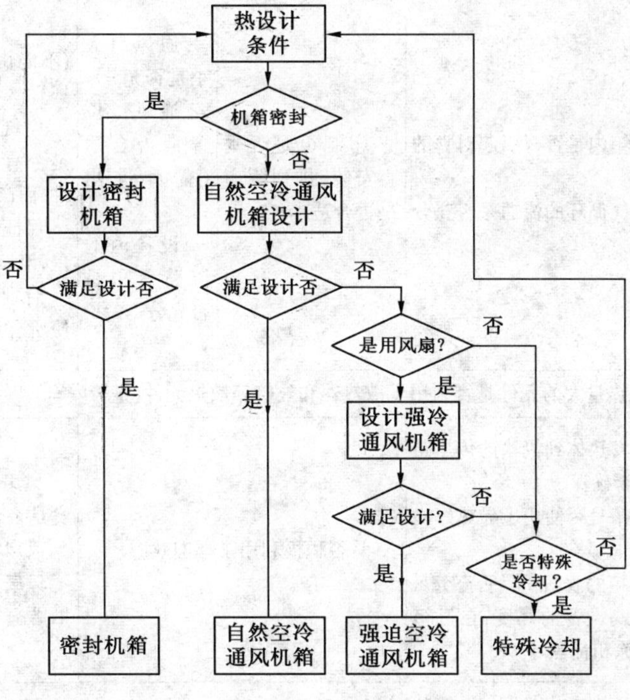

图 6.13　冷却方式设计程序框图

在决定冷却方式以后，就分别对元器件、线路、印刷电路板、电路板和机箱进行热设计，从发热的观点研究它们的实际安装方案。进一步结合承受的力学环境统一考虑，使设计出的设备既能满足热设计要求，又能满足力学环境条件。最后为了检查热设计的情况，在表 6.7 中给出了电子设备热设计检查一览表，可以较全面地检查在热设计过程中是否有遗漏的项目。

表 6.7　电子设备热设计检查一览表

<table>
<tr><td rowspan="2">机箱类型
注意事项</td><td rowspan="2">密封机箱</td><td colspan="2">通风机箱</td><td colspan="2">强制空冷</td></tr>
<tr><td>印制板</td><td>机　箱</td><td>印制板</td><td>机　箱</td></tr>
<tr><td rowspan="2">元件的排列安装</td><td colspan="5">是否分清了热敏感的元件,发热量多的元件?他们的排列、安装是否适当?(发热元件不能密集安装,对热敏感的元件要远离发热元件安装。)
发热元件的引线应尽量缩短,印制线应加宽
接近发热元件的树脂、线材等的耐热是否充分
对由于热而引起的尺寸变化是否作了考虑</td></tr>
<tr><td>发热元件应尽量靠近机架,是否有可能将发热量大的元件安装在机箱外侧,是否须在印制板上敷设金属到热网条</td><td>印制板的排列是否考虑了发热(发热量多的印制板不能紧挨放置)</td><td>机箱的设计是否考虑了发热</td><td colspan="2">发热量大的元件应该放在出风口处,对热敏感的元件应放在进风口处</td></tr>
<tr><td>流路的设计</td><td>机箱内是否有引起对立的空间
空气循环的流通是否充分</td><td>印制板是否垂直安装,排列距离是否合适</td><td>通风口大小是否充分
通风口位置是否合适(有否进出口)
设备内的流路面积是否充分</td><td colspan="2">空气流路大小是否充分(不能由于元件而使流路阻塞)
空气不能有阻滞的地方,是否有空气不通过发热元件,而产生旁路
保证进出口有一定的高度差,出口处不能有障碍物
合理地控制和分配气流,使所有元件都得到好处</td></tr>
<tr><td rowspan="2">散热措施</td><td colspan="5">对热量大的元件是否利用了散热器和热管等散热元件(是否安全)</td></tr>
<tr><td>对发热体到机箱的传热路径是否确保
机箱是否使用了导热好的材料
机箱的表面积是否充分
提高设备的黑度,在机箱内外涂粗糙黑漆</td><td colspan="2">是否积极利用了烟囱效应</td><td colspan="2">风扇的容积是否充分,种类是否合适
风扇能否耐住设备的温升
风扇发生故障时是否有保护措施</td></tr>
<tr><td rowspan="2">其他</td><td colspan="5">是否要考虑日照,防寒、防露</td></tr>
<tr><td colspan="3"></td><td colspan="2">要考虑滤波器安装是否正确,更换是否方便
对风扇的噪音采取的措施
防止风扇触手的危险
风扇更换方便</td></tr>
</table>

6.8　潜在通路分析

6.8.1　概　述

在电子系统中不是由于元器件的故障、参数变化或外界干扰等原因引起的一种故障模式，称为潜电路。它是一般情况下很难预想的电路工作模式，也是带有一些不能预测的性质。电路中这种潜在的通路或条件，能引起一些不应有的动作发生或把一个需要的功能抑制。它是由于各分系统的设计人员缺乏对总体的全面了解，而对所有分系统之间的接口没有正确的设计而造成的。

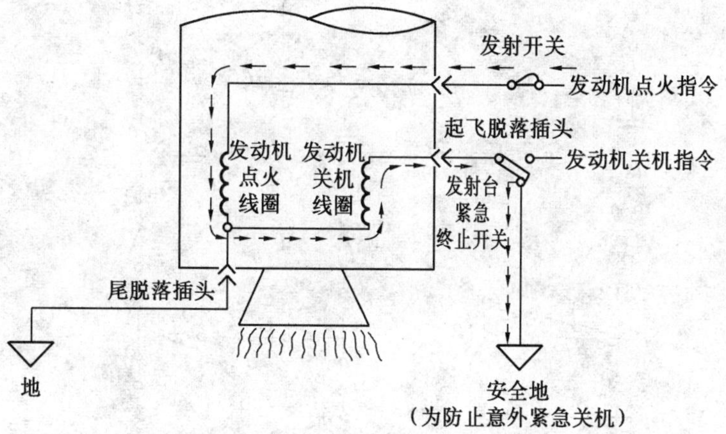

图 6.14　潜在通路示意图

图 6.14 中所示的是一个潜在通路的典型例子。本来发动机点火后发动机应该启动发动机点火线圈，发动机脱离、起飞，然而由于尾脱落插头提前脱落，则回路启动了关机线圈，同时启动脱落插头，发动机紧急终止发射命令，发动机关机。虚线所示为潜在通路。美国 1960 年发射的红石火箭发生了这种情况，后经研究，找出了这一原因。1967 年在美国波音公司首次在阿波罗飞船计划中采用潜通路分析(SCA) 技术。

6.8.2　潜在通路分析(Sneak Circuit Analysis)

1. 潜在通路分析的数据收集

由于分析的通路是潜在的问题，一般的电原理图、功能图及系统图都不能全面深入地分析出潜在的效果，因此必须在系统设计完成后的详细数据中才能分析出正确的结果。为了节约起见，可以在硬件制造及装配试验前进行。

2. 电路简化与形成网络树

从详细的电路图及连线表出发，把电路分成小块，每块顶端为电源，下端为地线，这样每一块形成一个比较简单的网络树，便于进一步分析。在生成网络树时，必须保证对电路功能没有影响，且网络图的表现形式应按拓扑图形来排列，形成顶端为电源，末端为地线的网络树的并列图形。

3. 拓扑图的典型图形与分析

实践表明，无论实际电路如何复杂，都可以简化成下列 5 种基本图形的组合，如图 6.15 所示。

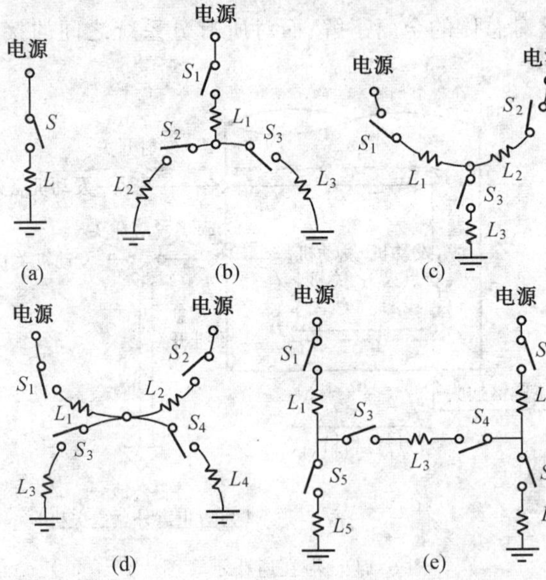

图 6.15　潜在通路基本拓扑图形

对每一种基本图形都有一套分析清单，这是由过去发生过潜在通路的经验积累起来的。该清单也是在逐步发展的，现以单线的基本图形为例，必须回答的是图 6.15 中的问题。

① 当要求负载 L_1 工作时，开关 S_1 会打开吗？

② 当要求负载 L_1 不能工作时，开关 S_1 会闭合吗？

③ S_1 的标签能正常地反映 L_1 的功能吗？

"H" 图形是比较复杂的图形，目前所发生的潜在通路有一半是 H 图形，H 图形的提示清单有 100 个以上的提问。如果设计人员发现回答是肯定的，应改变原设计。通过潜在通路分析，可以找出 4 种潜在电路的存在形式。

① 潜在电路。在某种条件下，电路中产生与愿望相反的通路，它会引起功能异常或抑制正常功能。

② 潜在时间。潜在时间是指某种功能在与愿望相反时间内存在或发生。

③ 潜在标志。一个开关或控制旋钮上的标号不能全面反映该开关引起的后果,因而引起误解。当一个开关的标牌仅写了一个设备的名称,而一个开关引起两个设备动作,当操作人员操作开关时会引起两个设备同时动作的错误行为。

④ 潜在指示。表示指示灯意义不明确或不正确的指示,引起混淆,造成错误的操作。潜在分析不但能发现图纸上的错误,同时网络树的分析对故障树分析、失效模式、后果与致命度分析均有帮助作用。

6.9 冗余技术(贮备系统)与容错设计

为了提高设备的可靠性,采用两套甚至两套以上的设备进行工作,只要其中一套正常工作,系统就不能失效,该法由于增加多余资源以换取的可靠性,称为冗余技术。

使电子设备或计算机系统在发生故障或结果有差错时能自动改正错误,或自动修复使之继续工作的方法称为容错技术。

在系统出现故障时,可以应用冗余或容错技术,或者两者联合作用,实现故障的屏蔽、隔离与恢复。

6.9.1 冗余技术

1.冗余技术设计的基本原则

冗余型式的选取,如图 6.16 所示。

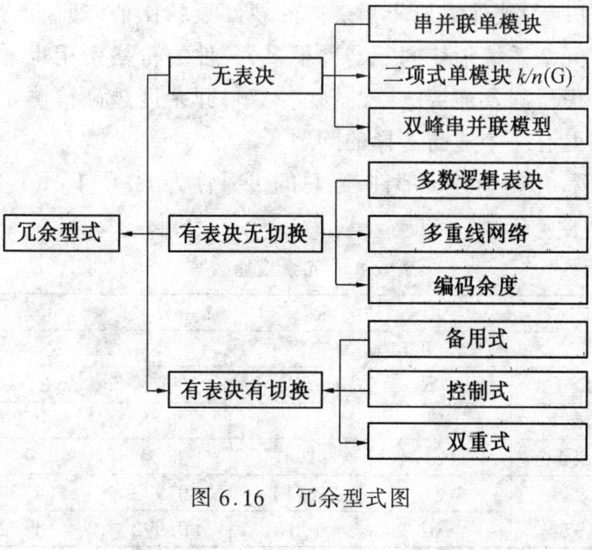

图 6.16 冗余型式图

① 无表决无转换结构。该系统是指当系统中任一单元故障时，不需要外部部件对故障的检测、判断和转换等功能的系统，如串、并联系统。

② 有表决无转换的结构。系指结构中的任一个部件或通道故障时，需要一个外部元件检测和作出判断(即表决)，但不要完成转换功能的系统，如多数表决逻辑系统、多重线网络系统及编码余度系统等(即表决系统)。

③ 有表决有转换的结构。系指当结构中一个部件或通道故障时，需要一个外部元件检测、判断和转换到另一个部件或通道，以代替故障部件或通道的系统，如备份式冗余、控制和双重冗余度等系统(即旁联或贮备系统) 如图图 6.17 所示。冗余度型式分整机冗余型(图 6.17(a))与分机冗余型(图 6.17(b))

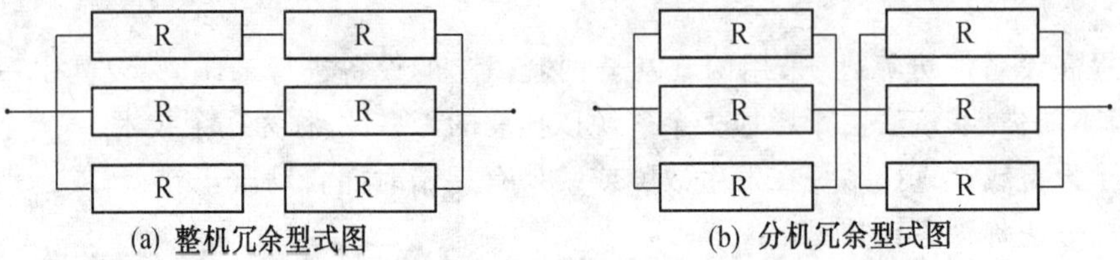

图 6.17 整机冗余与分机冗余型式比较图

整机冗余型式(图 6.17(a)) 公式

$$R_S = 1 - (1 - R^n)^m \tag{6.38}$$

分机冗余型式(图 6.17(b)) 公式为

$$R_S = 1 - [(1 - R)^m]^n = 1 - (1 - R)^{mn} \tag{6.39}$$

2.冗余度的选择问题

冗余度指冗余部件所用硬件数与非冗余部件硬件数的比值。理论上虽然认为冗余度越高则可靠度越高，但由于冗余系统消耗的元器件很多，元件的价格费用也增加，性能价格比大大提高。除此之外还要考虑检测及连接电路的影响问题，冗余度越高检测及连接越复杂，可靠性还要受到新的影响，因此有一个适当选择的问题。

现以并行冗余为例，有 n 个并行部件，其总的可靠性为 $R_S = 1 - (1 - R)^n$，R 为每个部件的可靠度。具体如表 6.8 所示。

表 6.8 冗余度比较表

冗余度	$R_S = 1 - (1 - R)^n$					
	$R = 0.6$			$R = 0.7$		
	R_n	R_n/R_1	R_n/R_{n-1}	R_n	R_n/R_1	R_n/R_{n-1}
1	0.6	1		0.7	1	
2	0.84	1.4	1.4	0.91	1.3	1.3
3	0.936	1.56	1.114	0.973	1.34	1.07
4	0.974	1.62	1.04	0.992	1.42	1.02

由表 6.8 可知,当 $R=0.7$ 时,双重冗余可以把可靠度提高 30%,三重冗余比双重冗余只提高 7%,而四重冗余只不过比三重冗余提高 2%,因此冗余度很高时提高的效率不大,在选取冗余度时要慎重全面考虑。

3.冗余级别的选择

一个复杂的系统有系统、分系统、部件、模块、电路及元件等等不同级别,为了提高可靠性冗余系统选在哪级别上比较合适,除了考虑元器件的重要度以外,还应该从提高系统可靠度方面进行研究。

现以双重冗余为例进行说明,双重冗余的可靠度为

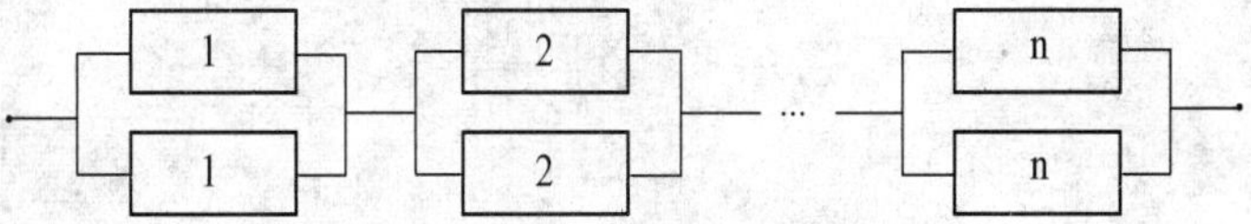

图 6.18　分级冗余系统图

$$R_S=1-(1-R)^2=2R-R^2$$

设

$$R=e^{-\lambda t}$$

则

$$R_S=2e^{-\lambda t}-e^{-2\lambda t} \tag{6.40}$$

如果将指数函数按级数展开,则

$$R_S=2\left(1-\lambda t+\frac{(\lambda t)^2}{2!}-\cdots\right)-\left(1-2\lambda t+\frac{(2\lambda t)^2}{2!}-\frac{(2\lambda t)^3}{3!}+\cdots\right)\approx 1-(\lambda t)^2 \tag{6.41}$$

如果系统中有多级子单元如图 6.18 所示,每个单元的可靠度分别为 $R_i=\sqrt[n]{R}=\sqrt[n]{e^{-\lambda t}}=e^{\frac{-\lambda t}{n}}$,总的结果 $R=R_i^n$ 不变,则每一段的可靠度是

$$R_{iS}=1-(1-R_i)^2=1-(1-e^{\frac{-\lambda t}{n}})^2=2e^{\frac{-\lambda t}{n}}-e^{\frac{-2\lambda t}{n}}$$

则系统总的可靠度为

$$R_S^0=R_{iS}^n=(2e^{\frac{-\lambda t}{n}}-e^{\frac{-2\lambda t}{n}})^n$$

按级数展开,则

与式(6.41)相同

$$R_S^0=\left[2\left(1-\frac{\lambda t}{n}+\frac{(\lambda t/n)^2}{2!}-\cdots\right)-\left(1-\frac{2\lambda t}{n}+\frac{(\lambda t/n)^2}{2!}-\cdots\right)\right]^n\approx 1-\frac{(\lambda t)^2}{n} \tag{6.42}$$

由此可见,在系统级上冗余的可靠度为 $1-(\lambda t)^2$,而在分系统级(分机)上冗余的可靠度

为 $1 - \frac{(\lambda t)^2}{n}$。也就是在分系统级上冗余的可靠度要高 $\frac{n-1}{n}(\lambda t)^2$，因此，在低级处冗余比高级处冗余的可靠度要高，但是在低级处冗余实现起来比较复杂，增加很多环节，这样又抵消了它的优越性。因此，在设计时要综合考虑。

4. 备份切换

冗余系统的另一种型式 —— 备份切换问题，备份切换是动态冗余的一种简单型式。在备份切换前，只有一个系统工作，当它发生故障时，立即切换到其他备份系统继续进行工作。若每个系统的可靠度为 $R(t) = e^{-\lambda t}$，又假定故障检测器及切换开关的可靠度为100%，则备份系统的可靠度为

$$R_{备份N} = e^{-\lambda t} \sum_{r=0}^{n} \frac{(\lambda t)^2}{r!} \tag{6.43}$$

若 $N = 2$，则 $R_{备份2} = e^{-\lambda t}(1 + \lambda t)$。

这个可靠性模型实际上是考虑到备份件在作为备份时不加电、不参加系统工作时的失效率为零，而参加工作时的失效为 λ。如果在备份时的失效率为 λ，那么可得

$$R_{1工作,1备份}(t) = e^{-\lambda t}\left[1 + ck(1 - e^{-\frac{\lambda t}{k}})\right] \tag{6.44}$$

式中 C—— 为备份切换的成功率。

备份切换的成功率(c) 与失效比率(k) 分别为

$$c = \frac{故障恢复成功的次数}{故障次数}$$

$$k = \frac{工作时的失效率}{备份时的失效率} = \frac{\lambda}{\lambda_S}$$

若作备份时不加电(又称冷备份)，则 $\lambda_S = 0, k = \infty$，若作备份时加电(又称热备份)，则 $\lambda_S = \lambda, k = 1$ 故此 $1 < k < \infty$。

当 $C = 1, k > 1$ 时，即检测器及开关的可靠度为1，且备份时失效率为零，则上式为

$$R_{1工作,1备份}(t) \approx e^{-\lambda t}\left[1 + \frac{\lambda}{\lambda_S}(1 - e^{-\lambda_S t})\right] \approx e^{-\lambda t}(1 + \lambda t) \tag{6.45}$$

当 $C = 1, k = 1$ 时，即在备份时呈工作状态，则

$$R_{1工作,1备份}(t) \approx 2e^{-\lambda t} - e^{-2\lambda t} = 1 - (1 - R)^2 \tag{6.46}$$

即与并行时的可靠性相同。同理可证明，当备份数 N 在2以上，且热备份时，其可靠性与 N 在2以上并行工作时的可靠度相同。由此可见，冷备份比热备份有好的条件，即在冷备份时备份件的失效率必须比加电工作时小，这个条件一般情况下可以满足。

6.9.2 容错技术简介

容错技术(Fault Tolerant) 是指系统对故障的容忍技术，也就是指处于工作状态的系统中

一个或多个关键部分发生故障或容错时,能自动检测与诊断,并能采取相应措施保证系统维持其规定功能或保持其功能在可接受的范围内的技术。

1.概　述

容错是自动纠错的意思。一般的“错”有两类,一是先天性的固有错,如元器件生产过程造成的或者线路程序设计过程中产生的错,这种错误是不允许的,必须更换或改正;另一类错是后天的,是由于系统在运行中产生的缺陷所导致的错误,此类故障有永久性的、瞬时的以及间歇性的。

容错技术主要研究瞬时性的与间歇性的,且单独的孤立的错误。通常使错误不影响系统功能的类型有信息容错、硬件容错、软件容错与时间容错。

2.容错设计

容错技术,首先是对系统进行检测并进行诊断,确定故障后采取对故障的控制与策略,然后利用冗余度等技术抵消故障。

容错过程是一个复杂的控制过程。容错系统经历多达 10 多个阶段,即故障限制、故障检测、故障屏蔽、重试、诊断、重组、恢复、重启动、修复及重构等,如图 6.19 所示。

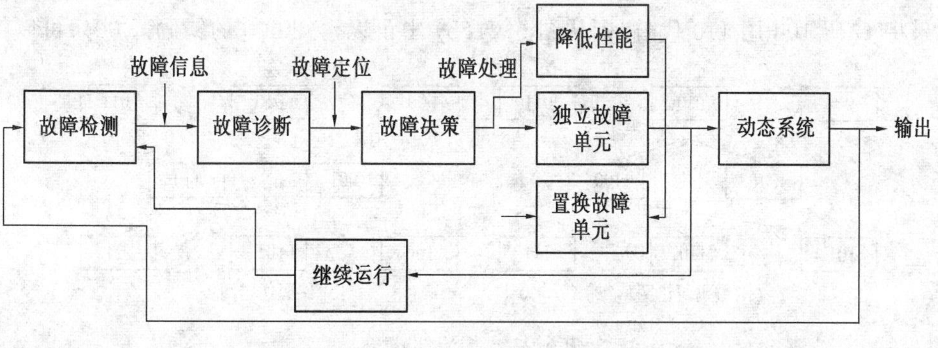

图 6.19　容错技术过程

3.容错技术

(1) 硬件容错

在硬件冗余中经常用模块冗余。把 n 个相同单元组成的冗余模块系统称为模系统。从优化资源考虑,在容错系统中比较多地采用表决系统 $k/n[G]$。$k/n[G]$ 表决冗余系统称为 n 模系统,允许系统有 m 次故障,$m = n - k$。2/3[G] 的表决冗余系统称为 3 模系统。在 2/3[G] 系统中,允许有 $m = 1$ 个(1 次) 故障发生。该系统称三模一单模容错系统。

(2) 信息容错

信息容错是为了检测或纠正信息在运算或传输中的错误而外加的一部分信息。

信息通常是以编码形式出现的,采用奇偶校验码、法尔码可以进行检错,而采用海明码可以纠错是由于所有信息几乎都是使用二进制，即 0 与 1 进行处理与传送的，故以长度为 3 位的二进制代码来介绍检错码与纠错码的原理。8 种代码为 000，001，010，011，100，101，110，111。用 $A = 001, B = 010, C = 100, D = 111$ 代码进行检错与纠错分析。当检测到 001，010，100，111 四种代码为正确数据，则收到其余代码肯定为错误数据。然而怎么去纠正呢？比方出现了 000 错码，它的原来正确码是什么呢？是 001，010，100 的哪一个？

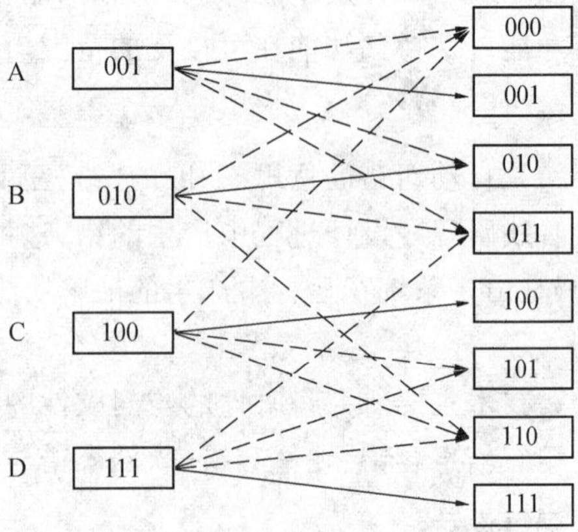

图 6.20　编码检错图

如果发送端只发送 A，C 两个数据，从图 6.21(a) 中看出，收到 001、100 都是正确数据。当收到 011，110 时也可推知原数据为 001，100，故可纠正过来。可是当收到 000，101 时只知道与正确的 001 与 100 不同，为错误信号，但到底是原信号中 A 与 C 的哪一个呢？

如果将 C 码 100 用 110 代替，则从图 6.21(b) 中可以得知 000 的错码为 001，可以纠错。

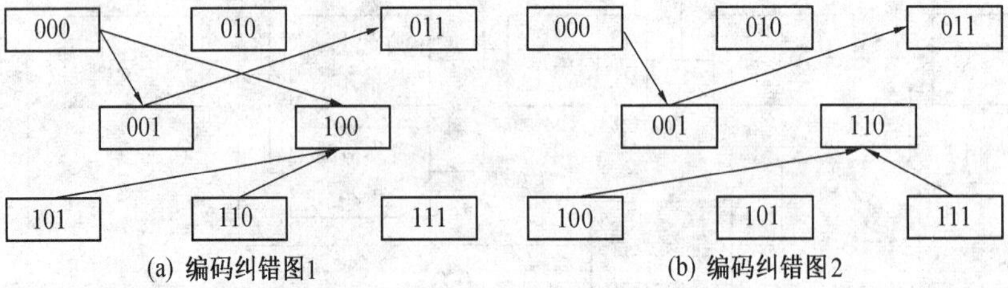

图 6.21　编码纠错图

(3) 时间容错

时间容错是以牺牲时间来换取计算系统的高可靠性的一种手段。通常为了纠错，让系统重新执行某一段程序或指令，即用时间的冗余来进行诊断，然后根据出错的位置加以纠错而达到容错的目的。一般有两种方法实现时间容错：一是有限度地降低系统的速度来增加系统的可靠性。在系统的工艺、环境条件相同时，速度越高，越容易带来不利因素，因而可靠性越低。实践证明，性能的变化基本上是按指数形式变化的，因此为了保证可靠性，系统的时钟周期 t 应大于某一常数 t；另一种方式是以重复执行指令或执行程序来消除瞬时错误带来的影响。

时间容错的具体措施是指令复执与程序卷回。指令复执是当系统检出了故障后，让当前的指令重复执行若干次，如果故障是瞬时性的，则指令复执期间有可能不再出现，该过程相当于延长无故障运行时间。如果指令复执解除不了故障，这样应当向前追溯，这就提出了程序卷回的概念。程序卷回不是某一条指令的重复执行，而是一小段程序的重复执行，为了实现卷回必须保留现场，此时指令复执要更广一些。

指令复执与程序卷回的过程分析。设原系统的失效率为 λ，检错所需的编码附加位及检错线路的失效率为 μ，处理复执 - 卷回的服务程序也有失效率，假设它在单位时间内失败次数为 γ，又假设它们的寿命数据服从指数分布，则这套系统的共同作用为

$$R_0(t) = e^{-(\lambda+\mu+\gamma)t} \tag{6.47}$$

允许一次再生而运行到 t 的概率为

$$R_1(t) = 1 - [1 - R_0(t)]^2 \tag{6.48}$$

式中，$[1 - R_0(t)]^2$——连接两次故障的概率，一次在再生前，一次在再生后。允许 N 次再生而运行的概率为

$$R_N(t) = 1 - [1 - R_0(t)]^{N+1} \tag{6.49}$$

式(6.49)与并联系统的可靠性公式相同。从系统再生考虑，硬件冗余与指令复执 - 程序卷回确有共同之处，然而，两者的本质是不一样，并联系统能排除永久性故障，而复执 - 卷回只能应付偶然性故障，这是不同的两个概念。

机械结构可靠性设计

6.10　机械结构可靠性设计概述

机械产品结构复杂，工作方式多样，确定故障模式比较困难。机械产品与电子产品不同，它不是从性能失效出发考虑问题，机械产品是以耗损情况确定失效与否。以往对机械系统的可靠性问题采用安全系数法予以处理。安全系数法是材料强度与使用载荷应力之比，增大这个比值，不但提高强度，也可以提高可靠性。这样处理有时也可以解决可靠性问题，但是该法存在以下问题。

① 安全系数的确定有随意性。没有从可靠性的角度考虑问题，因此难免出现不符合可靠性的问题。如果安全系数取得很大，则设备变得很重，浪费很多资源。

② 安全系数法将强度与应力看成是确定量，实际上强度与应力也是随机变量，存在着不可靠性概率。

③ 随着时间的流逝，材料强度是变化的(图6.21)，如果不考虑强度的改变会给产品带来严重的后果。基于以上考虑，机械设备的可靠性研究是合理提高机械产品可靠性的重要手段。

6.10.1　干涉理论

分析图 6.22 的曲线现象。令 x_s 为应力，x_r 为强度，产品初期强度 x_r 是大于应力 x_s 的。但随着时间的增加，强度越来越靠近应力，它们之间有显著相交的地方。这个区间是强度小于应力的干涉区，也是不可靠区域，见图 6.22 中阴影处。

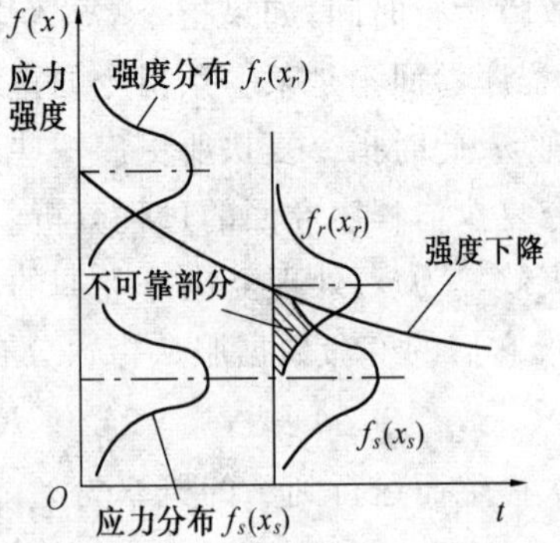

图 6.22　结构强度与应力的变化曲线

设 $f_s(x_s)$ 为应力的概率密度函数，$f_r(x_r)$ 为强度的概率密度函数。分析干涉区的可靠性问题即称为干涉理论。

6.10.2　机械结构可靠性模型的建立

图 6.24 是将图 6.23 中的干涉区域放大。

用概率表示的可靠度为

$$R = P(x_r > x_s) = P[(x_r - x_s) > 0]$$

① 首先研究图 6.24 放大图中的 $f_s(x_s) \cdot dx_s$ 小面积，则

$$P\left(x_s - \frac{dx_s}{2} \leqslant x_s \leqslant x_s + \frac{dx_s}{2}\right) = f_s(x_s)dx_s \tag{6.50}$$

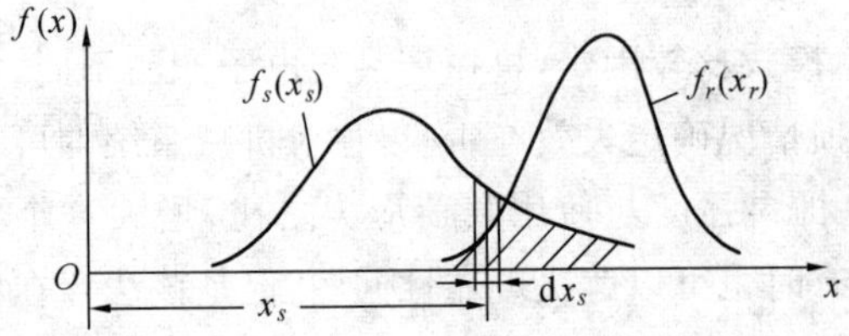

图 6.23　强度 - 应力干涉图

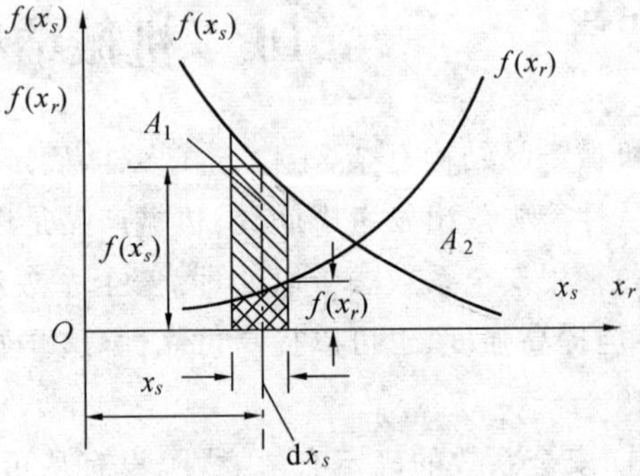

图 6.24　强度 - 应力干涉区放大图

② 强度 x_r 大于应力 x_s 的概率为

$$P(x_r > x_s) = \int_{x_s}^{\infty} f_r(x_r)dx_r \tag{6.51}$$

假定这是两个独立的随机事件，则它们同时发生的概率为

$$dR = f_s(x_s)dx_s\int_{x_s}^{\infty} f_r(x_r)dx_r \tag{6.52}$$

机械产品的可靠度是 x_r 大于 x_s 的所有概率，即上式对 x_s 取任意值均成立，故

$$R = \int_{-\infty}^{\infty} f_s(x_s)dx_s\int_{x_s}^{\infty} f_r(x_r)dx_r \tag{6.53}$$

同理，可靠度 R 的定义为应力 x_s 小于强度 x_r 的概率，即先考虑 r，它落在区域 dx_r 的概率为

$$P\left(x_r - \frac{dx_s}{2} \leqslant x_r \leqslant x_r + \frac{dx_s}{2}\right) = f_r(x_r)dx_r \tag{6.54}$$

又应力 x_s 小于 x_r 的概率为

$$P(x_s < x_r) = \int_{-\infty}^{x_r} f_s(x_s)dx_s \tag{6.55}$$

假定这是两个相互独立的随机事件，则它们同时发生的概率为

$$dR = f_r(x_r)dx_r\int_{-\infty}^{x_r} f_s(x_s)dx_s \tag{6.56}$$

对 x_r 所有可能的值求积分，得

$$R = \int_{-\infty}^{\infty} f_r(x_r)dx_r\int_{-\infty}^{x_r} f_s(x_s)dx_s \tag{6.57}$$

两个求可靠度 R 的式(6.53) 与式(6.57)，是在给出应力与强度概率密度函数后，计算可靠度的一般表达式。

6.10.3　广义强度与广义应力的概念

在上面分析中，提到的强度与应力不局限于材料的力学性能，它可以是温度、使用温度与破坏温度；时间、工作任务时间与工作寿命；次数、使用次数与极限次数以及动强度、疲劳强度等等。因此定义广义强度与广义应力的概念对研究可靠性是比较合适的。

广义应力，即产品或设备承受的环境条件；广义强度，即产品或设备承受应力的能力。这样，x_r 为广义强度变量，x_s 为广义应力变量，计算结构可靠度 R 的公式为通用公式。

6.10.4　公式的其他表达形式

已知概率密度的表达式，可用式(6.53) 与式(6.57) 求可靠度。下面将进一步改变以下表达式。

设 F 为失效概率，则

$$F = 1 - R = P(x_r \leqslant x_s) \tag{6.58}$$

将式(6.53) 代入式(6.58)，则

$$F = 1 - \int_{-\infty}^{\infty} f_s(x_s)\left[\int_{x_s}^{\infty} f_r(x_r)\mathrm{d}x_r\right]\mathrm{d}x_s =$$

$$1 - \int_{-\infty}^{\infty} f_s(x_s)\left[\int_{-\infty}^{\infty} f_r(x_r)\mathrm{d}x_r - \int_{-\infty}^{x_s} f_r(x_r)\mathrm{d}x_r\right]\mathrm{d}x_s =$$

$$1 - \int_{-\infty}^{\infty} f_s(x_s)[1 - F_r(x_s)]\mathrm{d}x_s =$$

$$1 - \int_{-\infty}^{\infty} f_s(x_s)\mathrm{d}x_s + \int_{-\infty}^{\infty} F_r(x_s)f_s(x_s)\mathrm{d}x_s =$$

$$\int_{-\infty}^{\infty} F_r(x_s)f_s(x_s)\mathrm{d}x \tag{6.59}$$

同理,式(6.57)代入式(6.58),得

$$F = P(x_r \leqslant x_s) = 1 - \int_{-\infty}^{\infty} f_r(x_r)\left[\int_{-\infty}^{x_r} f_s(x_s)\mathrm{d}x_s\right]\mathrm{d}x_r =$$

$$1 - \int_{-\infty}^{\infty} f_r(x_r)F_s(x_r)\mathrm{d}x_r = \int_{-\infty}^{\infty}[1 - F_s(x_r)]f_r(x_r)\mathrm{d}x_r \tag{6.60}$$

这是两个用故障概率与故障概率密度函数表示的表达式。

6.11　结构可靠性分析与计算

6.11.1　典型应力与强度分布的可靠度计算

1.应力与强度均为指数分布时可靠度计算

设某一零件的强度分布密度函数与应力分布密度函数均服从指数分布,应力分布密度函数为

$$f_s(x_s) = \lambda_s \mathrm{e}^{-\lambda_s x_s}$$

强度分布密度函数为

$$f_r(x_r) = \lambda_r \mathrm{e}^{-\lambda_r x_r}$$

求该零件的可靠度与不可靠度。

由式(6.53)得

$$R = \int_{-\infty}^{\infty} f_s(x_s)\mathrm{d}x_s \int_{x_s}^{\infty} f_r(x_r)\mathrm{d}x_r = \int_{-\infty}^{\infty} \lambda_s \mathrm{e}^{-\lambda_s x_s}\mathrm{d}x_s \int_{x_s}^{\infty} \lambda_r \mathrm{e}^{-\lambda_r x_r}\mathrm{d}x_r =$$

$$\int_{-\infty}^{\infty} \lambda_s \mathrm{e}^{-\lambda_s x_s}\mathrm{d}x_s \mathrm{e}^{-x_s \lambda_r} = \int_{0}^{\infty} \lambda_s \mathrm{e}^{-(\lambda_s + \lambda_r)x_s}\mathrm{d}x_s = \frac{\lambda_s}{\lambda_s + \lambda_r} \tag{6.61}$$

又对于指数分布的情况,有

$$\lambda = \frac{1}{\theta} \qquad \lambda_s = \frac{1}{\theta_s} \qquad \lambda_r = \frac{1}{\theta_r}$$

故

$$R = \frac{\lambda_s}{\lambda_s + \lambda_r} = \frac{\theta_r}{\theta_r + \theta_s} \tag{6.62}$$

式中　λ—— 机械结构失效率；

θ—— 机械结构平均寿命；

λ_s,θ_s—— 应力的失效率,平均寿命；

λ_r,θ_r—— 强度的失效率,平均寿命。

【例 6.12】　已知某设备工作任务时间服从指数分布,均值 $\bar{x}_s = 4$ h,平均无故障工作时间也服从指数分布,即 MTBF $= \bar{x}_r = 96$ h,试求完成一次任务的可靠度。

解　本例中应力为工作任务时间,强度为平均无故障工作时间,这是广义应力与广义强度的问题。由式(6.62)得

$$R = \frac{\lambda_s}{\lambda_s + \lambda_r} = \frac{\theta_r}{\theta_r + \theta_s} = \frac{96}{96 + 4} = 96\%$$

2.应力与强度均为正态分布的可靠度计算

设某产品承受的应力与强度均为正态分布,已知应力为

$$x_s \sim N(\mu_s,\sigma_s^2), f_s(x_s) = \frac{1}{\sqrt{2\pi}\sigma_s} e^{-\frac{(x_s-\mu_s)^2}{2\sigma_s^2}}$$

强度为

$$x_r \sim N(\mu_r,\sigma_r^2), f_r(x_r) = \frac{1}{\sqrt{2\pi}\sigma_r} e^{-\frac{(x_r-\mu_r)^2}{2\sigma_r^2}} \tag{6.63}$$

式中　μ_s、σ_s—— 应力的平均值与标准差；

μ_r、σ_r—— 强度的平均值与标准差。

现在根据可靠度是强度与应力之差大于零的概率表示,则

$$R = P(x_r > x_s) = P[(x_r - x_s) > 0]$$

由正态分布的加法定理可知:令 $x_r - x_s = x_0$,也服从正态分布,即

$$x_0 \sim N(\mu,\sigma_b^2) \qquad f(x_0) = \frac{1}{\sqrt{2\pi}\sigma_b} e^{-\frac{(x_0-\bar{\mu})^2}{2\sigma_b^2}}$$

式中　$\bar{\mu}$—— 强度与应力的均值之差,$\bar{\mu} = \mu_r - \mu_s$；

σ_b—— 强度与应力之差的标准差,$\sigma_b = \sqrt{\sigma_s^2 + \sigma_r^2}$。

于是,系统的可靠度为

$$R = P(x_0 \geqslant 0) = \int_0^{\infty} \frac{1}{\sqrt{2\pi}\sigma_b} e^{-\frac{(x_0 - \bar{\mu})^2}{2\sigma_b^2}} dx_0 \tag{6.64}$$

式(6.64)计算比较麻烦,应用正态分布概率表格非常方便,这时需要将上式变为正态分布的标准化形式。

令

$$z = \frac{x_0 - \bar{\mu}}{\sigma_b}$$

则

$$dz = \frac{dx_0}{\sigma_b}$$

当 $x_0 = 0, z = -\frac{\bar{\mu}}{\sigma_b}; x_0 = \infty, z = \infty$ 时

$$R = P(x_0 \geqslant 0) = \int_{-\frac{\bar{\mu}}{\sigma_b}}^{\infty} \frac{1}{\sqrt{2\pi}} e^{-\frac{z^2}{2}} dz \tag{6.65}$$

又正态分布是对称的,因此可以写为

$$R = P(x_0 \geqslant 0) = \int_{-\infty}^{\frac{\bar{\mu}}{\sigma_b}} \frac{1}{\sqrt{2\pi}} e^{-\frac{z^2}{2}} dz$$

令

$$Z_R = \frac{\bar{\mu}}{\sigma_b}$$

则

$$R = P(x_0 \geqslant 0) = \int_{-\infty}^{Z_R} \frac{1}{\sqrt{2\pi}} e^{-\frac{z^2}{2}} dz \tag{6.66}$$

而

$$Z_R = \frac{\bar{\mu}}{\sigma_b} = \frac{\mu_r - \mu_s}{\sqrt{\sigma_r^2 + \sigma_s^2}} \tag{6.67}$$

式(6.67)称为联系方程(耦合方程)。于是

$$R = \int_{-\infty}^{Z_R} \frac{1}{\sqrt{2\pi}} e^{-\frac{z^2}{2}} dz$$

这是标准的正态分布的概率方程,当给定 Z_R 时可查表给出 R(表 6.9),反之给定 R 时也能求出 Z_R 来(表 6.10)。现给出几个常用的数值例子。

表 6.9　由 Z_R 求 R 的简表

Z_R	0	0.5	1.0	1.5	2.0	2.5	3.0
R	0.500	0.691 46	0.841 34	0.933 19	0.977 25	0.993 79	$0.9_2 86\ 5$
Z_R	3.5	4.0	4.5	5.0	5.5	6.0	6.5
R	$0.9_3 76\ 7$	$0.9_4 68\ 3$	$0.9_5 66\ 0$	$0.9_6 71\ 3$	$0.9_7 81\ 00$	$0.9_9 01\ 3$	$0.9_{10} 58\ 9$

联系方程中给出了应力、强度与可靠度的关系。这种关系一是可以求出可靠度；二是在给定可靠度的情况下，可以由联系方程求出允许的应力条件，为设计结构奠定基础。由 R 求 Z_R 的简表见表 6.10。

表 6.10　由 R 求 Z_R 的简表

R	0.5	0.6	0.7	0.8	0.9	0.95	0.99
Z_R	0.0	0.253	0.524	0.842	1.282	1.645	2.326
R	0.995	0.999	0.999 9	0.9_5	0.9_6	0.9_7	0.9_8
Z_R	2.576	3.090	3.719	4.265	4.753	5.199 9	5.612

【例 6.13】　某设备部件的应力与强度均服从正态分布，已知应力均值 μ_s = 317.52 MPa，标准差 σ_s = 37.24 MPa。零件的综合强度值为 μ_r = 600.25 MPa，标准差 σ_r = 58.01 MPa。求零件的可靠度。

解　① $Z_R = \dfrac{\mu_r - \mu_s}{\sqrt{\sigma_r^2 + \sigma_s^2}} = \dfrac{600.25 - 317.52}{\sqrt{58.01^2 + 37.24^2}} = 4.101$

② 由 Z_R 查表 6.9，得

$$R = 0.9_4 79\ 3 = 0.999\ 979\ 3$$

假定由于工作环境变化，零件综合强度标准差增大到 93.10 MPa，而其余参数不变，重新计算得

$$Z_R = \frac{600.25 - 317.52}{\sqrt{93.10^2 + 37.24^2}} = \frac{282.73}{\sqrt{10\ 035.8}} = 2.82$$

查正态表或表 6.9，得 R = 0.997 6。

从联系方程可以看到零件参数的变化引起可靠度的变化情况，如果不从联系方程出发，很难观察到可靠性的变化。

③ 强度为正态（或指数）分布，应力为指数（或正态）分布的可靠度计算。

当强度为正态分布，其故障概率密度函数为

$$f_r(x_r) = \frac{1}{\sigma_r \sqrt{2\pi}} e^{-\frac{(x_r - \mu_r)^2}{2\sigma_r^2}},\ -\infty < +\infty$$

应力为指数分布,其故障概率密度函数为

$$f_s(x_s) = \lambda_s e^{-\lambda_s x_s} \qquad x_s \geqslant 0$$

由于指数分布 $\mu_s = \dfrac{1}{\lambda_s}$,又 $\sigma_s = \dfrac{1}{\lambda_s^2}$,故可得

$$R = \int_0^{\infty} f_r(x_r)\left[\int_0^{x_r} f_s(x_s)\mathrm{d}x_s\right]\mathrm{d}x_r = \int_0^{\infty}\frac{1}{\sqrt{2\pi}\sigma_r}e^{-\frac{(x_r-\mu_r)^2}{2\sigma_r^2}}\left[\int_0^{x_r}\lambda_s e^{-\lambda_s x_s}\mathrm{d}x_s\right]\mathrm{d}x_r =$$

$$1-\Phi\left(-\frac{\mu_r}{\sigma_r}\right)-e^{-\frac{1}{2}(2\mu_r\lambda_s-\lambda_s^2\sigma_r^2)}\cdot\left[1-\Phi\left(-\frac{\mu_r-\lambda_s\sigma_r^2}{\sigma_r}\right)\right] \tag{6.68}$$

式中 Φ—— 正态分布累积函数。

当强度为指数分布,应力为正态分布时

$$R = \Phi\left(-\frac{\mu_s}{\sigma_s}\right)+e^{-\frac{1}{2}(2\mu_s\lambda_r-\lambda_r^2\sigma_s^2)}\times\left[1-\Phi\left(-\frac{\mu_s-\lambda_r\sigma_s^2}{\sigma_s}\right)\right]$$

【例 6.14】 已知一零件其强度为正态分布,$\mu_r = 980\ \mathrm{N/mm^2}(100\ \mathrm{kgf/mm^2})$,$\sigma_r = 98\ \mathrm{N/mm^2}(10\ \mathrm{kgf/mm^2})$ 作用于零件的应力为指数分布,其均值 $\mu_s = \dfrac{1}{\lambda_s} = 490\ \mathrm{N/mm^2}(50\ \mathrm{kgf/mm^2})$,求零件的可靠度。

解 根据式(6.68),各参数题中已给定,代入式中,则得

$$R = 1-\Phi\left(1-\frac{100}{10}\right)-e^{-\frac{1}{2}\left(2\times\frac{100}{50}-\left(\frac{100}{50}\right)^2\right)}\times\left[1-\Phi\left[-\frac{100-\frac{10^2}{50}}{10}\right]\right] = 0.861\ 93$$

6.11.2 作图解法计算结构可靠性

1.可靠性图解近似法原理

在计算结构零件可靠度时,事先需要知道强度与应力的概率分布,但是在许多情况下它们的概率分布是不知道的,这时就必须用统计分析法或图解分析法去推断分布形式及估算参数,也可以根据掌握的经验数据或已经收集到的经验资料用作图的办法近似计算可靠度。

首先定义

$$G = \int_s^{\infty} f_r(r)\mathrm{d}r = 1-F(s)$$

$$H = \int_0^{s} f_s(s)\mathrm{d}s = F(s) \tag{6.69}$$

则

$$\mathrm{d}H = f_s(s)\mathrm{d}s$$

式中 $f_r(r)$—— 强度故障概率密度;

r—— 强度随机变量;

$f_s(s)$—— 应力故障概率密度；

s—— 应力随机变量；

G—— 可靠度变量；

F—— 故障概率。

当 s 从 0 到 ∞ 时，H 的分布区间为从 0 到 1，代入结构系统可靠度的一般表达式（如式(6.53)），得到

$$R = \int_{-\infty}^{+\infty} f_s(x)\left[\int_x^{\infty} f_r(y)\mathrm{d}y\right]\mathrm{d}x$$

考查式(6.69) 亦可以将上式写为

$$R = \int_0^1 G\mathrm{d}H \tag{6.70}$$

由定积分知，式(6.70) 中的可靠度就是由 G 与 H 围成的面积，如图 6.25 所示。当 $F_r(x)$ 与 $F_s(x)$ 估计并给定时，就可以由式(6.69) 计算出 G 与 H，再将数据 (H,G) 画在图纸上，测出曲线下的面积，即是可靠度 R（图 6.25），也可以通过式(6.70) 进行差分计算得到可靠度。

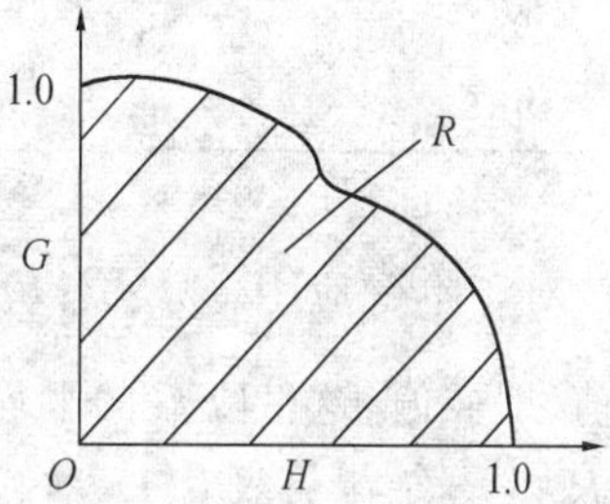

图 6.25　G-H 函数关系曲线

2. 计算实例

【例 6.15】　已知在模拟运转条件下对某零件的应力 10 次测试，应力的数值与分布函数列于表 6.11 中与图 6.26 上。强度的测量值及其分布函数列于表 6.12 与图 6.27 上。由应力与强度数据，通过式(6.69) 计算得到 H 与 G 值，列入表 6.13 中第 3 与第 5 列。H 与 G 值画在图 6.28 中。在图 6.28 内围成的面积，即是可靠度 R，该面积为 0.987 8。而差分法计算简表列入表 6.13 中，第 4 列为 ΔH，第 6 列为 $\bar{G}$，第 7 列为 $\bar{G} \cdot \Delta H$，差分法得到的可靠度为 $R = \sum \bar{G} \cdot \Delta H$。

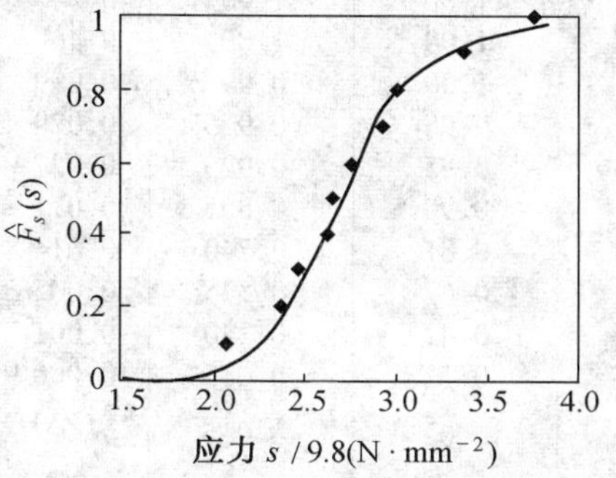

图 6.26　应力(s) 估计分布函数

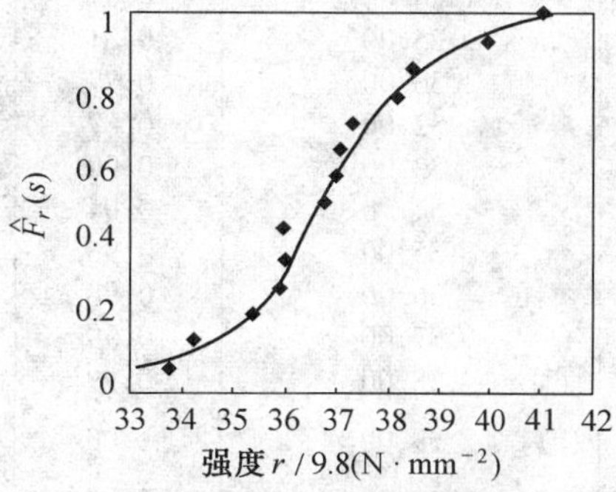

图 6.27　强度(r) 估计分布函数

表 6.11 应力数据表

序号	应力 s/9.8(N · mm^{-2})	$\hat{F}_s(s)$
1	20.75	0.10
2	23.60	0.20
3	24.50	0.30
4	26.25	0.40
5	26.50	0.50
6	27.50	0.60
7	29.25	0.70
8	30.00	0.80
9	33.75	0.90
10	37.50	1.00

表 6.12 强度数据表

序号	强度 r/9.8(N · mm^{-2})	$\hat{F}_r(r)$
1	33.8	0.07
2	34.3	0.14
3	35.4	0.21
4	35.9	0.28
5	36.0	0.35
6	36.0	0.43
7	36.8	0.50
8	37.0	0.57
9	37.1	0.64
10	37.3	0.71
11	38.2	0.78
12	38.5	0.85
13	40.0	0.93
14	42.0	1.00

注:1 kgf = 9.8 N。

对于本题应用差分法计算,将式(6.70)写为估计值形式,即 $\hat{R} = \sum_0^1 G\Delta H$。取 G 与 ΔH 对应值,即插值,这里取 G 的平均值$\overline{G}$。$\overline{G}$ 与对应H 的差值 ΔH 之积再求和,即得到可靠度的估计值 $\hat{R}$。运算结果见表 6.13。

解 设应力为 s(N/mm^2);强度为 r(N/mm^2);$H = \hat{F}_s(s)$;$\Delta H = H_{i+1} - H_i$;$G = 1 - F_r(s)$;$\overline{G} = (G_{i+1} + G_i)/2$,故得 $\hat{R} = \sum_0^1 \overline{G}\Delta H$,计算数据见表 6.13。

表 6.13 H 与 G 值及其可靠度

序号	应力 /9.8(N · mm^{-2})	H	ΔH	G	$\overline{G}$	$\overline{G}\Delta H$
1	0	0	0	1.00	1.00	0
2	10.00	0	0	1.00	1.00	0
3	15.00	0	0.07	1.00	1.00	0.07
4	20.00	0.07	0.27	1.00	1.00	0.24
5	25.00	0.31	0.46	1.00	1.00	0.46
6	30.00	0.77	0.10	1.00	0.99	0.099
7	32.00	0.87	0.03	0.98	0.965	0.029
8	33.00	0.90	0.04	0.95	0.925	0.037
9	34.00	0.94	0.02	0.90	0.855	0.017
10	35.00	0.96	0.02	0.81	0.740	0.014 8
11	36.00	0.98	0.01	0.67	0.545	0.005 5
12	37.00	0.99	0.005	0.42	0.340	0.001 7
13	38.00	0.99	0.005	0.12	0.085	0.000 9
14	39.00	1.00	0	0.02	0.035	$\sum \overline{G}\Delta H =$
15	40.00	1.00	0	0.01		0.974 85
16	41.00	1.00	0			
17	42.00	1.00	0			

差分法的结果为 $R = 0.974\,85$，而图解法得 $R = 0.987\,8$。

差分法与图解分析法相对误差为 1.3%。产生误差的原因，可能由于运算差分的步长过大，也可能是绘图等造成的结果。差分计算方法比较起来操作更简单。

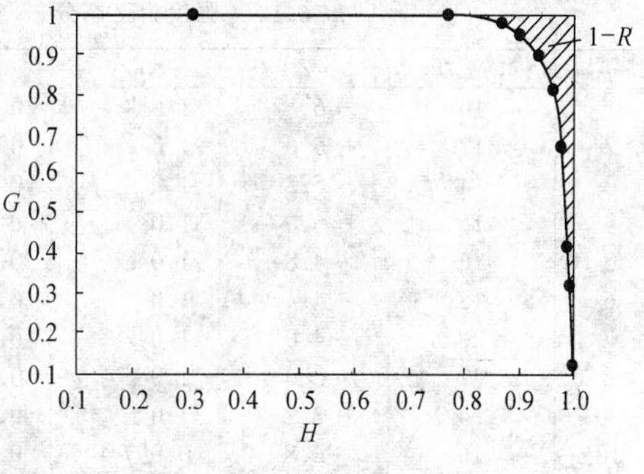

图 6.28　G 与 H 间的函数关系曲线

3. 零件的强度与应力的分布可以计算的图解法

【例 6.16】　已知，强度为正态分布，其参数为 $\mu = 40$；$\sigma = 5$。用 s 表示应力的变量，则 $Z = \frac{s - \mu}{\sigma}$，当给定一组 s 数据时，就可以计算一组 Z，进而通过正态分布表可以查得一组 G 值；而应力为指数分布，其参数为 $r = 10$，$\theta = \frac{1}{\lambda} = 10$，则 $H = \hat{F}_s(s) = 1 - e^{-\frac{s-r}{\theta}}$，通过给定一组应力的变量可以求得一组 H 值。由式(6.64)可知，$R_S = \int_0^1 G\mathrm{d}H$，故可以写为

$$\hat{R} = \sum_0^1 G\Delta H \tag{6.71}$$

应用差分方法进行计算。具体的数值见表 6.14。设

$$Z = \frac{S - \mu}{\sigma};G = 1 - F_r(s);$$

$$\overline{G} = (G_{i+1} + G_i)/2;H = F_s(s);$$

$$\Delta H = H_{i+1} - H_i;\hat{R} = G\Delta H$$

$$R = \sum G\Delta H = 0.944$$

应用作图法其数据列入表 6.14 中 G、H。如果将 G 与 H 的数据画在坐标图上，计算曲线围成的面积是 $R = 0.938$，见图 6.29。由差分法得到 $R = 0.944$，与作图法得到 $R = 0.938$ 的相对误差小于 1.0%。

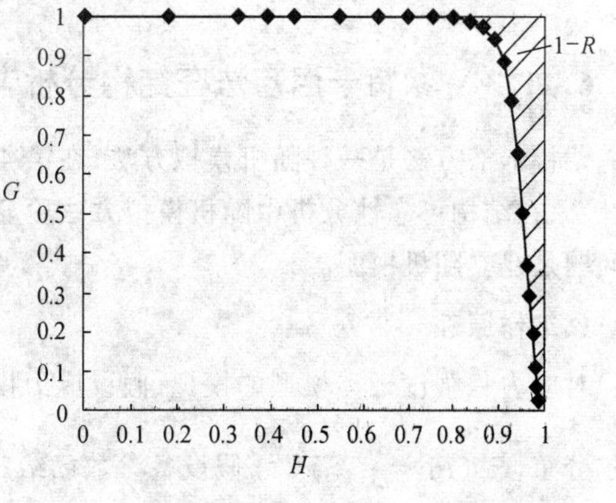

图 6.29　模型可计算时 G − H 曲线图形

表 6.14 强度为正态分布,应力为指数分布的数值表

序号	s 应力	Z	G	$\bar{G}$	H	ΔH	$\hat{R}$
1	10	-6	1.0	0.0	0.000 0	0.180 4	0.180 4
2	12	-5.6	1.0	0.0	0.180 4	0.148 4	0.148 4
3	14	-5.2	1.0	0.0	0.328 8	0.064 7	0.006 5
4	15	-5.0	1.0	0.0	0.393 5	0.057 7	0.057 7
5	16	-4.8	1.0	0.0	0.451 2	0.098 4	0.098 4
6	18	-4.4	1.0	0.0	0.549 6	0.082 5	0.082 5
7	20	-4.0	1.0	0.0	0.632 1	0.066 7	0.066 7
8	22	-3.6	1.0	0.0	0.698 8	0.054 6	0.054 6
9	24	-3.2	1.0	0.997 4	0.753 4	0.044 7	0.044 7
10	26	-2.8	0.997 4	0.991 6	0.798 1	0.036 7	0.036 4
11	28	-2.4	0.991 8	0.984 5	0.834 8	0.029 9	0.029 4
12	30	-2.0	0.977 2	0.961 2	0.864 7	0.024 5	0.023 5
13	32	-1.6	0.945 2	0.965 1	0.889 2	0.020 1	0.018 4
14	34	-1.2	0.884 9	0.836 5	0.909 3	0.016 0	0.013 4
15	36	-0.8	0.788 1	0.721 8	0.925 3	0.013 9	0.010 0
16	38	0.4	0.655 4	0.577 7	0.939 2	0.011 0	0.006 3
17	40	0.0	0.500 0	0.434 2	0.950 2	0.009 1	0.004 0
18	42	0.4	0.368 3	0.329 0	0.959 3	0.007 4	0.002 4
19	44	0.8	0.289 7	0.242 0	0.966 7	0.006 0	0.001 5
20	46	1.2	0.194 2	0.152 6	0.972 7	0.005 0	0.000 8
21	48	1.6	0.110 9	0.082 5	0.977 7	0.004 0	0.000 3
22	50	2.0	0.054 0	0.038 2	0.981 7	0.003 3	0.000 1
23	52	2.4	0.022 4		0.985 0		

6.11.3 蒙特卡洛方法在结构分析中的应用

蒙特卡洛方法是一种随机模拟方法,在第 4 章提到过这种方法,此处应用该法结合实例进行计算,在结构可靠性分析中随机模拟方法更显得方便。机械系统可靠性分析中随机模拟的关键问题是建立随机模型。

1.工作原理

对应力 - 强度干涉模型的模拟,假设应力模型为指数分布,$R_s(t)=e^{-\lambda t}$;而强度模型为威布尔分布,$R_r(t)=e^{-(\frac{t-r_0}{\eta})^m}$,假设各参数已给定,求零件的可靠性。

首先选择随机变量生成随机数。我们知道,R_s 与 R_r 是[0,1]间的符合均匀分布的随机变量,因此可以应用均匀分布的随机数进行模拟。再根据应力与强度的公式求出公式中的变量 t 来,比较应力的 t_s 与强度的 t_r,计算强度大于应力的次数 N_s,假设总数为 N,则可靠度为 $R=N_s/N$,并且模拟次数越多则可靠度的精度越高。

2.计算实例

【例 6.17】　某零件的应力模型为 $R_S(t) = e^{-\lambda t}$，$\lambda = 0.001\ h^{-1}$，强度模型为 $R_r(t) = e^{-(\frac{t}{\eta})^m}$，$m = 3$，$\eta = 1\,500$，试求该零件的可靠度。

解　① 求生成均匀分布的随机数 R_s 与 R_r（设定 N 的次数）。

② 由功能模型计算特征值 $t_s = -\dfrac{\ln R_s}{\lambda_s}$ 与 $t_r = \eta \cdot \sqrt[m]{-\ln R_r}$。

③ 比较 t_r 与 t_s，当 $t_r > t_s$，令 $x_2 = 1$，否则，$x_1 = 0$，记录 x_2 出现的次数，求 N_s。

④ 求可靠度 $R = N_s/N$（N 是总次数）。

表 6.15 是当 $N = 50$ 时的计算结果数据表。表中 R_i 为随机数，t_i 为由功能模型得出的变量，x_i 是 t_r 与 t_s 比较的结果，程序框图见图 6.30。计算机计算程序在下节中给出。

表 6.15　蒙特卡洛法模拟数据表

序号	R_1	t_1	R_2	t_2	x_i	序号	R_1	t_1	R_2	t_2	x_i
1	0.076 92	1 282.5	0.922 79	647.28	0	26	0.641 82	221.73	0.083 48	2 031.2	1
2	0.720 92	163.62	0.241 72	1 686.00	1	27	0.178 48	861.64	0.195 79	1 765.6	1
3	0.764 91	134.00	0.660 16	1 119.1	1	28	0.529 40	318.00	0.977 59	424.47	1
4	0.657 94	209.32	0.332 29	1 549.2	1	29	0.218 74	759.93	0.366 20	1 502.3	1
5	0.810 41	105.11	0.476 75	1 357.2	1	30	0.548 05	300.69	0.139 43	1 880.4	1
6	0.374 24	491.42	0.468 77	1 367.5	1	31	0.058 24	1 421.6	0.014 76	2 423.2	1
7	0.306 23	591.71	0.705 93	1 055.3	1	32	0.587 59	265.87	0.640 64	1 145.4	1
8	0.370 70	496.18	0.239 95	1 688.9	1	33	0.416 10	438.41	0.737 72	1 008.8	1
9	0.706 75	173.54	0.717 2	1 039.1	1	34	0.186 45	839.81	0.026 76	2 303.4	1
10	0.168 37	890.81	0.865 2	787.67	1	35	0.063 91	1 375.1	0.102 15	1 974.6	1
11	0.813 72	103.07	0.410 99	1 442.4	1	36	0.074 78	1 296.6	0.893 33	724.76	0
12	0.466 23	381.54	0.424 79	1 424.3	1	37	0.310 04	585.53	0.763 88	968.72	1
13	0.722 29	162.67	0.954 29	540.52	1	38	0.944 08	28.77	0.582 66	1 221.6	1
14	0.994 87	2.57	0.881 42	752.44	1	39	0.980 73	9.730 8	0.685 43	1 084.3	1
15	0.362 50	507.36	0.698 59	1 065.8	1	40	0.555 12	294.29	0.967 13	483.16	1
16	0.730 83	156.79	0.305 4	1 587.8	1	41	0.988 53	5.770 4	0.550 34	1 263.20	1
17	0.649 67	215.65	0.829 33	857.99	1	42	0.691 56	184.4	0.777 20	947.53	1
18	0.681 34	191.85	0.970 6	465.23	1	43	0.241 66	710.11	0.610 35	1 185.50	0
19	0.007 62	2 439.00	0.300 1	1 595.6	0	44	0.809 81	105.48	0.988 59	338.30	1
20	0.654 15	212.21	0.998 06	187.07	0	45	0.934 51	33.866	0.048 26	2 170.8	1
21	0.945 24	28.161	0.440 75	1 403.6	1	46	0.128 80	1 024.7	0.985 39	367.6	0
22	0.613 27	244.47	0.006 23	2 578.4	1	47	0.686 83	187.84	0.204 74	1 749.3	1
23	0.782 93	122.36	0.291 9	1 607.7	1	48	0.297 24	606.6	0.912 48	676.15	1
24	0.003 16	2 879.6	0.691 88	1 075.3	0	49	0.647 22	217.53	0.665 55	1 111.8	1
25	0.796 96	113.48	0.492 85	1 336.6	1	50	0.463 76	384.2	0.462 32	1 375.7	1

根据表中数据，得

$$N_s = \sum_{i=1}^{50} x_2(i) = 43$$

按规定系统可靠度为

$$R_M = N_s/50 = 0.86$$

分析法计算的结果如下，已知

$$R_s(t) = e^{-\lambda t} = e^{-\frac{1}{500}t};R_r(t) = e^{-(\frac{t-t_0}{\eta})^m} = e^{-(\frac{t}{1\,500})^3}$$

由式(6.53)可知

$$R = \int_{-\infty}^{\infty} f_s(x_s)\mathrm{d}x_s \int_{x_s}^{\infty} f_r(x_r)\mathrm{d}x_r$$

又

$$\int_{x_s}^{\infty} f_r(x_r)\mathrm{d}x_r = R_r(x_s)$$

故

$$R = \int_{-\infty}^{\infty} R_r(x_s)f_s(x_s)\mathrm{d}x_s$$

取

$$R = \int_{0}^{\infty} R_r(x)\mathrm{d}F_s(x)$$

代入数据得

$$R = \int_0^{\infty} \exp\left[-\left(\frac{t}{1\,500}\right)^3\right]\exp\left(-\frac{t}{500}\right)\frac{\mathrm{d}t}{500} =$$

$$\int_0^{\infty} \frac{1}{500}\exp\left[-\left(\frac{t}{1\,500}\right)^3 - \frac{t}{500}\right]\mathrm{d}t$$

$$R = 0.89$$

通过用蒙特卡洛法进行50次随机模拟得到可靠度 $R_M = 0.86$，而解析法计算可靠度 $R = 0.89$，相差0.03。模拟次数越多则结果越逼近于0.89。模拟次数与结果精度的关系如图6.31所示。

3.计算程序与计算框图(图6.30)

程序为：kekaoxing3.m

```
x1 = 0;
x2 = 0;
R1 = rand(1,50);        % 产生 50 个均匀随机数
```

```
R2 = rand(1,50);      % 产生 50 个均匀随机数
R11 = R1
R22 = R2
for j = 1:50
  t1(j) = - 500 * log(R1(j));      % 计算应力
  t2(j) = 1500 * ( - log(R2(j)))^(1/3);      % 计算强度
  if t1(j) <= t2(j);
    x(j) = 1;
    else x(j) = 0;
  end
    if x(j) == 1
    x2 = x2 + 1;
    end
      if x(j) == 0
      x1 = x1 + 1;
      end
        a(j) = x(j);
end
for i = 1:50
  t11(1,i) = t1(i);
end
  for i = 1:50
    t22(1,i) = t2(i);
  end
    t111 = t11
    t222 = t22
    x22 = x2
    x11 = x1
  Rf = x2/50
R = int('exp( - (x/1500)^3.0) * exp( - x/500)/500','x',0,inf)   % 模型计算结果。
```

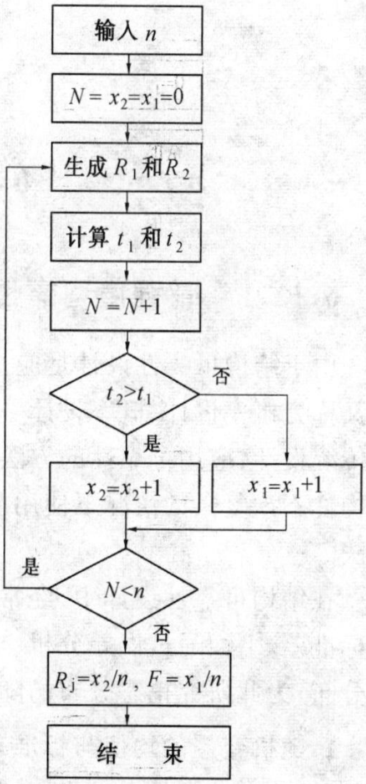

图 6.30　模拟法可靠性框图

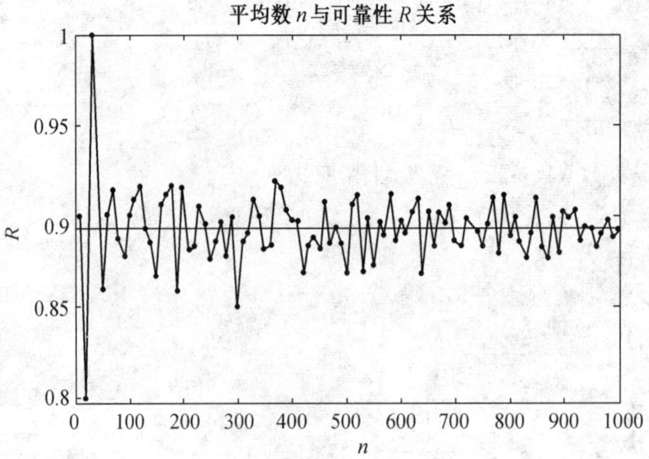

图 6.31 模拟次数与可靠度精度的关系

6.12 结构可靠性设计

6.12.1 静强度可靠性计算与分析

由于结构可靠性设计是应用概率统计理论的观点对机械零件或构件进行可靠性设计，因此又称为概率设计。概率设计一般有两种方法，一是直接由可靠性指标进行结构设计；二是进行传统设计，应用可靠性的方法进行校验。后一种方法是广泛采用的方法，而直接法只在零件或构件不太复杂的情况下使用。机械可靠性检验方法在前边已经介绍过了，本节主要介绍直接方法。

在结构可靠性设计中，经常遇到的随机变量是外载荷与结构尺寸，以及它们的数学期望值与标准差。下面通过误差分析，求出均值与标准差的通用公式。又因为机械结构的数据多为正态分布，为此研究正态分布的随机变量的运算。

1.随机变量的均值与标准差的运算规则

假设函数 Y 由 n 个随机变量 $x_1,x_2,\cdots,x_n$ 组成，表示为

$$Y = f(x_1,x_2,\cdots,x_n)$$

又假设 $x_1,x_2,\cdots,x_n$ 是相互独立的，且其标准差为 $\sigma_{x_1},\sigma_{x_2},\cdots,\sigma_{x_n}$，则函数的误差可以表示为

$$(\mathrm{d}y_i)^2 = \left(\frac{\partial y}{\partial x_1}\right)^2 \mathrm{d}x_{1i}^2 + \left(\frac{\partial y}{\partial x_2}\right)^2 \mathrm{d}x_{2i}^2 + \cdots + \left(\frac{\partial y}{\partial x_n}\right)^2 \mathrm{d}x_{ni}^2 + 2\frac{\partial y}{\partial x_1}\frac{\partial y}{\partial x_2}\mathrm{d}x_{1x}^2\mathrm{d}x_{2i}^2 + \cdots$$

由于随机误差的非平方项之和为零,故

$$\sum(\mathrm{d}y_i)^2 = \left(\frac{\partial y}{\partial y_1}\right)^2 \sum \mathrm{d}y_{1i}^2 + \left(\frac{\partial y}{\partial y_2}\right)^2 \sum \mathrm{d}y_{2i}^2 + \cdots + \left(\frac{\partial y}{\partial y_n}\right)^2 \sum \mathrm{d}y_{ni}^2$$

又

$$\sigma_y = \sqrt{\frac{\sum(\mathrm{d}y_i)^2}{n-1}}, \sigma_{x_1} = \sqrt{\frac{\sum(\mathrm{d}x_{1i})^2}{n-1}}, \sigma_{x_2} = \sqrt{\frac{\sum(\mathrm{d}x_{2i})^2}{n-1}}, \cdots, \sigma_{x_n} = \sqrt{\frac{\sum(\mathrm{d}x_{ni})^2}{n-1}}$$

故

$$\sigma_y = \sqrt{\left(\frac{\partial y}{\partial x_1}\right)^2 \sigma_{x_1}^2 + \left(\frac{\partial y}{\partial x_2}\right)^2 \sigma_{x_2}^2 + \cdots + \left(\frac{\partial y}{\partial x_n}\right)^2 \sigma_{x_n}^2} \tag{6.72}$$

当 $y = x_1 \cdot x_2$ 时

$$\frac{\partial y}{\partial x_1} = x_2 \qquad \frac{\partial y}{\partial x_2} = x_1$$

则

$$\sigma_y = \sqrt{x_2^2 \sigma_{x_1}^2 + x_1^2 \sigma_{x_2}^2}$$

当 $y = \dfrac{x_1}{x_2}$ 时

$$\frac{\partial y}{\partial x_1} = \frac{1}{x_2} \qquad \frac{\partial y}{\partial x_2} = -\frac{x_1}{x_2^2}$$

故

$$\sigma_y = \sqrt{\left(\frac{1}{x_2}\right)^2 \sigma_{x_1}^2 + \left(\frac{x_1}{x_2^2}\right)^2 \sigma_{x_2}^2} = \frac{1}{x_2^2}\sqrt{x_2^2 \sigma_{x_1}^2 + x_1^2 \sigma_{x_2}^2} \tag{6.73}$$

一般变异系数小于 0.1,则上式是满足工程需要的近似值。

下面将运算规则列入表 6.16 中。

2.变异系数

随机变量的变异系数是 x 的标准差除以平均值,即

$$c_x = \frac{\sigma_x}{\mu_x} \tag{6.74}$$

式中　c_x—— 随机变量的变异系数(变差系数);

σ_x——x 的标准差;

μ_x——x 的期望值(平均值)。

对于乘除运算比较复杂的函数,利用变异系数的概念,可以使这些函数从变量之间的乘除关系转化为变异系数之间的简单关系,从而方便了运算。

表 6.16 正态分布随机变量特征值

随机变量(w)	均值(μ_w)	标准差(σ_w)
$w = ax$	$a\mu_x$	$a\sigma_x$
$w = a + x$	$a + \mu_x$	σ_x
$w = x \pm y$	$\mu_x \pm \mu_y$	$\sqrt{\sigma_x^2 + \sigma_y^2}$
$w = xy$	$\mu_x\mu_y$	$\sqrt{\mu_x^2\sigma_y^2 + \mu_y^2\sigma_x^2 + \sigma_x^2\sigma_y^2}$
$w = \dfrac{x}{y}$	$\approx \dfrac{\mu_x}{\mu_y}$	$\approx \dfrac{1}{\mu_y^2}\sqrt{\mu_x^2\sigma_y^2 + \mu_y^2\sigma_x^2}$
$w = \dfrac{1}{x}$	$\approx \dfrac{1}{\mu_x}$	$\approx \dfrac{\sigma_x}{\mu_x^2}$
$w = x^{1/2}$	$\left[\dfrac{1}{2}(\mu_x + \sqrt{\mu_x^2 - \sigma_x^2})\right]^{1/2}$	$\approx \dfrac{1}{2}\dfrac{\sigma_x}{\mu_x}$
$w = x^2$	$\approx \mu_x^2$	$\approx 2\mu_x\sigma_x$
$w = x^3$	$\approx \mu_x^3$	$\approx 3\mu_x^2\sigma_x$
$w = x^n$	$\approx \mu_x^n$	$\approx \mid n \mid \mu_x^{n-1}\sigma_x$
$w = \lg x$	$\approx \lg \mu_x$	$\approx 0.434\dfrac{\sigma_x}{\mu_x} = 0.434c_x$

例如两个变量 x、y 的函数 $z = x \cdot y$,假设 x、y 是两个相互独立的随机变量,则其均值 $\mu = \bar{z} = \bar{x} \cdot \bar{y}$,而标准差为

$$\sigma_z = \sqrt{\bar{x}^2\sigma_y^2 + \bar{y}^2\sigma_x^2} = \bar{x} \cdot \bar{y}\sqrt{\left(\frac{\sigma_x}{\bar{x}}\right)^2 + \left(\frac{\sigma_y}{\bar{y}}\right)^2} = \overline{xy}\sqrt{c_x^2 + c_y^2} \tag{6.75}$$

Z 的变异系数为

$$c_z = \frac{\sigma_z}{\mu} = \frac{\sigma_z}{\bar{z}} = \frac{\sigma_z}{\bar{x} \cdot \bar{y}} = \sqrt{c_x^2 + c_y^2} \tag{6.76}$$

即

$$c_z^2 = c_x^2 + c_y^2$$

式中 c_z—— 函数 z 的变异系数;

c_x、c_y——x、y 的变异系数;

σ_x、σ_y——x、y 的标准差;

μ—— 函数 z 的均值;

σ_z—— 函数 z 的标准差。

同理,对多变量的函数 $z = x_1 \cdot x_2 \cdot \cdots \cdot x_n$,其标准差为

$$\sigma_z = \bar{x}_1 \cdot \bar{x}_2 \cdot \cdots \cdot \bar{x}_n \sqrt{\left(\frac{\sigma_{x_1}}{\bar{x}_1}\right)^2 + \left(\frac{\sigma_{x_2}}{\bar{x}_2}\right)^2 + \cdots + \left(\frac{\sigma_{x_n}}{\bar{x}_n}\right)^2}$$

故

$$c_z = \sqrt{c_{x_1}^2 + c_{x_2}^2 + \cdots + c_{x_n}^2}$$

即

$$c_z^2 = c_{x_1}^2 + c_{x_2}^2 + \cdots + c_{x_n}^2 = \sum_{i=1}^{n} c_i^2 \qquad (6.77)$$

【例 6.18】　某钢制拉杆，截面直径 $d = (10 \pm 0.3)$ mm，杆长 $L = (1\,000 \pm 10)$ mm，受拉力 $F = (40\,000 \pm 6\,000)$ N，弹性模量 $\bar{E} = 20\,600$ MPa，$C_E = 0.03$。求受力后杆的伸长量。

解　首先求出各随机变量的均值、标准差及变异系数。

标准差采用"3σ"原则，即

$$\bar{d} = 10 \text{ mm}, \sigma_d = \frac{0.3}{3} = 0.1 \text{ mm}, c_d = \frac{0.1}{10} = 0.01$$

$$\bar{L} = 1\,000 \text{ mm}, \sigma_L = \frac{10}{3} = 3.3 \text{ mm}, c_L = \frac{3.3}{1\,000} = 0.003\,3$$

$$\bar{F} = 40\,000 \text{ N}, \sigma_F = \frac{6\,000}{3} = 2\,000 \text{ N}, c_F = \frac{2\,000}{40\,000} = 0.05$$

又

$$\bar{E} = 20\,600 \text{ MPa}, C_E = 0.03, \sigma_E = 20\,600 \times 0.03 = 618 \text{ MPa}$$

由材料力学知伸长量为

$$\bar{\delta} = \frac{4\bar{F}\bar{L}}{\pi \bar{d}^2 \bar{E}} = \frac{4 \times 40\,000 \times 1\,000}{3.141\,6 \times 10^2 \times 20\,600} = 2.472 \text{ mm}$$

总变异系数为

$$c_z^2 = c_F^2 + c_L^2 + 2^2 c_D^2 + c_E^2 = 0.05^2 + 0.003\,3^2 + 4 \times 0.01^2 + 0.03^2 = 0.003\,81$$

$$c_z = 0.061\,73$$

$$\sigma_z = c_z \cdot \bar{\delta} = 0.061\,73 \times 2.472 = 0.152\,6 \text{ mm}$$

3.统计安全系数

传统的安全系数虽然有时也具有可靠性的作用，但因为没有考虑可靠性的因素，因此有时产品表现得很浪费，笨重，有时又出现不可靠现象。如果在安全系数里能反映结构可靠性问题，则可靠性的设计问题就与传统的设计方法相同了。

(1) 可靠安全系数的建立

已知 x_r，x_s 为正态分布变量，$z = x_r - x_s$ 也为正态分布，其均值与标准差为

$$\mu_z = \mu_r - \mu_s, \sigma_z = \sqrt{\sigma_r^2 + \sigma_s^2}$$

式中 μ_z—— 两个联合变量的均值；

μ_r—— 强度变量均值；

μ_s—— 应力变量的均值；

σ_z—— 联合变量的标准差；

σ_r—— 强度变量的标准差；

σ_s—— 应力变量的标准差。

又联系方程为

$$\frac{\mu_z}{\sigma_z} = z_R$$

故

$$\mu_z - z_R\sigma_z = 0$$

即

$$\mu_r = \mu_s + z_R\sigma_z \tag{6.78}$$

再引入变异系数

$$c_r = \frac{\sigma_r}{\mu_r}, c_s = \frac{\sigma_s}{\mu_s}$$

又

$$\sigma_z = \sqrt{\sigma_r^2 + \sigma_s^2} = \sqrt{\mu_r^2 c_r^2 + \mu_s^2 c_s^2} \tag{6.79}$$

式(6.79) 代入式(6.78) 得

$$\mu_r = \mu_s + z_R\sqrt{\mu_r^2 c_r^2 + \mu_s^2 c_s^2} \tag{6.80}$$

安全系数为

$$f = \frac{\mu_r}{\mu_s} = 1 + z_R\sqrt{\frac{\mu_r^2 c_r^2}{\mu_s^2} + \frac{\mu_s^2 c_s^2}{\mu_s^2}}$$

$$f = 1 + z_R\sqrt{f^2 c_r^2 + c_s^2} \tag{6.81}$$

求安全系数 f,即

$$f^2 - 2f + 1 = z_R^2 c_r^2 f^2 + z_R^2 c_s^2$$

$$(1 - z_R^2 c_r^2)f^2 - 2f + (1 - z_R^2 c_s^2) = 0$$

故得

$$f = \frac{1 \pm \sqrt{1 - (1 - z_R^2 c_s^2)(1 - z_R^2 c_r^2)}}{1 - z_R^2 c_r^2}$$

$$f = \frac{1 + z_R\sqrt{c_r^2 + c_s^2 - z_R^2 c_r^2 c_s^2}}{1 - z_R^2 c_r^2} \tag{6.82}$$

(2) 求可靠安全系数

已知可靠度 $R = 0.95$，$c_r = 0.10$，$c_s = 0.08$，求可靠安全系数。由 $R = 0.95$ 查表6.10 得 $z_R = 1.645$。

将数据代入式(6.82) 得

$$f = \frac{1 + 1.645\sqrt{0.01 + 0.0064 - 1.645^2 \times 0.000064}}{1 - 1.645^2 \times 0.01}$$

$$f = 1.243$$

6.12.2　机械零件可靠性设计

机械零件可靠性设计是在零件设计过程中考虑可靠性因素，使设计的零件满足可靠性的要求。在零件的强度与应力为正态分布的情况下，从联系方程出发，通过应力中的均值与标准差来确定零件的允许尺寸。下面通过一个具体例子说明可靠性设计过程。

1.杆件设计

【例 6.19】　已知一圆柱形零件承受拉力载荷作用，其载荷、材料强度极限与拉杆直径数据均服从正态分布，拉力均值 $\bar{p} = 40\,000$ N，标准差 $\sigma_p = 550$ N，材料强度极限 $\mu_r = 1\,050$ N/mm²，标准差 $\sigma_r = 45$ N/mm²，拉杆半径制造误差为 $1.5\%\bar{r}$（半径），该数据也服从正态分布。设该零件加工后满足可靠度 $R = 0.995$ 的要求，试设计拉杆的直径（图 6.32）。

解　① 由正态分布联系方程(6.67) 知

$$z_R = \frac{\mu_r - \mu_s}{\sqrt{\sigma_r^2 + \sigma_s^2}}$$

由 $R \to z_R$。又已知 μ_r，σ_r 求 μ_s 与 σ_s。

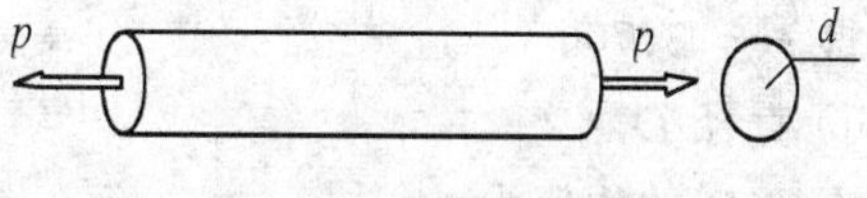

图 6.32　拉杆受力简图

② μ_s 为零件的作用应力

$$\mu_s = \frac{\bar{p}}{\bar{A}}$$

式中　$\bar{p}$—— 为拉力均值；

$\bar{A}$—— 为拉杆面积（未知），又

$$\bar{A} = \pi\bar{r}^2 = \mu_A, \sigma_A = 2\pi\bar{r}\sigma_{\bar{r}}$$

式中　$\bar{r}$—— 拉杆的半径，待求值，故

$$\mu_s = \frac{\bar{p}}{\pi\bar{r}^2}$$

随机变量特征值如表 6.16 所示。

③ σ_s 为零件作用力的标准差，它是随机变量运算规则 x/y 的标准差（表 6.16），即

$$\sigma_s = \frac{1}{\mu_A^2}\sqrt{\mu_p^2\sigma_A^2 + \mu_A^2\sigma_p^2}$$

式中 μ_A—— 拉杆面积均值(未知);

μ_p—— 拉杆受力 P 的均值(已知);

σ_p—— 拉力的标准差(已知);

σ_A—— 拉杆面积标准差未知,由随机变量特征值表求得;

$\sigma_{\bar{r}}$—— 拉杆半径的标准差(未知)。

④ $\sigma_{\bar{r}}$ 为拉杆半径的标准差

正态分布的零件尺寸,一般均取 3σ,即半径制造误差 $\Delta r = 3\sigma$,又 $\Delta r = 1.5\%\bar{r}$。故 $3\sigma = 1.5\%\bar{r}$,$\sigma = \sigma_{\bar{r}} = 0.005\bar{r}$,这样 σ_s 可表示为

$$\sigma_s = \frac{1}{(\pi\bar{r}^2)^2}\sqrt{\mu_p^2(2\pi\bar{r}\sigma_{\bar{r}})^2 + \mu_A^2\sigma_p^2} =$$

$$\frac{1}{(\pi\bar{r}^2)^2}\sqrt{40\,000^2(2\pi\bar{r}0.005\bar{r})^2 + (\pi\bar{r}^2)^2 550^2} = \frac{216.47}{\bar{r}^2}$$

⑤ 由 R 求 z_R

$R = 0.995$,查表得 $z_R = 2.576$,因此

$$z_R = 2.576 = \frac{1\,050 - \dfrac{40\,000}{\pi\bar{r}^2}}{\sqrt{45^2 + \dfrac{216.47^2}{\bar{r}^4}}} = \frac{1\,050 - \dfrac{1\,273.24}{\bar{r}^2}}{\sqrt{2\,025 + \dfrac{46\,859.3}{\bar{r}^4}}}$$

$$1\,089\,063\bar{r}^4 - 2\,673\,804\bar{r}^2 + 161\,803\,052 = 0$$

得 $\bar{r} = 3.706$

⑥ 直径 D

直径 D 的均值为

$$\mu_D = 2\bar{r} = 3.706 \times 2 = 7.412\ \text{mm}$$

直径的标准差

$$\sigma_D = 2\sigma_r = 2 \times 0.005\bar{r} = 2 \times 0.005 \times 3.706 = 0.037\ \text{mm}$$

故直径 D 的偏差为

$$\Delta D = 3\sigma_D = 3 \times 0.037 = 0.111$$

得

$$D = 7.41 \pm 0.12 \approx 7.4 \pm 0.12。$$

2.梁的设计

【例 6.20】 已知梁在集中载荷作用下,结构尺寸如图 6.33 所示。假设梁的材料强度极限

为 $\bar{\sigma}_b = 1\ 167.87\ \text{N/mm}^2$（$119.17\ \text{kgf/mm}^2$）；$\sigma_{\sigma_b} = 32.74\ \text{N/mm}^2$（$3.341\ \text{kgf/mm}^2$），集中载荷 $p = 31\ 360\ \text{N}(3\ 200\ \text{kgf})$，$\sigma_p = 1\ 568\ \text{N}(160\ \text{kgf})$，梁的跨度为 $l = (2\ 000 \pm 3)\ \text{mm}$，$a = 500\ \text{mm}$，$\sigma_a = 1.0\ \text{mm}$。以上各数据均为正态分布，试在保证梁可靠度 $R = 0.999\ 9$ 情况下，设计梁的矩形尺寸，假设 $H = 2B$。

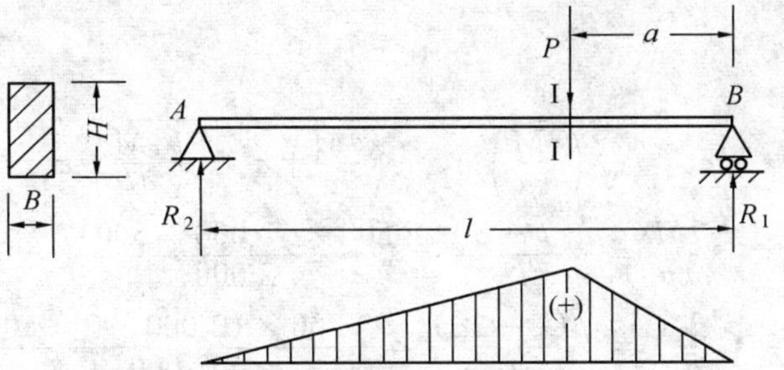

图 6.33　梁受集中力的内力图

解　解题思想，由结构可靠性分析可知，当材料的强度与应力均为正态分布时，可用联系方程求解。首先由可靠性表查得联系方程的 Z_R 值，解联系方程得到应力的均值与标准差，进而设计出零件的结构尺寸。

① 由可靠度 R 查表 6.10 得 $Z_R = 3.719$

由式(6.67) 知

$$Z_R = \frac{\mu_r - \mu_s}{\sqrt{\sigma_r^2 + \sigma_s^2}}$$

式中，μ_r 与 σ_r 为材料的强度极限数据的均值与标准差，已在题中给出。

② 求零件的应力均值 μ_s

应力均值 μ_s 为

$$\mu_s = \frac{M}{I/(H/2)} = \frac{M}{I/B} = \frac{\mu_M}{\mu_{I/B}}$$

式中　M—— 梁的最大弯矩；

I—— 梁危险断面处的惯性矩，$I = \dfrac{BH^3}{12} = \dfrac{B(2B)^3}{12} = \dfrac{2B^4}{3}$；

B—— 梁断面中心距梁表面的距离。

求反力，弯矩(图 6.33)，反力 R_2，R_1 与 $M_{\max}$ 为

$$R_2 = \frac{pa}{l}, R_1 = \frac{p(l-a)}{l}, M_{\max} = \frac{pa(l-a)}{l}$$

故

$$\mu_M = \frac{pa(l-a)}{l}$$

$$\mu_{I/B} = \frac{2}{3}\bar{B}^3$$

③ 求 σ_s,即零件应力的标准差(M 的标准差与 I/B 的标准差之比)

(i) 求 σ_M

由式(6.72),得

$$\sigma_M = \sqrt{\left(\frac{\partial M}{\partial p}\right)^2 \sigma_p^2 + \left(\frac{\partial M}{\partial a}\right)^2 \sigma_a^2 + \left(\frac{\partial M}{\partial l}\right)^2 \sigma_l^2}$$

$$\frac{\partial M}{\partial p} = \frac{a(l-a)}{l} = \frac{500 \times (2\,000 - 500)}{2\,000} = 375$$

$$\frac{\partial M}{\partial a} = \frac{p(l-2a)}{l} = \frac{3\,200 \times (2\,000 - 2 \times 500)}{2\,000} = 160$$

$$\frac{\partial M}{\partial l} = -\frac{pa^2}{l^2} = -\frac{3\,200 \times 500 \times 500}{2\,000 \times 2\,000} = -200$$

式中,σ_p 与 σ_a 已给出,$\sigma_l = \frac{1}{3}\Delta l$,又 $\Delta l = 3$ mm,故 $\sigma_l = 1$ mm,则

$$\sigma_M = \sqrt{375^2 \times 160^2 + 160^2 \times 1^2 + (-200)^2 \times 1^2} = 60\,021.7$$

(ii) 求 $\mu_{I/B}$ 的标准差 $\sigma_{I/B}$

由于 $\mu_B = B = \bar{B} \pm \Delta\bar{B}$,而 $\Delta\bar{B} = 0.02 \sim 0.05\bar{B}$,取 $\Delta B = 0.03\bar{B}$,则

$$\sigma_B = \frac{1}{3}\Delta\bar{B} = 0.01\bar{B}$$

$$\mu_{I/B} = \frac{2}{3}\bar{B}^3$$

由表 6.16 可知

$$\sigma_{I/B} = \frac{2}{3} \times 3\bar{B}^2 \cdot \sigma_B = 2\bar{B}^2 \times 0.01\bar{B} = 0.02\bar{B}^3$$

(iii) 求 σ_s

由表 6.16 可知

$$\sigma_s = \frac{1}{\mu_{I/B}^2}\sqrt{\mu_M^2\sigma_{I/B}^2 + \mu_{I/B}^2\sigma_M^2}$$

式中

$$\mu_{I/B} = \frac{2}{3}\bar{B}^3$$

$$\mu_M = \frac{pa(l-a)}{l} = \frac{3\,200 \times 500 \times (2\,000 - 500)}{2\,000} = 1\,200\,000$$

$$\sigma_{I/B} = 0.02\bar{B}^3, \sigma_M = 60\,021.7$$

(iv) 由 $R = 0.999\,9$ 查表 6.10,得 $z = 3.719$,以上数据代入 σ_s 方程得

$$\sigma_s = \frac{1}{(\frac{2}{3}\bar{B}^3)^2}\sqrt{(1\,200\,000)^2 \cdot (0.02\bar{B}^3)^2 + (\frac{2}{3}\bar{B}^3)^2 \cdot (60\,021.7)^2} = \frac{104\,957}{\bar{B}^3}$$

又

$$\mu_s = \frac{\mu_M}{\mu_{I/B}} = \frac{1\,200\,000}{\frac{2}{3}\bar{B}^3} = \frac{180\,000}{\bar{B}^3}$$

由联系方程式(6.67)知

$$3.719 = \frac{\mu_r - \mu_s}{\sqrt{\sigma_r^2 + \sigma_s^2}} = \frac{119.17 - \frac{1\,800\,000}{\bar{B}^3}}{\sqrt{(3.341)^2 + (104\,957/\bar{B}^3)^2}}$$

$$3.719^2[(3.341)^2 + (104\,957/\bar{B}^3)^2] = (119.17 - \frac{1\,800\,000}{\bar{B}^3})$$

$$13.83 \times (11.16 + 11 \times 10^9/\bar{B}^6) = 14\,201.5 + 324 \times 10^{10}/\bar{B}^6 - 429 \times 10^{10}/\bar{B}^3$$

得

$$\bar{B}^6 - 3.054 \times 10^4\bar{B}^3 + 2.198 \times 10^8 = 0$$

解得

$$\bar{B}^3 = 18\,913 \qquad \bar{B} = 26.64 \qquad \Delta\bar{B} = 0.03 \qquad \bar{B} = 0.79$$

$$B = 27 \pm 0.79 \doteq 27.0 \pm 0.8$$

故

$$\bar{H} = 53.28 \qquad \Delta\bar{H} = 0.03H$$

则

$$H = 53.5 \pm 1.6$$

【例 6.21】 已知工字钢梁的设计尺寸如图 6.34 所示。试求保证 $R = 0.999$ 时,设计工字钢梁尺寸,其余参数见例 6.20。

解　由上例图 6.33 知

$\bar{M} = 1\,176\,000$ N/mm(120 000 kgf/mm²),

$\sigma_M = 588\,000$ N/mm²(60 000 kgf/mm²)

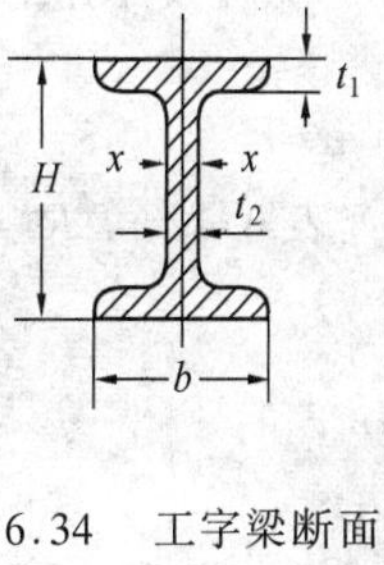

图 6.34　工字梁断面图

经查有关表格得到工字钢梁断面的参数之间的关系为

$$\frac{b}{t_1} = 8.88 \qquad \frac{H}{t_2} = 15.7 \qquad \frac{b}{H} = 0.92$$

本题与上题的主要区别在于断面的惯性矩。

下面计算联系方程的各项参数,计算 $\mu_s = \dfrac{\mu_M}{\mu_{I/B}}, \mu_{I/B} = \dfrac{I}{H/2}$

$$\frac{I}{H/2} = \frac{[bH^3 - (b - t_2)(H - 2t_1)^3]}{H/2} = \frac{bH^3 - (b - t_2)(H - 2t_1)^3}{6H} =$$

$$\frac{0.92H^4 - \left(0.92 - \frac{1}{15.7}\right)H\left(H - \frac{2b}{8.88}H\right)^3}{6H} = 0.082\ 23\overline{H}^3 = \mu_{I/(H/2)}$$

$\dfrac{I}{H/2}(\mu_{I/(H/2)})$ 的标准差由表 6.16 可得

$$\sigma_{I/(H/2)} = 0.082\ 23H^2 \cdot 3\sigma_H ;\text{又}\ \sigma_H = 0.01\overline{H}$$

故

$$\sigma_{I/(H/2)} = 0.246\ 7\overline{H}^2 \cdot 0.01\overline{H} = 0.002\ 467\overline{H}^3$$

而

$$\mu_s = \frac{\overline{M}}{\mu_{I/(H/2)}} = \frac{1\ 200\ 000}{0.082\ 2\overline{H}^3} = \frac{14\ 593\ 214}{\overline{H}^3} = \mu_M$$

函数的标准差为

$$\sigma_s = \frac{1}{(\mu_{I/(H/2)})^2}\sqrt{\mu_M^2\sigma_{I/(H/2)}^2 + \mu_{I/(H/2)}^2\sigma_M^2} =$$

$$\frac{1}{(0.082\ 23\overline{H}^3)^2}\sqrt{(1\ 200\ 000)^2 \times (0.002\ 467\overline{H}^3)^2 + (0.082\ 23\overline{H}^3)^2(6\ 000)^2} =$$

$$\frac{851\ 400.0}{\overline{H}^3}$$

代入联系方程式(6.67),得

$$z = \frac{\mu_r - \mu_s}{\sqrt{\sigma_r^2 + \sigma_s^2}}$$

$$\mu_r = 1\ 167.87\ \mathrm{N}(119.17\ \mathrm{kgf/mm^2}) \qquad \sigma_r = 32.73\ \mathrm{N}(3.341\ \mathrm{kgf})$$

$$\mu_s = \frac{14\ 593\ 214}{\overline{H}^3} \qquad \sigma_s = \frac{851\ 400}{\overline{H}^3}$$

由 R 查表 6.10 得 $R = 0.999, z = 3.091$,则

$$3.091 = \frac{119.17 - 14\ 593\ 214/\overline{H}^3}{\sqrt{3.341^2 + (851\ 400/\overline{H}^3)^2}}$$

$$\overline{H}^6 - 246\ 825\overline{H}^3 + 14\ 627 \times 10^6 = 0$$

$$\overline{H}^3 = 147\ 973, \overline{H} = 52.89$$

又

$$\Delta\overline{H} = 0.01\overline{H} \times 3 = 1.59$$

故

$$H = (53 \pm 1.6)\ \mathrm{mm}$$

6.12.3　疲劳强度可靠性设计

疲劳破坏是机械结构破坏的主要方式之一。机械结构一般都承受着疲劳载荷，对于动力机械来说，疲劳载荷是主要的外载荷来源，因此研究结构的疲劳可靠性问题是保障结构可靠性的重要内容。疲劳载荷也是相当复杂的，疲劳破坏的方式也有不同，可以从宏观的疲劳寿命（变换次数）与微观应力集中的角度进行研究。本节主要从宏观的角度，假设稳定变应力的应力循环系数（不对称系数）为常数的情况进行分析。

1.疲劳载荷曲线图

(1) 参数的定义与由来

稳定变应力情况为

$$\sigma_{\max} = \sigma_m + \sigma_a = \sigma_r$$

$$\sigma_m = \frac{1}{2}(\sigma_{\max} + \sigma_{\min}) = \frac{1}{2}(1 + r)\sigma_r$$

$$\sigma_a = \frac{1}{2}(\sigma_{\max} - \sigma_{\min}) = \frac{1}{2}(1 - r)\sigma_r$$

$$r = \frac{\sigma_{\min}}{\sigma_{\max}}$$

式中　r—— 应力循环（应力比）系数；

$\sigma_{\max}$—— 最大正应力；

$\sigma_{\min}$—— 最小正应力；

σ_m—— 平均应力；

σ_a—— 应力幅值。

① 疲劳强度。在某疲劳应力作用下，结构疲劳破坏，该应力称为疲劳强度。

② 疲劳寿命。材料在一定应力反复作用 N_f 次后断裂，则称 N_f 为反复应力下的疲劳寿命。

(2) 疲劳强度曲线的绘制

经验表明，疲劳试验数据较好地符合威布尔或对数正态分布，由于威布尔分布较复杂，目前普遍采用对数正态分布拟合疲劳寿命数据。由于疲劳寿命与疲劳强度均为随机变量，故在原疲劳强度 $S - N$ 曲线上有一个分布带，即在不同的失效概率（或可靠度）下的疲劳强度曲线，即 $P - S - N$ 曲线。典型的疲劳曲线即 $P = 0.5$ 时的疲劳曲线。

根据实验数据进行绘制疲劳强度曲线，无特殊说明均指 $P = 0.5$ 时的 $S - N$ 曲线。P（如 $P = 0.001$ 与 $P = 0.000\,1$）的曲线如图 6.35 所示。

① $P = 0.5$ 的 $S - N$ 曲线。$P - N - S$ 曲线绘制过程如下。

(i) 在不同的应力 S_i 下，对寿命数值 $N_1, N_2, \cdots, N_n$ 取对数，即

$$\lg N_1, \lg N_2, \cdots, \lg N_n \tag{6.83}$$

(ii) 求对数寿命的均值，即

$$\bar{x}_j = \frac{1}{n}\sum_{i=1}^{n} \lg N_i \qquad (6.84)$$

(iii) 求对数疲劳寿命的标准差,即

$$\sigma_j = \left[\sum_{i=1}^{n} \frac{(\lg N_i - \bar{x})}{n-1}\right]^{1/2} \qquad (6.85)$$

式中　n—— 某一应力水平下测得疲劳寿命的一组试件个数;

N_i—— 在同一应力水平下第 i 个试件的疲劳寿命。

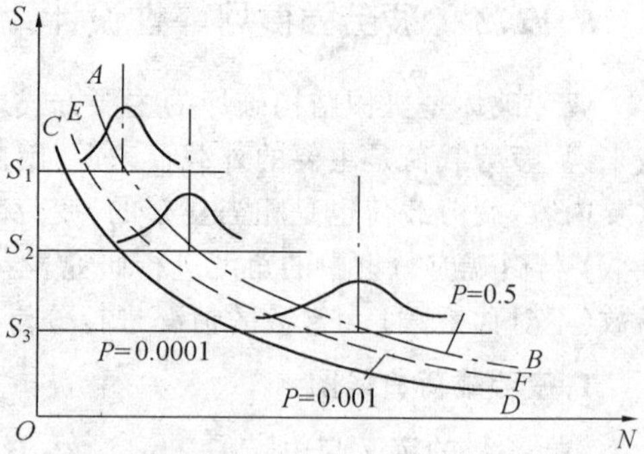

图 6.35　$P-S-N$ 曲线

根据不同的可靠度 R_i 可求出某一应力水平下对应的对数疲劳寿命均值 $\bar{x}_{R_i}$

$$\bar{x}_{R_i} = \bar{x} + Z_i\sigma \qquad (6.86)$$

式中　Z_i—— 标准正态分位数,可由正态分布表查得。

再求出应力 $\lg S_i$,将 $\lg S_i$ 与 $\bar{x}_{R_i}$(相当于 $\lg N$)画于 $\lg S$ 与 $\lg N$ 为纵、横坐标图上,即是对应于某 R_i 或 $1-P_i$ 的 $P-N-S$ 曲线。图 6.35 为自然数坐标的 $P-S-N$ 曲线图。

② 求 $P_1 = 0.001$ 即 $R_1 = 0.999$,$S-N$ 曲线。

通过 $R_1 = 0.999$ 查得正态分布分位数得 $Z_{R_1} = 3.090\ 232$。

由应力 S_1 得 $\lg S_1$,对应的(同过程 ①)

$$\bar{x}_{1p_1} = \bar{x}_1 + Z_{R_1}\sigma_1$$

由应力 S_2 得 $\lg S_2$,对应的

$$\bar{x}_{2p_1} = \bar{x}_2 + Z_{R_1}\sigma_2$$

由应力 S_n 得 $\lg S_n$,对应的

$$\bar{x}_{np_1} = \bar{x}_n + Z_{R_1}\sigma_n$$

等,得出 $P_1 = 0.001$ 的 $S-N$(或 $\lg S_i - \bar{x}_{ip_1}$) 曲线,即 $P-S-N$ 曲线。

(3) 疲劳曲线的用途

在 $P-S-N$ 曲线上,可以通过疲劳寿命求出疲劳极限 s,亦可以由疲劳极限 s 求出疲劳寿命(不同的破坏概率对应不同的疲劳极限与疲劳寿命)。

【例 6.22】　当破坏概率 $P = 0.001$ 时,求疲劳寿命 $\lg N = 5.0$ 对应的疲劳极限。

解　由图 6.35 可得 s_1 或 $\lg s_1 = a_1$,则 $s_1 = e^{a_1}$。

2. 疲劳可靠性分析

(1) 疲劳可靠性的计算

当 r_1 为常数时,则在 $\sigma_m - \sigma_a$ 图形上(图6.36) 的强度分布、应力分布关系与静载荷作用下

的强度与应力分布规律是相似的，因此同样可以用干涉理论去研究。当强度与应力分布均为正态分布时，则可用联系方程求出疲劳可靠性，即

$$Z = \frac{\mu_{rr} - \mu_{sr}}{\sqrt{\sigma_{rr}^2 + \sigma_{sr}^2}}$$

式中　μ_{rr}, μ_{sr} —— 疲劳极限与疲劳应力的均值；

$\sigma_{rr}^2, \sigma_{sr}^2$ —— 疲劳极限与疲劳应力的标准差。

当各参数给定时，由 z 可通过查表（正态分布表）得到可靠度 R 值。

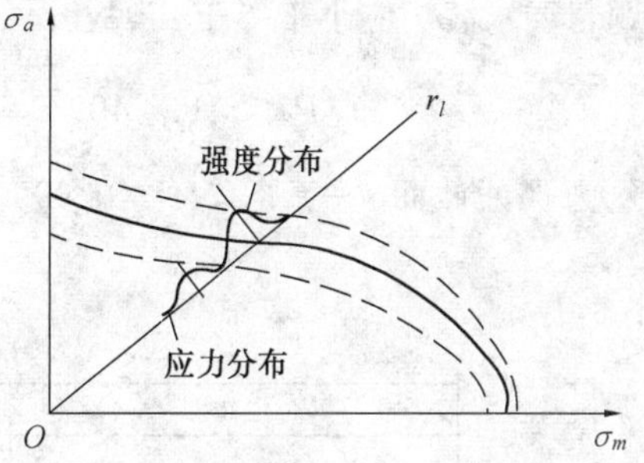

图 6.36　r_1 为定值时可靠性示意图

（2）疲劳强度与工作应力相结合的可靠度计算

疲劳强度可靠性设计的均值安全系数为

$$f_0 = \frac{\text{疲劳强度均值}}{\text{工作应力均值}} = \frac{\mu_{rr}}{\mu_{sr}} \tag{6.87}$$

故

$$\mu_{rr} = \mu_{sr} \cdot f_0$$

代入联系方程 Z 得到

$$f_0 = \frac{\mu_{rr}}{\mu_{rr} - z\sqrt{\sigma_{rr}^2 + \sigma_{sr}^2}} \tag{6.88}$$

这是具有可靠性的疲劳安全系数，由此安全系数设计的机械结构满足可靠性要求。

【例 6.23】　某一转轴承受对称循环弯曲应力（图 6.37）作用，已知该轴疲劳极限分布为 $(\mu_{rr}, \sigma_{rr}) = (274.4, 32.34)$ MPa，相当于 (28, 3.3) kgf/mm²，工作应力标准差为 21.56 MPa，相当于 2.2 kgf/mm²。求可靠度 $R = 0.999\,9$ 时，力 P 的控制值及应有的均值安全系数。

解　当 $R = 0.999\,9$ 时，$z = 3.719$。将数据代入式（6.88），有

$$f_0 = \frac{28}{28 - 3.719\sqrt{3.3^2 + 2.2^2}} = 2.11$$

由 f_0, μ_{rr} 值求得工作应力均值在转轴计算截面 $I—I$ 处的许用控制值，即

$$\mu_{sr} \leqslant \frac{\mu_{rr}}{f_0} = \frac{28}{2.11} = 13.27 \text{ kgf/mm}^2\text{，相当于 130 MPa}$$

截面 $I—I$ 处弯矩为

$$M_{I-I} = R_1 \times 220 = \frac{270}{600} \times p \times 220 = 99p$$

$A—A$ 截面上的弯曲应力为

$$\sigma_w = \frac{M}{W} = \frac{99p}{\frac{\pi}{32}d^3} = \frac{99p}{\frac{\pi}{32} \times 40^3} \leqslant \mu_{sr}$$

按题目要求，σ_w 应小于等于 μ_s，故

$$P \leqslant \frac{\pi}{32} \times 40^3 \times \frac{13.27}{99} = 842\ \text{kgf}，相当于\ 8\ 251.6\ \text{N}$$

为保证截面 $I—I$ 处有 $R = 0.999\ 9$ 的可靠度，要求外力 P 应控制在 8251.6 N(842 kgf) 以下。

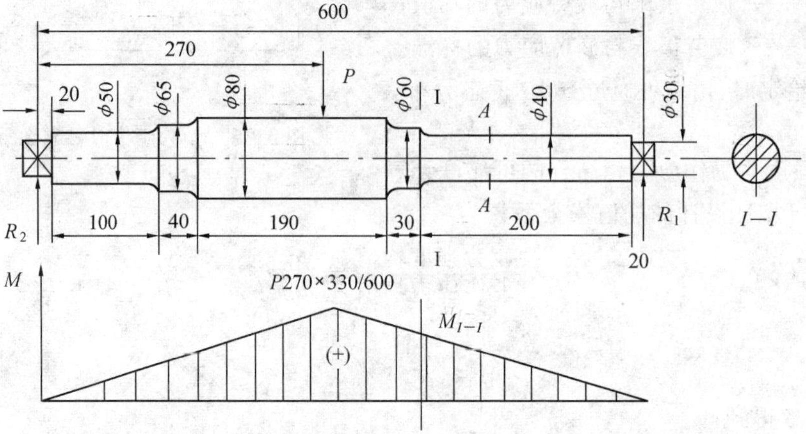

图 6.37 转轴承受对称循环弯曲的结构图

习 题

1. 一台仪器由 4 种元件组成，其数量与失效率数据如下表，试求工作 100 h 的可靠度。

元件种类	A	B	C	D
数量	1	16	200	300
失效率 /10^{-6} h^{-1}	100	5	20	15

2. 用边值法估计图 6.38 的可靠度。已知 $A = B = 0.85$，$C = D = 0.8$，$E = 0.9$。

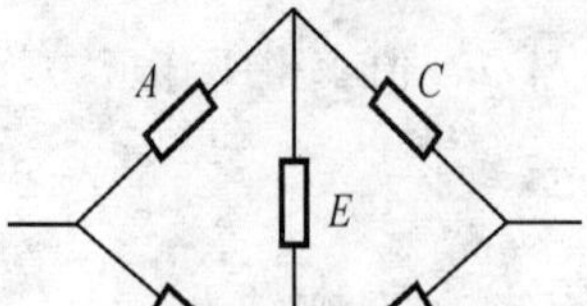

图 6.38 习题 2 的图形

3. 已知串联系统可靠度为 $R = 0.75$，各部件失效率为

$\lambda_A = 1.10^{-4}\ \text{h}^{-1}$；$\lambda_B = 1.10^{-5}\ \text{h}^{-1}$；$\lambda_C = 1.10^{-4.5}\ \text{h}^{-1}$

试进行单元的可靠性设计。

4. 设一零件其应力与强度均为正态分布，应力测得 5 次，分别为 176.4 N/mm^2(18 kgf/mm^2)、205.8 N/mm^2(21 kgf/mm^2)、215.6 N/mm^2(22 kgf/mm^2)、186.2 N/mm^2(19 kgf/mm^2)、196 N/mm^2(20 kgf/mm^2)，标准差为 29.4 N/mm^2(3 kgf/mm^2)，强度均值为 392 N/mm^2(40 kgf/mm^2)，标准差为 39.2 N/mm^2(4 kgf/mm^2)，试求该零件的可靠度。

5.试设计一圆拉杆，已知工作载荷应力 $N(1\ 900,45)$ kgf/mm^2，相当于(18 620,441) N/mm^2，材料抗拉强度为 $N(7\ 000,330)$ kgf/mm^2，相当于(68 600,3 234) N/mm^2，求具有可靠度 $R=0.999\ 9$ 时的零件直径。

6.已知一零件强度为威布尔分布，其参数为 $\eta=1$，$r=0$，$m=2$，应力为指数分布，$\lambda=0.01$，试用蒙特卡洛法求模拟 1 000 次的零件可靠度。

7.有一零件其工作寿命与工作任务时间均为指数分布，平均工作寿命为，5 000 h，又测得工作任务时间分别为 300 h，280 h，290 h，320 h，310 h，求其可靠度。

第 7 章　可靠性评估

产品虽然经过精心设计、认真生产、详细计算,但最后还是要由试验的数据来评定产品的可靠性。产品的可靠性由真实产品经过试验做到失效才能得到真实的结果,这样产品也就没有用了,也就是说不可能预先知道产品真正的可靠性。为了得到产品的可靠性,可以用同类产品的数据或者用本身的一些数据对产品的可靠性进行估计,这样得到的可靠性虽然不是产品本身的可靠性,但具有统计特性,可以代表此产品的性能,这种估计就是可靠性评估。

单元产品的可靠性评估

可靠性评估主要是根据统计分布规律进行,各种分布规则有其特殊的估计方法。下面分别介绍几种评估方法。

7.1　二项分布的可靠性估计

产品试验数据的结果属于两种对立状态,如打靶的中与不中、通话的通与不通、产品的合格与不合格、质量的好与坏以及事件中的成功与失败等,试验结果是彼此对立的,这样的产品称为成败型产品,该事件是成败型事件,二项分布规律就是描述上述事件的。

7.1.1　可靠性点估计

假设成败型产品可靠性为 R,不可靠性为 $1-R$,某次试验结果为一随机变量 X_i,取值为0或1,即

$$X_i = \begin{cases} 0 & \text{试验成功} \\ 1 & \text{试验失败} \end{cases} \tag{7.1}$$

产品经 n 次试验,出现$(x_1, x_2, \cdots, x_n)$的概率,即似然函数由二项分布给出,即

$$L(R) = P(x = \sum_i x_i) = \begin{pmatrix} n \\ \sum_i x_i \end{pmatrix} R^{n-\sum_i^n x_i}(1-R)^{\sum_i^n x_i} \tag{7.2}$$

求此似然函数的极大值,并令之等于零,就可得到最可能的 R 值,即

$$\frac{\mathrm{d}L(R)}{\mathrm{d}R} = 0$$

因为 $\ln L(R)$ 是 $L(R)$ 的单调函数,且有相同的极值点,故可改求下式

$$\frac{\mathrm{dln}\, L(R)}{\mathrm{d}R} = 0 \tag{7.3}$$

将式(7.2) 代入式(7.3),得

$$\ln L(R) = \ln(\sum_{i=1}^{n} x_i) + (n - \sum_{i=1}^{n} x_i)\ln R + \sum_{i=1}^{n} x_i \ln(1 - R)$$

求导数,令其等于零,即

$$\frac{\mathrm{dln}L(R)}{\mathrm{d}R} = \frac{n - \sum_{i=1}^{n} x_i}{R} - \frac{\sum_{i=1}^{n} x_i}{1 - R} = 0$$

得

$$\hat{R} = \frac{n - \sum_{i=1}^{n} x_i}{n} \tag{7.4}$$

这个点估计的公式与前面求出的可靠度函数是一致的,因此,该可靠度在一定条件下具有最优性质,但极大似然估计量并不总是无偏的,而且,在试验结果中无失效时,极大似然估计是不适用的。

7.1.2　可靠度的区间估计

点估计只能给出一个值,并不能给出可靠度的精确性与把握性的说明,区间估计则可以给出点估计的范围。如果寻找一个随机区间(R_1,R_2),使式

$$P(R_1 \leqslant R \leqslant R_2) \geqslant \gamma$$

成立,则式中(R_1,R_2) 为置信区间,反映了估计值的精确性,而 γ 为置信度,表示估计结果的把握性。

1.单侧置信下限估计

可靠性的上下限都是很重要的,但是下限是人们最关心的,下限是保证可靠性的关键指标。通常上限用 R_U,下限用 R_L 表示。可靠性下限估计就是根据试验结果寻求一个区间(R_L,1),使式

$$P(R_L \leqslant R \leqslant 1) \geqslant \gamma$$

成立。对于二项分布情况,上式进一步可以表示为

$$\sum_{x=0}^{F} \binom{n}{x} R_L^{n-x} (1 - R_L)^x = 1 - \gamma \tag{7.5}$$

并可求得单侧置信下限 R_L。

式中　F——n 次试验中失败的次数;

　　n—— 试验总数;

　　γ—— 置信度。

式中,已知数为 n、F 与 γ,未知数为 R_L,可以通过解析法来求解,但是求解非常困难,亦可以由表格求得(见附表 3)。

【例 7.1】 某继电器有许多只,抽取 100 只做试验,有 2 次失败,假设置信度为 $r = 0.8$,求单侧置信下限 R_L。

解 对 $\gamma = 0.8$,由 $(n, F) = (100, 2)$,查表附表 3,得 $R_L = 0.957\ 7$。

2. 双侧置信下限估计

为了更全面地掌握产品可靠性状态,应该给出可靠性的上下限。对二项分布情况由以下两个方程来确定 R 的下限和上限。

$$\begin{aligned} \sum_{x=0}^{F}\binom{n}{x}R_L^{n-x}(1-R_L)^x &= \frac{1}{2}(1-\gamma) \\ \sum_{x=F}^{n}\binom{n}{x}R_U^{n-x}(1-R_U)^x &= \frac{1}{2}(1-\gamma) \end{aligned} \tag{7.6}$$

当给定 γ 后,可以解上两式(式(7.6)),即可得出 R_U 与 R_L,但解这个方程是很麻烦的,目前已做出了表格便于查找(见附表 3)。

为了利用单侧置信限函数表,可将式(7.6) 转化为以下形式

$$\sum_{x=0}^{F}\binom{n}{x}R_L^{n-x}(1-R_L)^x = 1-\frac{1+\gamma}{2} \tag{7.7a}$$

$$1-\sum_{x=F}^{n}\binom{n}{x}R_U^{n-x}(1-R_U)^x = 1-\frac{1-\gamma}{2} \tag{7.7b}$$

$$\sum_{x=0}^{F-1}\binom{n}{x}R_U^{n-x}(1-R_U)^x = \frac{1+\gamma}{2} \tag{7.7c}$$

由式(7.7a) 可以求得 R_L;由式(7.7c) 可以求得 R_U。

【例 7.2】 试求当上例继电器置信度为 0.8 时的可靠度双侧置信区间。

解 对应于 $\frac{1+\gamma}{2} = \frac{1+0.8}{2} = 0.9$, $(n, F) = (100, 2)$,则查表 $R_L = 0.947\ 7$。

对应于 $\frac{1+\gamma}{2} = \frac{1+0.8}{2} = 0.9$, $(n, F-1) = (100, 1)$,则查表 $R_U = 0.998\ 9$。

于是,在置信度为 0.8 时,继电器可靠度双侧置信区间为(0.947 7,0.998 9)。

7.2 指数分布的可靠性估计

当失效的寿命数据为指数分布时,其失效概率密度函数为

$$\begin{aligned} f_E(t,\lambda) &= \lambda e^{-\lambda t} \qquad 0<\lambda<\infty \qquad 0\leqslant t<\infty \\ f_E(t,\theta) &= \frac{1}{\theta}e^{-\frac{t}{\theta}} \qquad 0<\theta<\infty \qquad 0\leqslant t<\infty \end{aligned} \tag{7.8}$$

失效分布函数为

$$F_E(t,\lambda) = 1 - e^{-\lambda t} \qquad 0 < \lambda < \infty \qquad 0 \leqslant t < \infty$$
$$F_E(t,\theta) = 1 - e^{-\frac{t}{\theta}} \qquad 0 < \theta < \infty \qquad 0 \leqslant t < \infty \tag{7.9}$$

由于试验方式不同则计算公式亦不同，寿命试验数据可分为完全寿命试验数据与截尾寿命试验数据。完全寿命试验数据是对抽样的产品全部试验到失效的数据，按条件截尾的数据分为定时截尾与定数截尾数据。截尾寿命试验数据又分无替换定数截尾寿命数据、有替换定数截尾寿命数据、无替换定时截尾寿命试验数据与有替换定时截尾寿命试验数据。

7.2.1　完全寿命试验数据的可靠性评估

设某电子产品的寿命 T 是服从指数分布的随机变量，失效率为 λ，平均寿命 $\theta = 1/\lambda$，试验测得 n 个寿命数据 $t_1, t_2, \cdots, t_n$，据此估计平均寿命。

出现 $t_1, t_2, \cdots, t_n$ 的概率(似然函数)为

$$L(\lambda) = \prod_{i=1}^{n} f(t_i)\Delta t_i = \lambda^n e^{-\lambda \sum_{i=1}^{n} t_i} (\Delta t_i)^n \tag{7.10}$$

式(7.10)存在 $\hat{\lambda}$ 使这个概率达极大值，此时 $\hat{\lambda}$ 称为 λ 的最大似然估计。

1. 可靠性点估计

$$\frac{\partial \ln L(\lambda)}{\partial \lambda} = \frac{n}{\lambda} - \sum_{i=1}^{n} t_i = 0$$
$$\hat{\lambda} = \frac{n}{\sum_{i=1}^{n} t_i} = \frac{n}{T^*} \tag{7.11}$$

又

$$T^* = n\theta \qquad \theta = T^*/n$$

式中　n—— 产品子样的个数；

T^*—— 产品子样寿命试验的总试验时间；

θ—— 产品的平均寿命。

2. 可靠性区间估计

考虑估计量 $\hat{\lambda}$ 与 θ 是两个随机变量，是大于或小于真值的值。确定估计区间的办法是给定一个较小的百分数 α，有 $C_1 < 1$，使得

$$P(\theta \geqslant C_1\hat{\theta}) = 1 - \alpha = \gamma \tag{7.12}$$

即 $C_1\hat{\theta}$ 是在置信度 γ 下的置信下限。

$$C_1 = \frac{2\gamma}{\chi^2_{1-\alpha}(2\gamma)} \qquad \theta_L = C_1\hat{\theta}$$

上式也可以写成

$$P(\lambda \leqslant \frac{1}{C_1}\hat{\lambda}) = 1 - \alpha = \gamma \tag{7.13}$$

$\dfrac{\hat{\lambda}}{C_1}$ 的置信度 γ 下的置信上限为

$$C_1^0 = \frac{2\gamma}{\chi^2_{1-\frac{\alpha}{2}}(2\gamma)}$$

也就是$\dfrac{\hat{\lambda}}{C_1}$ 是在置信度 γ 下的置信下限。

$$C'_1 = \frac{2\gamma}{\chi^2_{\frac{\alpha}{2}}(2\gamma)} \qquad \theta_U = C'_1\hat{\theta}$$

7.2.2　截尾寿命试验数据可靠性评估

由于产品的寿命不同,对于长寿命产品无法将试验进行到失效,只能用截尾试验的办法,应用定数截尾或定时截尾的办法进行试验。试验过程中有时应用替换的办法继续试验,因此又分为有替换与无替换两种试验。

1.截尾寿命试验分类

(1) 无替换定数截尾寿命试验

在 n 个样本寿命试验中,失效时间 $t_1,t_2,\cdots,t_n$ 相互独立且同为指数分布,其顺序量为 $t_{(1)},t_{(2)},\cdots,t_{(n)}$。若预定在第 $r(r < n)$ 个发生失效时停止试验,$t_{(r)}$ 为一随机变量,$t_{(1)}$,$t_{(2)},\cdots,t_{(n)}$ 为顺序统计量,如图 7.1 所示。

总试验时间为

$$T_{r,n} = \sum_{i=1}^{r} t_{(i)} + (n-r)t_{(r)} \tag{7.14}$$

$t_{(1)},t_{(2)},\cdots,t_{(n)}$ 的似然函数为

$$L(\theta) = f(t_{(1)},t_{(2)},\cdots,t_{(n)},\theta)\frac{n!}{(n-r)!}\left(\frac{1}{\theta}\right)^r e^{-\frac{T_{r,n}}{\theta}} \tag{7.15}$$

(2) 有替换定数截尾寿命试验

如果把定数截尾寿命试验中发生失效的样本更换(或修复),继续试验到 $t_{(r)}$,该种试验称有替换定数截尾寿命试验,如图 7.2 所示。

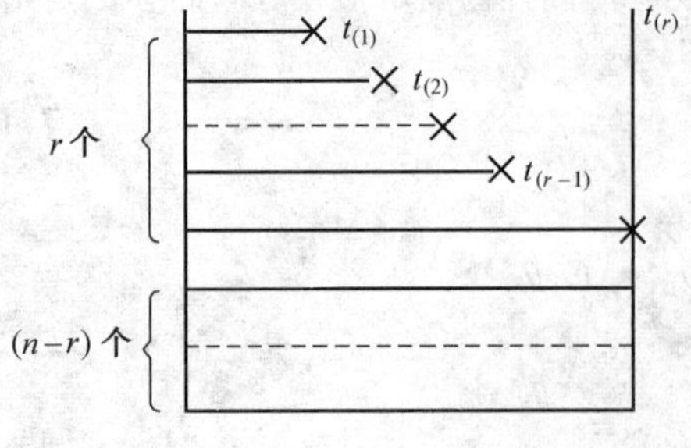

图 7.1　无替换定数截尾寿命图

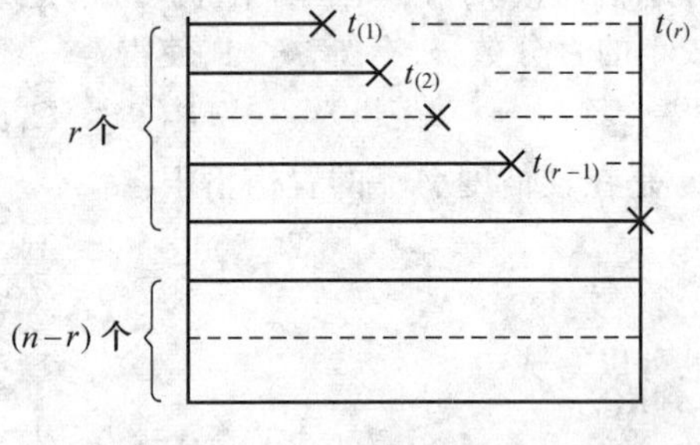

图 7.2　有替换定数截尾寿命图

由图 7.2 可知

$$T_{r,n} = nt_{(r)} \tag{7.16}$$

它的似然函数为

$$L(\theta) = \left(\frac{n}{\theta}\right)^r e^{-\frac{nt_{(r)}}{\theta}} = \left(\frac{n}{\theta}\right)^r e^{-\frac{T_{r,n}}{\theta}} \tag{7.17}$$

(3) 无替换定时截尾寿命试验

由图 7.3 可见总的寿命是 r 个元件寿命之和与 $n-r$ 个 τ 寿命值相加。

$$T_{r,n} = \sum_{i=1}^{r} t_{(i)} + (n-r)\tau \tag{7.18}$$

τ 为定时时间,由上式求得总时间为 $T_{r,n}$。

(4) 有替换定时截尾寿命试验(图 7.4)

有替换定时截尾数据时,单元寿命均为 τ,故得

$$T_{r,n} = n\tau \tag{7.19}$$

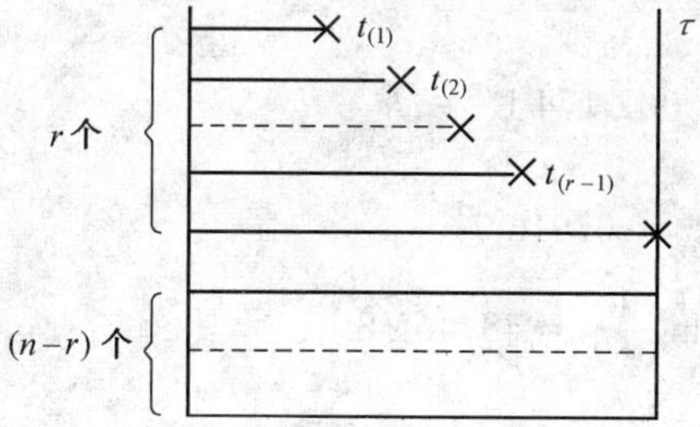

图 7.3　无替换定时截尾寿命图

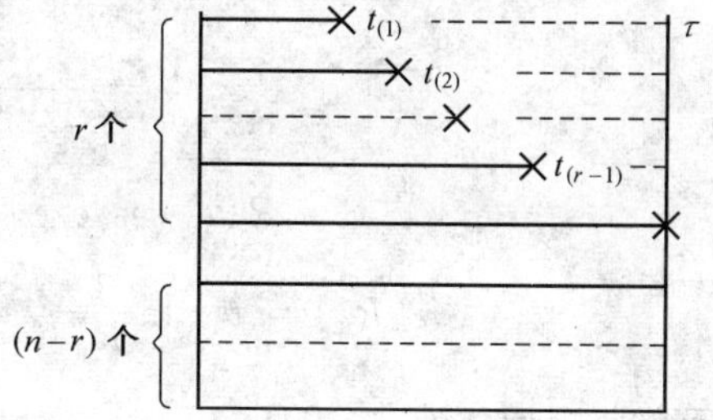

图 7.4　有替换定时截尾寿命图

2.可靠性点估计

(1) 平均寿命

$$\hat{\theta} = \frac{T_{r,n}}{r} \tag{7.20}$$

式中　r—— 失效数。

(2) 失效率

$$\hat{\lambda} = \frac{1}{\hat{\theta}} = \frac{r}{T_{r,n}} \tag{7.21}$$

(3) 可靠度

$$\hat{R}_{(t_0)} = e^{-\frac{t_0}{\theta}} \tag{7.22}$$

式中　t_0—— 预定的任务时间。

(4) 可靠寿命

$$\hat{t}_{(R_0)} = \hat{\theta} \cdot \ln \frac{1}{R_0} \tag{7.23}$$

式中　R_0—— 为可靠度。

【例 7.3】 设某批晶体管,已知其寿命服从指数分布,现从该批产品中随机抽取 10 只,进行无替换截尾寿命试验。预定失效数 $r = 5$ 时结束试验,失效时间为 $t_{(1)} = 35$ h,$t_{(2)} = 85$ h,$t_{(3)} = 150$ h,$t_{(4)} = 230$ h,$t_{(5)} = 300$ h。求该批晶体管的 $\theta, \lambda, R(40), t(0.9)$ 的点估计。

解　总试验时间

$$T_{r,n} = \sum_{i=1}^{r} t_{(i)} + (n - r)t_{(r)} = 35 + 85 + 150 + 230 + 300 + (10 - 5) \times 300 = 2\ 300 \text{ h}$$

又

$$\hat{\theta} = \frac{T_{r,n}}{r} = \frac{T_{r,n}}{5} = \frac{2\ 300}{5} = 460 \text{ h}$$

则

$$\hat{\lambda} = \frac{1}{\hat{\theta}} = \frac{5}{2\ 300} = 0.002\ 174 \text{ h}^{-1}$$

$$\hat{R}(t_0) = \mathrm{e}^{-\frac{t_0}{\theta}} = \mathrm{e}^{-\frac{40}{460}} = 0.916\ 7$$

$$\hat{t}(R_0) = \hat{\theta} \cdot \ln \frac{1}{R_0} = 460 \cdot \ln \frac{1}{0.9} = 48.465\ 8 \text{ h}$$

3.可靠性区间估计

区间估计可以给出点估计的精度范围。设寻找一个适当的统计量 V,使之与未知参数 θ 及其估计量 $\hat{\theta}$ 有关,且具有确切分布,其分布与 θ 无关,也不含其他未知参数。借助于该分布,则有

$$P\{V_{\frac{\alpha}{2}} \leqslant V_{1-\frac{\alpha}{2}}\} = 1 - \alpha \tag{7.24}$$

式中,$V_{\frac{\alpha}{2}}, V_{1-\frac{\alpha}{2}}$ 为分布的上下侧分位数。将统计量 V 中的估计量 $\hat{\theta}$ 与 θ 分开,可以化为

$$P\{L_\theta \leqslant \theta \leqslant U_\theta\} = 1 - \alpha \tag{7.25}$$

于是,(L_θ, U_θ) 为置信度 $1 - \alpha$ 下的 θ 的置信区间。

(1) 定数截尾寿命试验

定数截尾寿命试验无论有无替换单元,可以证明统计量 $2r\hat{\theta}/\theta$ 符合 $\chi^2(2r)$ 分布,$r = 1,2,\cdots,n$。

① 平均寿命 θ 的单、双侧置信区间

当服从 χ^2 分布时,可以写为

$$P\{\chi^2_{\frac{\alpha}{2}}(2r) \leqslant \frac{2r\hat{\theta}}{\theta} \leqslant \chi_{1-\frac{\alpha}{2}}(2r)\} = 1 - \alpha \tag{7.26}$$

倒数关系为

$$P\left\{\frac{2r\hat{\theta}}{\chi^2_{1-\frac{\alpha}{2}}(2r)} \leqslant \theta \leqslant \frac{2r\hat{\theta}}{\chi^2_{\frac{\alpha}{2}}(2r)}\right\} = 1 - \alpha \tag{7.27}$$

于是得到 θ 的双侧置信区间为

$$\frac{2r\hat{\theta}}{\chi^2_{1-\frac{\alpha}{2}}(2r)} \leqslant \theta \leqslant \frac{2r\hat{\theta}}{\chi^2_{\frac{\alpha}{2}}(2r)}$$

利用 $\hat{\theta} = \frac{T_{r,n}}{r}$ 代入上式,可以将式化简为

$$\frac{2T_{r,n}}{\chi^2_{1-\frac{\alpha}{2}}(2r)} \leqslant \theta \leqslant \frac{2T_{r,n}}{\chi^2_{\frac{\alpha}{2}}(2r)} \tag{7.28}$$

式中,$\chi^2_{1-\frac{\alpha}{2}}(2r)$,$\chi^2_{\frac{\alpha}{2}}(2r)$ 是 χ^2 分布的下侧分位数,由附表 2 可以查得。

通常我们关心的是 θ 的下限,故借助于统计量 $2r\hat{\theta}/\theta$ 及其分布可以得到

$$\begin{gathered} P\left\{0 \leqslant \frac{2r\hat{\theta}}{\theta} \leqslant \chi^2_{1-\alpha}(2r)\right\} = 1 - \alpha \\ P\left\{\theta \geqslant \frac{2r\hat{\theta}}{\chi^2_{1-\alpha}(2r)}\right\} = 1 - \alpha \end{gathered} \tag{7.29}$$

θ 的单侧置信区间

$$\theta \geqslant \frac{2r\hat{\theta}}{\chi^2_{1-\alpha}(2r)} \tag{7.30}$$

又

$$\hat{\theta} = \frac{T_{r,n}}{r}$$

故得到

$$\theta \geqslant \frac{2T_{r,n}}{\chi^2_{1-\alpha}(2r)} \tag{7.31}$$

② 失效率 λ 的单、双侧置信区间

因 $\lambda = \frac{1}{\theta}$,故由式(7.28)得双侧置信区间为

$$\frac{\chi^2_{\frac{\alpha}{2}}(2r)}{2T_{r,n}} \leqslant \lambda \leqslant \frac{\chi^2_{1-\frac{\alpha}{2}}(2r)}{2T_{r,n}} \tag{7.32}$$

λ 的单侧置信区间为

$$\lambda \leqslant \frac{\chi^2_{1-\alpha}(2r)}{2T_{r,n}} \tag{7.33}$$

或

$$\lambda \leqslant \frac{\chi^2_{1-\alpha}(2r)}{2r\hat{\theta}}$$

③ 可靠度 $R(t_0)$ 的单、双侧置信区间

将式(7.32)的两侧乘以 $-t_0$ 并取指数,可得

$$\exp\left\{\frac{-t_0\chi^2_{1-\frac{\alpha}{2}}(2r)}{2T_{r,n}}\right\} \leqslant \exp(-\lambda t_0) \leqslant \exp\left\{\frac{-t_0\chi^2_{\frac{\alpha}{2}}(2r)}{2T_{r,n}}\right\} \tag{7.34}$$

或

$$R(t_0) \geqslant \exp\left\{\frac{-t_0\chi^2_{1-\frac{\alpha}{2}}(2r)}{2T_{r,n}}\right\}$$

与

$$R(t_0) \leqslant \exp\left\{\frac{-t_0\chi^2_{\frac{\alpha}{2}}(2r)}{2T_{r,n}}\right\}$$

同样,将式(7.33)乘以 $-t_0$ 并取指数,可得

$$R(t_0) \geqslant \exp\left\{\frac{-t_0\chi^2_{1-\alpha}(2r)}{2T_{r,n}}\right\} \tag{7.35}$$

由于 $t(R) = \theta \cdot \ln\frac{1}{R}$,故将式(7.28)乘以 $\ln\frac{1}{R_0}$,则

$$\frac{2T_{r,n}\ln\frac{1}{R_0}}{\chi^2_{1-\frac{\alpha}{2}}(2r)} \leqslant t(R_0) \leqslant \frac{2T_{r,n}\ln\frac{1}{R_0}}{\chi^2_{\frac{\alpha}{2}}(2r)} \tag{7.36}$$

同理,式(7.31)乘以 $\ln\frac{1}{R_0}$,则得

$$t(R_0) \geqslant \frac{2T_{r,n}\ln\frac{1}{R_0}}{\chi^2_{1-\alpha}(2r)} \tag{7.37}$$

$T_{r,n}$ 按有替换单元与无替换单元分别用式(7.14)与式(7.16)计算。

【例 7.4】　求上例中晶体管的 $\theta,\lambda,R(40),t(0.9)$ 的 99% 置信度的单、双置信区间。

解　已知 $T_{r,n} = 2\ 300$ h, $r = 5$

① θ 的单、双侧置信区间

由式(7.28)得

$$\frac{2\times 2\ 300}{\chi^2_{0.95}(10)} \leqslant \theta \leqslant \frac{2\times 2\ 300}{\chi^2_{0.05}(10)}$$

$$\frac{2\times 2\ 300}{18.307} \leqslant \theta \leqslant \frac{2\times 2\ 300}{3.94}$$

故

$$251.3\ \text{h} \leqslant \theta \leqslant 1\ 167.5\ \text{h}$$

由式(7.31)得

$$\theta \geqslant \frac{2T_r,n}{\chi^2_{1-\alpha}(2r)} = \frac{2\times 2\ 300}{\chi^2_{0.9}(10)} = \frac{2\times 2\ 300}{15.987} = 287.7\ \text{h}$$

② λ 的单、双侧置信区间

由式(7.32)得

$$\frac{\chi^2_{0.05}(10)}{2\times 2\ 300} \leqslant \lambda \leqslant \frac{\chi^2_{0.95}(10)}{2\times 2\ 300}$$

$$\frac{3.94}{2\times 2\ 300} \leqslant \lambda \leqslant \frac{18.307}{2\times 2\ 300}$$

$$8.57\times 10^{-4}\ \text{h}^{-1} \leqslant \lambda \leqslant 3.98\times 10^{-3}\ \text{h}^{-1}$$

由式(7.33)

$$\lambda \leqslant \frac{\chi^2_{1-\alpha}(2r)}{2T_{r,n}} = \frac{\chi^2_{0.9}(10)}{2\times 2\ 300} = \frac{15.987}{2\times 2\ 300} = 0.003\ 5\ \text{h}^{-1}$$

③ $R(40)$ 的单、双侧置信区间

由式(7.34)与式(7.35)得

$$R_{\text{L}}(40) = \exp\left(-\frac{40\times 15.987}{2\times 2\ 300}\right) = 0.87$$

$$\exp\left[-\frac{t_0\chi^2_{1-\frac{\alpha}{2}}(2r)}{2T_{r,n}}\right] \leqslant R(t_0) \leqslant \exp\left[-\frac{t_0\chi^2_{\frac{\alpha}{2}}(2r)}{2T_{r,n}}\right]$$

$$\exp\left(-\frac{40\times 18.307}{2\times 2\ 300}\right) \leqslant R(40) \leqslant \exp\left(-\frac{40\times 3.94}{2\times 2\ 300}\right)$$

$$0.853 \leqslant R(40) \leqslant 0.966$$

④ $t(0.9)$ 的单、双侧置信区间

由式(7.36)得

$$\frac{2\times 2\ 300}{\chi^2_{0.95}(10)}\ln 0.9 \leqslant t(0.9) \leqslant \frac{2\times 2\ 300}{\chi^2_{0.05}(10)}\ln\frac{1}{0.9}$$

$$251.31\ln 0.9 \leqslant t(0.9) \leqslant 1\ 167.5\ln\frac{1}{0.9}$$

$$26.48\ \text{h} \leqslant t(0.9) \leqslant 123.0\ \text{h}$$

由式(7.37)得

$$t(R_0) \geqslant \frac{2T_{r,n}\ln\dfrac{1}{R}}{\chi^2_{1-\alpha}(2r)} = \frac{2\times 2\ 300}{\chi^2_{0.9}(10)}\ln\frac{1}{0.9} = 287.7\ln\frac{1}{0.9} = 30.31\ \text{h}$$

(2) 定时截尾寿命试验

定时截尾寿命试验，欲求未知参数 θ 的严格置信区间相当困难，但可以给出近似的置信区间。定时截尾试验在结束试验 τ 以前有 r 个失效，设想第 $r+1$ 个失效发生在 $t_{(r+1)}$，于是以 τ 截尾的寿命试验可视为介于分别以 $t_{(r)}$、$t_{(r+1)}$ 截尾的寿命试验之间，即有 $t_{(r)} \leqslant \tau \leqslant t_{(r+1)}$。

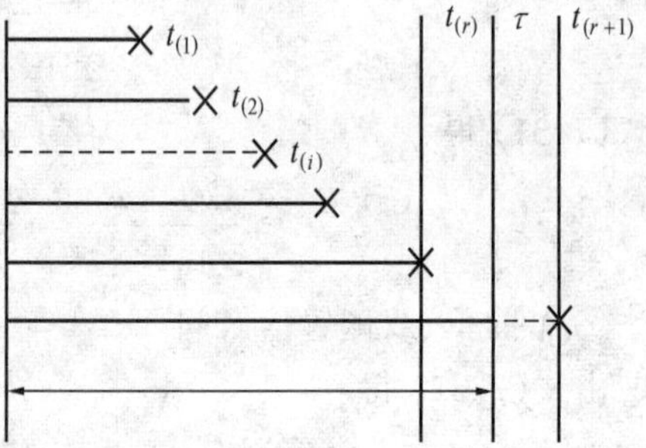

图 7.5　定时截尾寿命图

记以 τ 截尾试验的总时间为 $T^*_{r,n}$，则

$$T_{r,n} \leqslant T^*_{r,n} \leqslant T_{r+1,n}$$

即

$$\frac{2T_{r,n}}{\theta} \leqslant \frac{T^*_{r,n}}{\theta} \leqslant \frac{2T_{r+1,n}}{\theta}$$

故

$$\chi^2(2r) \leqslant \frac{2T^*_{r,n}}{\theta} \leqslant \chi^2(2r+2) \quad r = \overline{1,n} \tag{7.38}$$

由此可见，$\dfrac{2T^*_{r,n}}{\theta}$ 为自由度介于 $2r$ 与 $2(r+1)$ 之间的 χ^2 变量。根据这样分析得到未知参数 θ 的偏于保守的区间估计。

① 非零失效数情况

(i) 平均寿命 θ 的近似置信区间

θ 的近似双侧置信区间为

$$\frac{2T^*_{r,n}}{\chi^2_{1-\frac{\alpha}{2}}(2r+2)} \leqslant \theta \leqslant \frac{2T^*_{r,n}}{\chi^2_{\frac{\alpha}{2}}(2r)} \tag{7.39}$$

θ 的近似单侧置信区间为

$$\theta \geqslant \frac{2T^*_{r,n}}{\chi^2_{1-\alpha}(2r+2)} \tag{7.40}$$

(ii) 失效率 λ 的近似置信区间

对式(7.39)界限取倒数，得 λ 的近似双侧置信区间，即

$$\frac{\chi^2_{\frac{\alpha}{2}}(2r)}{2T^*_{r,n}} \geqslant \lambda \geqslant \frac{\chi^2_{1-\frac{\alpha}{2}}(2r+2)}{2T^*_{r,n}} \tag{7.41}$$

同样得到

$$\lambda \leqslant \frac{\chi^2_{1-\alpha}(2r+2)}{2T^*_{r,n}} \tag{7.42}$$

(iii) 可靠性 $R(t_0)$ 的近似置信区间

$R(t_0)$ 的近似双侧置信区间为

$$\exp\left(-\frac{t_0\chi^2_{1-\frac{\alpha}{2}}(2r+2)}{2T^*_{r,n}}\right) \leqslant R(t_0) \leqslant \exp\left(-\frac{t_0\chi^2_{\frac{\alpha}{2}}(2r)}{2T^*_{r,n}}\right) \tag{7.43}$$

$R(t_0)$ 的近似单侧置信区间为

$$R(t_0) \geqslant \exp\left(-\frac{t_0\chi^2_{1-\alpha}(2r+2)}{2T^*_{r,n}}\right) \tag{7.44}$$

(iv) 可靠寿命 $t(R_0)$ 的近似置信区间

$t(R_0)$ 的近似双侧置信区间为

$$\frac{2T^*_{r,n}\ln\frac{1}{R_0}}{\chi^2_{1-\frac{\alpha}{2}}(2r+2)} \leqslant t(R_0) \leqslant \frac{2T^*_{r,n}\ln\frac{1}{R_0}}{\chi^2_{\frac{\alpha}{2}}(2r)} \tag{7.45}$$

$t(R_0)$ 的近似单侧置信区间为

$$t(R_0) \geqslant \frac{2T^*_{r,n}\ln\frac{1}{R_0}}{\chi^2_{1-\alpha}(2r+2)} \tag{7.46}$$

$T^*_{r,n}$ 应分别按有无替换单元的公式(7.18) 与式(7.19) 计算。

【例 7.5】 设某批产品寿命符合指数分布。从该批产品中随机抽取 10 件,进行 300 h 的无替换寿命试验,其间有 5 件失效,该 5 件失效时间总和为 800 h。求 90% 置信度的 $\theta,\lambda,R(40)$, $t(0.9)$ 的单、双侧置信区间。

解　由式(7.18) 得

$$T^*_{r,n} = 800 + (10-5)\times 300 = 2\ 300 \text{ h}$$

(i) θ 的近似单、双侧置信区间

由式(7.39) 得

$$\frac{2\times 2\ 300}{\chi^2_{0.95}(12)} \leqslant \theta \leqslant \frac{2\times 2\ 300}{\chi^2_{0.05}(10)}$$

$$\frac{4\ 600}{21.026} \leqslant \theta \leqslant \frac{4\ 600}{3.940}$$

$$218.8 \text{ h} \leqslant \theta \leqslant 1\ 167.5 \text{ h}$$

由式(7.40) 得

$$\theta \geqslant \frac{2 \times 2\ 300}{\chi^2_{0.9}(12)} = \frac{4\ 600}{18.549} = 248.0\ \text{h}$$

(ii)λ 的近似单、双侧置信区间

由式(7.41)得

$$\frac{\chi^2_{0.05}(10)}{2 \times 2\ 300} \leqslant \lambda \leqslant \frac{\chi^2_{0.95}(12)}{2 \times 2\ 300}$$

$$\frac{3.94}{2 \times 2\ 300} \leqslant \lambda \leqslant \frac{21.026}{2 \times 2\ 300}$$

$$8.565 \times 10^{-4} \leqslant \lambda \leqslant 4.571 \times 10^{-3}\ \text{h}^{-1}$$

由式(7.42)得

$$\lambda \leqslant \frac{x^2_{0.9}(12)}{2 \times 2\ 300} = \frac{18.549}{4\ 600} = 4.032 \times 10^{-3}\ \text{h}^{-1}$$

(iii)$R(40)$ 的近似单、双侧置信区间

由式(7.43)得

$$\exp\left(-\frac{40\chi^2_{0.95}(12)}{2 \times 2\ 300}\right) \leqslant R(40) \leqslant \exp\left(-\frac{40\chi^2_{0.05}(10)}{2 \times 2\ 300}\right)$$

$$\exp\left(-\frac{40 \times 21.026}{4\ 600}\right) \leqslant R(40) \leqslant \exp\left(-\frac{40 \times 3.940}{4\ 600}\right)$$

$$0.832\ 9 \leqslant R(40) \leqslant 0.966\ 3$$

由式(7.44)得

$$R(40) \geqslant \exp\left(-\frac{40\chi^2_{0.9}(12)}{2 \times 2\ 300}\right) = \exp\left(-\frac{40 \times 18.540}{4\ 600}\right) = 0.851\ 0$$

(iv)$t(0.9)$ 的近似单、双侧置信区间

由式(7.45)得

$$\frac{2 \times 2\ 300 \times \ln\dfrac{1}{0.9}}{\chi^2_{0.95}(12)} \leqslant t(0.9) \leqslant \frac{2 \times 2\ 300 \times \ln\dfrac{1}{0.9}}{\chi^2_{0.05}(10)}$$

$$\frac{4\ 600 \times \ln\dfrac{1}{0.9}}{21.026} \leqslant t(0.9) \leqslant \frac{4\ 600 \times \ln\dfrac{1}{0.9}}{3.940}$$

$$2.305\ \text{h} \leqslant t(0.9) \leqslant 123.0\ \text{h}$$

由式(7.46)得

$$t(0.9) \geqslant \frac{2 \times 2\ 300 \times \ln\dfrac{1}{0.9}}{\chi^2_{0.9}(12)} = \frac{4\ 600 \times \ln\dfrac{1}{0.9}}{18.549} = 26.13\ \text{h}$$

② 失效数为零的情况

当 $r=0$ 时，$\chi^2(2r)$ 分布无意义，因而以上公式不能使用，应采用下述方法寻求置信区间。

由 $R(T_{0,n}^*)=e^{-\frac{T_{0,n}^*}{\theta}}$ 时可以看出，当 θ 减少时，$R(T_{0,n}^*)$ 也随之减少。若 $\theta\leqslant\theta_L$，则 $R(T_{0,n}^*)\leqslant\alpha$，即 $T_{0,n}^*$ 之内，$r=0$ 为小概率事件，可以认为一般不会发生。如果 $(T_{0,n}^*)$ 确实，即 $R(T_{0,n}^*)$ 存在，有理由怀疑 $\theta\leqslant\theta_L$，而以 $1-\alpha$ 置信度认为 $\theta>\theta_L$。保守认为 θ_L 是 θ 的单侧置信下限。因此

$$\theta_L=\frac{T_{0,n}^*}{\ln\frac{1}{\alpha}}\tag{7.47}$$

(i) θ 的近似单侧置信区间为

$$\theta\geqslant\frac{T_{0,n}^*}{\ln\frac{1}{\alpha}}\tag{7.48}$$

(ii) λ 的近似单侧置信区间为

$$\lambda\leqslant\frac{\ln\frac{1}{\alpha}}{T_{0,n}^*}\tag{7.49}$$

(iii) $R(t_0)$ 的近似单侧置信区间为

$$R(t_0)\geqslant e^{-\frac{t_0\ln\frac{1}{\alpha}}{T_{0,n}^*}}$$

即

$$R(t_0)\geqslant\alpha^{\frac{t_0}{T_{0,n}^*}}$$

(iv) $t(R_0)$ 的近似单侧置信区间为

$$t(R_0)\geqslant\frac{T_{0,n}^*}{\ln\frac{1}{\alpha}}\ln\frac{1}{R_0}$$

【例 7.6】　上一例题中若寿命试验在 300 h 以前无失效，试求 90% 置信度 $T,\theta,\lambda,R(40)$，$t(0.9)$ 的单侧置信区间。

解　由题已知 $T_{0,10}^*=10\times300=3\ 000$ h，$\alpha=0.1$

(i) θ 的近似单侧置信区间

由式(7.48) 得

$$\theta\geqslant\frac{3\ 000}{\ln\frac{1}{0.1}}=1\ 302.88\ \text{h}$$

(ii) λ 的近似单侧置信区间

由式(7.49) 得

$$\lambda \leqslant \frac{\ln \frac{1}{0.1}}{3\ 000} = 7.675 \times 10^{-4}\ \mathrm{h}^{-1}$$

(iii)$R(40)$ 的近似单侧置信区间

由 $R(t_0) \geqslant \alpha^{\frac{t_0}{T_{0,n}^*}}$ 得

$$R(40) \geqslant (0.1)^{\frac{40}{3\ 000}} = 0.969\ 8$$

(iv)$t(0.9)$ 的近似单侧置信区间

由 $t(R_0) \geqslant \dfrac{T_{0,n}^*}{\ln \frac{1}{\alpha}} \ln \dfrac{1}{R_0}$ 得

$$t(0.9) \geqslant \frac{3\ 000}{\ln \frac{1}{0.1}} \ln \frac{1}{0.9} = 137.27\ \mathrm{h}$$

③ 失效时间不能确切测得的情况

若将 n 件随机抽取的试样进行无替换寿命试验，但是失效时间未能测得，只知道在 τ 以前失效数为 r，那么该情况如何估计可靠性参数？

解决问题的基本思路是首先估计 $R(\tau)$，利用 $R(\tau) = \exp(-\dfrac{\tau}{\theta})$ 求得 θ 的估计，进而得到 λ、$R(t_0)$、$t(R_0)$ 的估计。

令产品在$[0,\tau]$时间内失效的概率为 p，而 $R(\tau) = 1 - p$，n 件试样中失效数 k 符合二项分布，即

$$p(k \leqslant r) = \sum_{k=0}^{r} \binom{n}{k} R^{n-k} (1 - R)^k$$

当 $R = R_{\mathrm{L}}$ 时

$$\sum_{k=0}^{r} \binom{n}{k} R_{\mathrm{L}}^{n-k} (1 - R_{\mathrm{L}})^k = \alpha$$

由二项分布与贝塔分布的关系，可以得到

$$\sum_{k=0}^{r} \binom{n}{k} R_{\mathrm{L}}^{n-k} (1 - R_{\mathrm{L}})^k = \int_0^{R_{\mathrm{L}}} \frac{1}{\beta(r+1, n-r)} R^{n-r-1} (1 - R)^r \mathrm{d}R \triangleq F_\beta(R_{\mathrm{L}}; n - r, r + 1) \tag{7.50}$$

如果 $k = r$，那么我们以 $1 - \alpha$ 置信度认为$R(\tau) \geqslant R_{\mathrm{L}}$，即 R_{L} 为置信度 $1 - \alpha$ 下$R(\tau)$的单侧置信下限。现在的问题是如何求得 R_{L} 的表达式。

利用 β 分布与 F 分布的关系

$$F_\beta\left(x; -\frac{\gamma_1}{2}, \frac{\gamma_2}{2}\right) = F_F\left(\frac{\gamma_2 x}{\gamma_1(1 - x)}; \gamma_1, \gamma_2\right) \tag{7.51}$$

比较式(7.50)与式(7.51)可以得到

$$\sum_{k=0}^{r}\binom{n}{k}R_{\mathrm{L}}^{n-k}(1-R_{\mathrm{L}})^{k}=F_{F}\left(\frac{(r+1)R_{\mathrm{L}}}{(n-r)(1-R_{\mathrm{L}})};2(n-r),2(r+1)\right)=\alpha$$

故

$$\frac{(r+1)R_{\mathrm{L}}}{(n-r)(1-R_{\mathrm{L}})}=F_{\alpha}(2(n-r),2(r+1))$$

利用 F 分布性质

$$F_{\alpha}(2(n-r),2(r+1))=\frac{1}{F_{1-\alpha}(2(n-r),2(r+1))}$$

则

$$\frac{(r+1)R_{\mathrm{L}}}{(n-r)(1-R_{\mathrm{L}})}=\frac{1}{F_{1-\alpha}(2(r+1),2(n-r))}$$

解得

$$R_{\mathrm{L}}=\frac{1}{1+(\frac{r+1}{n-r})F_{1-\alpha}(2(r+1),2(n-r))}$$

(i) $R(\tau)$ 的单侧置信区间为

$$R(\tau)\geqslant\frac{1}{1+(\frac{r+1}{n-r})F_{1-\alpha}(2(r+1),2(n-r))}\tag{7.52}$$

同理,如果 $k=r$,在 $1-\alpha$ 置信度下如何寻求 $R(\tau)$ 的双侧置信区间 (R_1,R_2) 时,令 R_1,R_2 分别满足

$$\sum_{k=0}^{r}\binom{n}{k}R_{1}^{n-k}(1-R_{1})^{k}=\frac{\alpha}{2}$$

$$\sum_{k=0}^{r-1}\binom{n}{k}R_{2}^{n-k}(1-R_{2})^{k}=1-\frac{\alpha}{2}$$

同上对 R_{L} 推导,即得

$$R_1>\frac{1}{1+(\frac{r+1}{n-r})F_{1-\frac{\alpha}{2}}(2(r+1),2(n-r))}$$

对于 R_2 来说,考虑

$$\sum_{k=0}^{r-1}\binom{n}{k}R_{2}^{n-k}(1-R_{2})^{k}=\int_{0}^{R_2}\frac{R^{n-r}(1-R)^{r-1}}{\beta(r,n-r+1)}\mathrm{d}R=$$

$$F_{F}\left(\frac{rR_2}{(n-r+1)(1-R_2)};2(n-r+1),2r\right)=1-\frac{\alpha}{2}$$

故

$$\frac{rR_2}{(n-r+1)(1-R_2)} = F_{1-\frac{\alpha}{2}}(2(n-r+1),2r) = \frac{1}{F_{\frac{\alpha}{2}}(2r,2(n-r+1))}$$

解得

$$R_2 = \frac{1}{1+(\frac{r}{n-r+1})F_{\frac{\alpha}{2}}(2r,2(n-r+1))}$$

(ii) $R(\tau)$ 的双侧置信区间为

$$\left[1+(\frac{r+1}{n-r})F_{1-\frac{\alpha}{2}}(2r+2,2n-2r)\right]^{-1} \leqslant R(\tau) \leqslant \left[1+(\frac{r}{n-r+1})F_{\frac{\alpha}{2}}(2r,2(n-r+1))\right]^{-1} \tag{7.53}$$

(iii) θ 的单、双侧置信区间估计

用 $R(\tau) = e^{-\frac{\tau}{\theta}}$ 代入式(7.52)、(7.53),取对数得 θ 的单侧置信区间为

$$\theta \geqslant \frac{\tau}{\ln\left[1+\frac{r+1}{n-r}F_{1-\frac{\alpha}{2}}(2r+2,2n-2r)\right]} \tag{7.54}$$

θ 的双侧置信区间为

$$\frac{\tau}{\ln\left[1+(\frac{r+1}{n-r})F_{1-\frac{\alpha}{2}}(2r+2,2n-2r)\right]} \leqslant \theta \leqslant \frac{\tau}{\ln\left[1+(\frac{r}{n-r+1})F_{\frac{\alpha}{2}}(2r,2(n-r+1))\right]} \tag{7.55}$$

(iv) 失效率 λ 的单、双侧置信区间分别由式(7.54)、式(7.55) 取倒数求得。

λ 的单侧置信区间为

$$\lambda \leqslant \frac{\ln\left[1+(\frac{r+1}{n-r})F_{1-\frac{\alpha}{2}}(2r+2,2n-2r)\right]}{\tau} \tag{7.56}$$

λ 的双侧置信区间为

$$\frac{\ln\left[1+(\frac{r}{n-r+1})F_{\frac{\alpha}{2}}(2r,2n-2r+2)\right]}{\tau} \leqslant \lambda \leqslant \frac{\ln\left[1+(\frac{r}{n-r})F_{1-\frac{\alpha}{2}}(2r+2,2n-2r)\right]}{\tau} \tag{7.57}$$

(v) $R(t_0)$ 的求得,只需将式(7.56)、式(7.57) 分别乘以 $-t_0$,并取 e 指数即可。

$R(t_0)$ 的单侧置信区间为

$$R(t_0) \geqslant \left[1+(\frac{r+1}{n-r})F_{1-\alpha}(2r+2,2n-2r)\right]^{-\frac{t_0}{\tau}} \tag{7.58}$$

$R(t_0)$ 的双侧置信区间为

$$\left[1+\left(\frac{r+1}{n-r}\right)F_{1-\frac{\alpha}{2}}(2r+2,2n-2r)\right]^{-\frac{t_0}{\tau}} \leqslant R(t_0) \leqslant \left[1+\left(\frac{r}{n-r+1}\right)F_{\frac{\alpha}{2}}(2r,2n-2r+2)\right]^{-\frac{t_0}{\tau}} \tag{7.59}$$

(vi) 对于 $t(R_0)$ 的计算,只需对式(7.54)、式(7.55),乘以 $\ln\frac{1}{R_0}$ 即可求得。

$t(R_0)$ 的单侧置信区间为

$$t(R_0) \geqslant \frac{\tau\ln\frac{1}{R_0}}{\ln\left[1+\left(\frac{r+1}{n-r}\right)F_{1-\alpha}(2r+2,2n-2r)\right]} \tag{7.60}$$

$t(R_0)$ 的双侧置信区间为

$$\frac{\tau\ln\frac{1}{R_0}}{\ln\left[1+\left(\frac{r+1}{n-r}\right)F_{1-\frac{\alpha}{2}}(2r+2,2n-2r)\right]} \leqslant t(R_0) \leqslant \frac{\tau\ln\frac{1}{R_0}}{\ln\left[1+\left(\frac{r}{n-r+1}\right)F_{\frac{\alpha}{2}}(2r,2n-2r+2)\right]} \tag{7.61}$$

以上各式中,$F_x(n_1,n_2)$ 是自由度为 n_1,n_2 的 F 分布下侧分位数,可由"国标"中查出。当 n 很大,r 很小时,利用 F 分布性质可得

$$F_x(n_1,n_2) \approx \frac{\chi_x^2(2r+2)}{2(r+1)} \tag{7.62}$$

因此,上式 $F_x(n_1,n_2)$ 均可用 χ^2 分布的分位数来计算。

【例 7.7】　设某批产品寿命数据服从指数分布,从该批产品中随机抽取 10 件进行无替换寿命试验,试验到 300 h 停止试验,在停止试验前只知道有 5 件失效。求置信度为 90% 的 θ、λ、$R(40)$、$t(0.9)$ 的单、双侧置信区间。

解　已知 $n=10, r=5, \tau=300\ \text{h}, \alpha=0.1$

① 求 θ 的单、双侧置信区间

由式(7.54),得

$$\theta \geqslant \frac{300}{\ln\left[1+\frac{5+1}{10-5}F_{0.9}(12,10)\right]} = \frac{300}{\ln\left[1+\frac{6}{5}\times 2.28\right]} = 227.6\ \text{h}$$

由式(7.55),得

$$\frac{300}{\ln\left[1+\frac{5+1}{10-5}F_{0.95}(12,10)\right]} \leqslant \theta \leqslant \frac{300}{\ln\left[1+\frac{5}{10-5+1}F_{0.05}(10,12)\right]}$$

$$\frac{300}{\ln\left[1+\frac{6}{5}\times 2.91\right]} \leqslant \theta \leqslant \frac{300}{\ln\left[1+\frac{5}{6}\times\frac{1}{2.91}\right]}$$

$$199.7\ \text{h} \leqslant \theta \leqslant 1\ 191.3\ \text{h}$$

② 求 λ 的单、双侧置信区间

由式(7.56)、(7.57)得

$$\lambda \leqslant \frac{\ln\left[1 + \frac{5+1}{10-r}F_{0.9}(12,10)\right]}{300} = \frac{1}{227.6} = 4.394 \times 10^{-3}\ \text{h}^{-1}$$

λ 的双侧置信区间为

$$\frac{\ln\left[1 + (\frac{5}{10-5+1})F_{0.05}(10,12)\right]}{300} \leqslant \lambda \leqslant \frac{\ln\left[1 + (\frac{5}{10-5})F_{0.95}(12,10)\right]}{300}$$

$$\frac{1}{1\ 191.3} \leqslant \lambda \leqslant \frac{1}{199.7}$$

$$8.394 \times 10^{-4} \leqslant \lambda \leqslant 5.008 \times 10^{-3}\ \text{h}^{-1}$$

③ 求 $R(40)$ 的单,双侧置信区间

由式(7.58)、(7.59)得

$$R(40) \geqslant \left[1 + (\frac{5+1}{10-5})F_{0.9}(12,10)\right]^{-\frac{40}{300}} = \left[1 + \frac{6}{5} \times 2.28\right]^{-\frac{4}{30}} =$$

$$\left[\frac{11 \times 2.28}{5}\right]^{-\frac{4}{30}} = 0.456^{-\frac{4}{30}} = 1.11$$

$$\left[1 + (\frac{5+1}{10-5})F_{0.95}(12,10)\right]^{-\frac{40}{300}} \leqslant R(40) \leqslant \left[1 + (\frac{5}{10-5+1})F_{0.05}(10,12)\right]^{-\frac{40}{300}}$$

$$\left[1 + \frac{6}{5} \times 2.91\right]^{-\frac{4}{30}} \leqslant R(40) \leqslant \left[1 + \frac{5}{6} \times \frac{1}{2.91}\right]^{-\frac{4}{30}}$$

$$0.818\ 5 \leqslant R(40) \leqslant 0.967\ 0$$

④ 求 $t(0.9)$ 单、双侧置信区间

由式(7.60)、(7.61)求得

$$t(0.9) \geqslant \frac{300\ln\frac{1}{0.9}}{\ln\left[1 + (\frac{5+1}{10-5})F_{0.9}(12,10)\right]} = \frac{300\ln\frac{1}{0.9}}{\ln\left[1 + \frac{6}{5} \times 2.28\right]} = 23.98\ \text{h}$$

$$\frac{300\ln\frac{1}{0.9}}{\ln\left[1 + (\frac{5+1}{10-5})F_{0.95}(12,10)\right]} \leqslant t(0.9) \leqslant \frac{300\ln\frac{1}{0.9}}{\ln\left[1 + (\frac{5}{10-5+1})F_{0.05}(10,12)\right]}$$

$$\frac{300\ln\frac{1}{0.9}}{\ln\left[1 + \frac{6}{5} \times 2.91\right]} \leqslant t(0.9) \leqslant \frac{300\ln\frac{1}{0.9}}{\ln\left[1 + \frac{5}{6} \times \frac{1}{2.91}\right]}$$

$$21.04\ \text{h} \leqslant t(0.9) \leqslant 125.5\ \text{h}$$

7.3　正态分布型参数可靠性估计

许多产品特性参数，如性能指标、结构强度、耗损寿命等符合正态分布，其分布密度为

$$f(x) = \frac{1}{\sqrt{2\pi}\sigma}\exp\left[-\frac{1}{2}\left(\frac{x-\mu}{\sigma}\right)^2\right], -\infty < x < +\infty$$

式中　x—— 随机变量；

μ、σ—— 特性参数的总体均值与标准差。

如何根据随机变量的子样数据来估计 μ 与 σ，将在本节讨论。

7.3.1　可靠性性能指标估计

1. 性能可靠性定义

产品性能参数随着制造误差、环境条件等因素变化的影响而产生偏差。为了产品的使用要求，必须对性能参数的偏差加以限制，一般由产品设计任务书规定。通常，要求产品的性能参数应保证在允许的偏差范围内，即

$$X = X_0 \pm \Delta X \tag{7.63}$$

式中　X_0—— 性能参数的额定值；

ΔX—— 性能参数容许的偏差范围。

因此有

$$X_U = X_0 + \Delta X$$
$$X_L = X_0 - \Delta X$$

式中　X_U—— 性能参数容许上限；

X_L—— 性能参数容许下限。

由于要求不同，有的对下限提出要求，即 $X \geqslant X_L$，这类性能参数称为单侧下限参数；有的对上限提出要求，即 $X \leqslant X_U$，这类性能参数称为单侧上限参数；有的对性能的上、下限同时提出要求，即 $X_L \leqslant X \leqslant X_U$，这类性能参数称为双侧参数。

性能可靠性是指在规定的条件下、规定的时间内，其性能参数 X 满足规定的允许限要求的概率，记为 R，其变量 X 一般为正态分布 $N(\mu, \sigma)$，根据性能参数类型，性能可靠性可分为以下几种。

(1) 单侧性能下限可靠性

$$R_{(\text{下})} = P(X \geqslant X_L) = 1 - \Phi\left(\frac{X_L - \mu}{\sigma}\right) \tag{7.64}$$

(2) 单侧性能上限可靠性

$$R_{(上)} = P(X \leqslant X_U) = \Phi\left(\frac{X_U - \mu}{\sigma}\right) \tag{7.65}$$

(3) 双侧性能可靠性

$$R_{(双)} = P(X_L \leqslant X \leqslant X_U) = \Phi\left(\frac{X_U - \mu}{\sigma}\right) - \Phi\left(\frac{X_L - \mu}{\sigma}\right) \tag{7.66}$$

一般情况下,只能通过产品有限次试验得到性能的均值 μ 与标准差 σ 的点估计,分别为 $\bar{x}$ 与 s。若以 $\bar{x}$ 与 s 代替 μ 与 σ,则得到的性能可靠性的点估计为

$$R_{(下)} = 1 - \Phi\left(\frac{X_L - \bar{x}}{s}\right) \tag{7.67}$$

$$R_{(上)} = \Phi\left(\frac{X_U - \bar{x}}{s}\right) \tag{7.68}$$

$$R_{(双)} = \Phi\left(\frac{X_U - \bar{x}}{s}\right) - \Phi\left(\frac{X_L - \bar{x}}{s}\right) \tag{7.69}$$

上述方法显然适用于大样本的情况,而对于小样本则点估计误差很大,为了解决这一问题,提出进行区间估计的问题。

2.单侧性能可靠性置信下限

由于正态分布具有对称性,重点研究单侧下限性能的可靠性置信下限,由单侧下限性能的可靠性定义

$$R_{(下)} = P(X \geqslant X_L)$$

可知,它与应力为常值的情况相同(7.3.2节)。只要将 X 换成X_r,把应力 X_L 视为规定的允许限即可。

【例 7.8】 某液氧 - 煤油火箭发动机比推力,符合正态分布,额定比推力 x_0 = 2 605 N · s/kg,比推力容许偏差 Δx = 30 N · s/kg,现经10次试车测量数据算得 $\bar{x}$ = 2 612 N · s/kg,s = 11 N · s/kg,置信度为0.9,试求该发动机比推力的可靠度置信下限。

解 (1) 计算比推力容许下限

$$X_L = X_0 - \Delta X = 2\,605 - 30 = 2\,575\ (\mathrm{N \cdot s/kg})$$

(2) 计算 k

$$k = \frac{\bar{x} - X_L}{s} = \frac{2\,612 - 2\,575}{11} = 3.363\,6$$

(3) 查 k 系数表求 R_L

由置信度 $\gamma = 0.9$, $n = 10$, $k = 3.363\,6$,查 k 系数表并插值(见附表6),得

$$R_L = 0.985$$

单侧上限性能的可靠性置信下限求法与单侧下限性能可靠性置信下限求法相同,但其中

容许限系数为

$$k = \frac{X_U - \bar{x}}{s} \tag{7.70}$$

3.双侧性能可靠性置信下限

由性能可靠性定义可知

$$R_{(双)} = P(X_L \leqslant X \leqslant X_U) = P(X \leqslant X_U) - P(X \leqslant X_L) = 1 - [P(X \leqslant X_L) + P(X \geqslant X_U)] \tag{7.71}$$

当 $X_L = \mu - k_{p_1}\sigma, X_U = \mu - k_{p_2}\sigma$ 时,有

$$p_1 = P(X \leqslant \mu - k_{p_1}\sigma) = \Phi(k_{p_1})$$

$$p_2 = P(X \geqslant \mu + k_{p_2}\sigma) = 1 - \Phi(k_{p_2}) = \Phi(-k_{p_2}) \tag{7.72}$$

故

$$R_{(双)} = 1 - (p_1 + p_2) \tag{7.73}$$

可见$(\mu - k_{p_1}\sigma, \mu + k_{p_2}\sigma)$为母体容许区间。但 μ,σ 一般未知,只能得到样本参数 $\bar{x},s$。于是在置信度 γ 之下用$(\mu - k_1 s, \mu + k_2 s)$去估计$(\mu - k_{p_1}\sigma, \mu + k_{p_2}\sigma)$,要求满足

$$P\{(\bar{x} - k_1 s \leqslant \mu - k_{p_1}\sigma) \cap (\mu + k_2\sigma \leqslant \bar{x} + k_{p_2}\sigma)\} = \gamma \tag{7.74}$$

对上式作变换,得

$$P\{[T'(n-1, k_{p_1}\sqrt{n}) \leqslant k_1\sqrt{n}] \cap [T'(n-1, -k_{p_2}\sqrt{n}) \geqslant -k_2\sqrt{n}]\} = r \tag{7.75}$$

式(7.75)为二维非中心 t 分布函数,因而 k_1,k_2 为 n,γ,k_{p_1},k_{p_2} 所决定。通过计算可得到 n,γ 以及 $k_{p_1} = k_{p_2}$ 的系数 $k_1 = k_2$ 的解。

【例 7.9】 某液体火箭发动机推进剂组元混合比符合正态分布,额定混合比及其偏差为 2.70 ± 0.05,通过 18 次试车测的数据算得 $\bar{x} = 2.68, s = 0.015$,假设置信度 $\gamma = 0.9$。求发动机混合比的可靠性置信下限。

解 (1) 计算容许限

$$X_L = X_0 - \Delta X = 2.70 - 0.05 = 2.65$$

$$X_U = X_0 + \Delta X = 2.70 + 0.05 = 2.75$$

(2) 计算 k_1,k_2

$$k_1 = \frac{\bar{x} - X_L}{s} = \frac{2.68 - 2.65}{0.015} = 2.0$$

$$k_2 = \frac{X_U - \bar{x}}{s} = \frac{2.75 - 2.68}{0.015} = 4.667$$

(3) 查双侧容许限系数表,求 $u_{p_1}, u_{p_2}(k_{p_1}, k_{p_2})$

由 $n = 18, k_1 = 2, \gamma = 0.9$,查表并插值,得 $u_{p_1} = -1.313\,994$;

$n = 18, k_2 = 4.667, \gamma = 0.9$,查表并插值,得 $u_{p_2} = -3.389\,799$。

(4) 查标准正态分布分位数表

由 u_{p_1} 与 u_{p_2} 分别查表,得

$$p_1 = 0.094\,5$$

$$p_2 = 0.000\,407$$

(5) 求 $R_{L(双)}$

$$R_{L(双)} = 1 - (p_1 + p_2) = 1 - (0.094\,5 + 0.000\,407) = 0.905\,1$$

7.3.2 结构可靠性评估

1.应力 - 强度型可靠性的定义

$$R = P(x_r \geqslant x_s)$$

式中 x_r, x_s—— 分别为强度与应力的随机变量,均服从正态分布。

2.应力为常值、强度为正态分布

设 L 为应力的常值,$u = \dfrac{x - \mu_r}{\sigma_r}$,得

$$R = \int_L^{\infty} \frac{1}{\sigma_r \sqrt{2\pi}} e^{-\frac{(x-\mu_r)^2}{2\sigma_r^2}} dx = \int_{\frac{L-\mu_r}{\sigma_r}}^{\infty} \frac{1}{\sqrt{2\pi}} e^{-\frac{u^2}{2}} du = 1 - \phi\left(\frac{L - \mu_r}{\sigma_r}\right) \tag{7.76}$$

式中 μ_r, σ_r—— 分别为强度的均值与标准差。

通常 μ_r, σ_r 是未知的,只能由测得的样本的均值 $\bar{x}$ 与标准差 s 代替 μ_r, σ_r 而得到 R 的点估计。为了得到区间估计,将应力的常值视为随机变量的一个取值,设应力 $X_L = \mu_r - k_R\sigma_r$,有

$$R = P(X_r \geqslant \mu_r - k_R\sigma_r) = \Phi\left(\frac{L - \mu_r}{\sigma_r}\right)$$

可见 $X_L = \mu_r - k_R\sigma_r$ 为强度的母体容许下限,当 μ_r, σ_r 未知时,在置信度 γ 之下用 $\bar{x} - ks$ 去估计 $X_L = \mu_r - k_R\sigma_r$,满足

$$P\{\bar{x} - ks \leqslant \mu_r - k_R\sigma_r\} = \gamma$$

对上式作适当变换,可得

$$P\left(\frac{\dfrac{\bar{x} - \mu_r}{\sigma_r/\sqrt{n}} + k_R\sqrt{n}}{\sqrt{s^2/\sigma_r^2}} \leqslant k\sqrt{n}\right) = \gamma$$

由于

$$U=\frac{\bar{x}-\mu_r}{\sigma_r/\sqrt{n}}\sim N(0,1),V=\frac{(n-1)s^2}{\sigma_r^2}\sim\chi^2(n-1)$$

故

$$\frac{\dfrac{\bar{x}-\mu_r}{\sigma_r/\sqrt{n}}+k_R\sqrt{n}}{\sqrt{s^2/\sigma_r^2}}=\frac{U+\delta}{\sqrt{V/(n-1)}}\triangleq T'(n-1,\delta)$$

式中，$T'(n-1,\delta)$ 是自由度 $(n-1)$ 和非中心度 $(\delta=k_R\sqrt{n})$ 的非中心 t 的分布变量，即

$$P[T'(n-1,\delta)\leqslant k\sqrt{n}]=\gamma$$

而

$$P[T'(n-1,\delta)\leqslant t'_\gamma]=\gamma$$

式中　t'_γ—— 非中心 t 分布的 γ 分位数。比较以上二式，得

$$k=\frac{t'_\gamma}{\sqrt{n}}$$

因而，k 为 n,γ,k_R 所决定。对于不同的 n,γ 可以求得满足分布函数 $F(k\sqrt{n})$ 的 k_R 与 k 的对应关系。查表计算步骤如下。

① 根据试验数据计算 $\bar{x},s$。

② 计算 k 系数，即 $k=\dfrac{\bar{x}-L}{s}$。

③ 取定 γ，由 n,k 反查 k 系数表，得到应力 - 强度型数据可靠性置信下限。

【例 7.10】　设某容器承受内压，容器下端受力最严重，此处应力要求值为 220 MPa，该容器在 10 次静力试验中受内压破坏应力分别为 260.3，299.8，272.3，279.3，282.8，275.8，267.2，289.8，294.3，286.3 MPa，当置信度 $\gamma=0.9$，试求该容器可靠性下限。

解　首先检查数据是否符合正态分布，检查结果不能否定正态分布假设。

(1) 计算 $\bar{x},s$，得 $\bar{x}=280.79,s=12.307$

(2) 计算 k

$$k=\frac{\bar{x}-L}{s}=\frac{280.79-220}{12.307}=4.94$$

(3) 据 $\gamma=0.9,n=10,k=4.94$，反查系数表并内插值(见附表 6) 得到 $R_L=0.999\,3$。

3. 应力与强度均为正态分布

设强度母体均值与母体标准差分别为 μ_r,σ_r，应力母体均值与应力母体标准差分别为 μ_s，σ_s。通常这 4 个母体参数均未知，只能通过试验得到 n_r 个强度数据与 n_s 个应力数据。根据这些数据可得到 $\bar{x}_r,s_r;\bar{x}_s,s_s$。

设 $Z = X_r - X_s$，则 Z 也为正态分布变量，Z 的样本均值与样本标准差为

$$\bar{z} = \bar{x}_r - \bar{x}_s$$

$$s_Z^2 = s_r^2 + s_s^2 \tag{7.77}$$

不难证明

$$\bar{z} \sim N\left(\mu_r - \mu_s, \frac{\sigma_r^2}{n} + \frac{\sigma_s^2}{n}\right)$$

$$\frac{s_z^2}{\sigma_z^2} = \frac{\chi^2(n_z - 1)}{n_z - 1}$$

式中

$$n_z = \frac{(\sigma_r^2 + \sigma_s^2)^2}{\dfrac{\sigma_r^4}{n_r - 1} + \dfrac{\sigma_s^4}{n_s - 1}} + 1 \approx \frac{(s_r^2 + s_s^2)^2}{\dfrac{s_r^4}{n_r - 1} + \dfrac{s_s^4}{n_s - 1}} + 1 \tag{7.78}$$

当 $n_r = n_s = n$ 时，

$$n_z \approx \frac{(n+1)(s_r^2 + s_s^2)^2}{s_r^4 + s_s^4} \tag{7.79}$$

n_z 称为综合试验数。

同理寻求一个 k 系数，使式

$$P\{\bar{x} - ks_z \leqslant \mu_z - k_R\sigma_z\} = \gamma$$

成立。作适当变换，得

$$P\left\{\frac{\dfrac{\bar{z} - \mu_z}{\sigma_z/\sqrt{n}} + k_R\sqrt{n}}{\sqrt{s_z^2/\sigma_z^2}} \leqslant k\sqrt{n}\right\} = \gamma \tag{7.80}$$

式中，n—— 折合试验数。

当 $n_r = n_s = n$ 时

$$\delta = k_R\sqrt{n}$$

δ 称为折合非中心度。

当 $n_r \neq n_s$

$$\delta \approx \frac{s_z}{\sqrt{\dfrac{s_r^2}{n_r} + \dfrac{s_s^2}{n_s}}} \cdot k_R$$

即

$$n \approx \frac{s_z^2}{\dfrac{s_r^2}{n_r} + \dfrac{s_s^2}{n_s}} \tag{7.81}$$

注意到综合自由度为 $n_z - 1$,式(7.80) 可改写为

$$P\left\{\frac{\dfrac{\bar{z} - \mu_z}{\sigma_z / \sqrt{n}} + k'_{R'}\sqrt{n}}{\sqrt{s_z^2 / \sigma_z^2}} \leqslant k'\sqrt{n_z}\right\} = \gamma \tag{7.82}$$

比较式(7.80) 与式(7.82) 可知

$$k'_{R'} = k_R \frac{\sqrt{n}}{\sqrt{n_z}} \tag{7.83}$$

$$k' = k \frac{\sqrt{n}}{\sqrt{n_z}} \tag{7.84}$$

而 k 由样本得

$$k = \frac{\bar{z}}{s_z} \tag{7.85}$$

由此可见,仍可以利用 k 系数求 k',故 $k'_{R'} = \Phi^{-1}(R')$。从而由式(7.83) 得

$$k_R = \sqrt{\frac{n_z}{n}}\Phi^{-1}(R')$$

最后得到置信下限为

$$R_{\mathrm{L}} = \Phi(k_R) = \sqrt{\frac{n_z}{n}}\Phi^{-1}(R') \tag{7.86}$$

【例 7.11】　已知某构件强度、应力均服从正态分布,样本参数 $\bar{x}_r = 4.41$ MPa,$s_r = 0.27$ MPa,$n_r = 12$,$\bar{x}_s = 3.58$ MPa,$s_s = 0.196$ MPa,$n_s = 8$,试求置信度 $\gamma = 0.9$ 时,该构件可靠性置信下限。

解　(1) 计算 $\bar{Z}, s_z^2$

$$\bar{Z} = 4.41 - 3.58 = 0.83$$
$$s_z^2 = 0.27^2 + 0.196^2 = 0.111\,3$$

(2) 计算 n_z, n

$$n_z \approx \frac{(s_r^2 + s_s^2)^2}{\dfrac{s_r^4}{n_r - 1} + \dfrac{s_s^4}{n_s - 1}} + 1 = \frac{0.111\,3^2}{\dfrac{0.27^4}{12 - 1} + \dfrac{0.196^4}{8 - 1}} + 1 = 18.9$$

$$n \approx \frac{s_Z^2}{\dfrac{s_r^2}{n_r} + \dfrac{s_s^2}{n_s}} = \frac{0.111\,3}{\dfrac{0.27^2}{12} + \dfrac{0.196^2}{8}} = 10.233$$

(3) 计算 k, k', R'

$$k = \frac{0.83}{0.333\,6} = 2.49$$

$$k' = 2.49\sqrt{\frac{10.233}{18.9}} = 1.832$$

由 $\gamma = 0.9, n_Z = 18.9, k' = 1.832$,反查 k 系数表并内插,得到 $R' = 0.905$。

(4) 求 R_L

$$R_L = \Phi\left[\frac{18.9}{10.233}\Phi^{-1}(0.905)\right] = 0.992$$

7.3.3 同步性能可靠性评定

有些产品如同步推进系统、捆绑式发动机以及分离机构的火工品等要求同步性能比较高。设火工品起爆时间 $X \sim N(\mu,\sigma)$,标准化处理得 $X \sim N(0,1)$,此时起爆时间为 σ 单位。假设 k 个火工品测得起爆时间分别为 $x_1, x_2, \cdots, x_k$。x_i 从小到大排列 $x_{(1)}, x_{(2)}, \cdots, x_{(k)}$,则最大的时间差为

$$H_k = x_{(k)} - x_1$$

H_k 是衡量同步性能的特性,其单侧上限参数,同步性能可靠性定义为

$$R = P(H_k \leqslant B)$$

式中,B 为设计规定的同步性容许上限参数,H_k 是随机变量,它必须遵循某种分布,它的概率密度函数 $f(H,k)$,给出不同的 k,将有不同的 $f(H,k)$。由此,可以计算 H_k 的 P 分位数 $H_p(k)$,即

$$P(H_k \leqslant H_p(k)) = \int_0^{H_p(k)} f(H,k)\mathrm{d}H = R = 1 - p \tag{7.87}$$

典型的 $H_p(k)$ 如表 7.1 所示,表中数值的单位为 σ。

表 7.1　$H_p(k)$ 分位数表

k		1	2	3	4	5	6	7	8	9	10
$R = 99.5\%$	$p = 0.5\%$	—	3.970	4.424	4.694	4.886	5.033	5.154	5.255	5.341	5.418
$R = 99.0\%$	$p = 1.0\%$	—	3.643	4.120	4.403	4.603	4.757	4.882	4.987	5.078	5.157
$R = 95.0\%$	$p = 5.0\%$	—	2.772	3.314	3.633	3.858	4.030	4.170	4.286	4.387	4.474
n		11	12	13	14	15	16	17	18	19	20
$R = 99.5\%$	$p = 0.5\%$	5.485	5.546	5.602	5.652	5.699	5.742	5.783	5.820	5.856	5.889
$R = 99.0\%$	$p = 1.0\%$	5.227	5.290	5.348	5.400	5.448	5.493	5.535	5.574	5.611	5.645
$R = 99.5\%$	$p = 5.0\%$	4.552	4.622	4.685	4.743	4.796	4.845	4.891	4.934	4.974	5.012
n		21	22	23	24	25	26	27	28	29	30
$R = 99.5\%$	$p = 0.5\%$	5.921	5.951	5.979	6.006	6.032	6.057	6.080	6.103	6.125	6.146
$R = 99.0\%$	$p = 1.0\%$	5.678	5.709	5.738	5.766	5.793	5.818	5.843	5.866	5.889	5.911
$R = 99.5\%$	$p = 5.0\%$	5.047	5.081	5.113	5.144	5.173	5.201	5.228	5.253	5.278	5.301

由同步性能可靠性定义可知,给定 B 及 R 要求后,实质上是要求

$$H_p(k)\sigma \leqslant B$$

即

$$\sigma \leqslant \frac{B}{H_p(k)} \triangleq A \tag{7.88}$$

因此,同步可靠性评定问题可以转化为是否满足上式的问题,也就是最终转化为起爆时间的母体标准差估计问题。已知

$$\frac{(n-1)s^2}{\sigma^2} \sim \chi^2(n-1)$$

于是有

$$P\left\{\frac{(n-1)s^2}{\sigma^2} \geqslant \chi^2_{1-\gamma}(n-1)\right\} = \gamma$$

即

$$P\left\{\sigma^2 \leqslant \frac{(n-1)s^2}{\chi^2_{1-\gamma}(n-1)}\right\} = \gamma$$

由此可得

$$\sigma_u = \sqrt{\frac{(n-1)}{\chi^2_{1-\gamma}(n-1)}} \cdot s \tag{7.89}$$

比较 σ 与 σ_u,若 $\sigma_u \leqslant A$,则 $\sigma \leqslant A$,置信度为 γ,即认为同步可靠性达到要求。

【例 7.12】　某分离机构采用 8 个爆炸螺栓,爆炸螺栓起爆时间符合正态分布,规定最大起爆时间差允许上限 $B = 0.4$ s,同步可靠性指标为 0.99。今由 20 个爆炸螺栓起爆试验测量数据算得 $s^2 = 0.003\ 95$ s,给定置信度 $\gamma = 0.9$,试问该批爆炸螺栓同步可靠性是否达到指标要求。

解　(1) 计算 A

由 $K = 8, R = 0.99, p = 0.01$,查表 7.1 得

$$H_{0.01}(8) = 4.987$$

$$A = \frac{0.4}{4.987} = 0.080\ 2 \text{ s}$$

(2) 计算 σ_u

首先由 $n - 1 = 19, \gamma = 0.9$ 查 χ^2 分布分位数表,得 $\chi^2_{0.1}(19) \doteq 11.651$,由 σ_u 式得

$$\sigma_u = \sqrt{\frac{19 \times 0.003\ 95}{11.651}} = 0.080\ 3$$

(3) 结论

由于 $\sigma_u = 0.080\ 3 \approx A$,故可认为同步可靠性达到指标要求,即 $R \doteq 0.99$。

7.4 威布尔分布的可靠性估计

对于失效率是幂函数规则变化的情况,威布尔分布可靠性估计是很常见的情况。威布尔分布密度函数为

$$f_w(t;m,\eta,\delta)=\frac{m}{\eta}\left(\frac{t-\delta}{\eta}\right)^{m-1}\exp\left[-\left(\frac{t-\delta}{\eta}\right)^m\right]\quad \delta\leqslant t,m,\eta>0 \tag{7.90}$$

分布函数为

$$F_w(t;m,\eta,\delta)=1-\exp\left[-\left(\frac{t-\delta}{\eta}\right)^m\right] \tag{7.91}$$

式中 m—— 形状参数,衡量寿命的离散程度;

η—— 尺度参数,又称特征寿命,是衡量寿命水平的单位尺度;

δ—— 位置参数,又称保证寿命,即在 δ 以前不会失效。

当 $\delta=0$ 时

$$f_w(t;m,\eta)=\frac{m}{\eta}\left(\frac{t}{\eta}\right)^{m-1}\exp\left[-\left(\frac{t}{\eta}\right)^m\right]\quad t\geqslant 0,m,\eta>0 \tag{7.92}$$

$$F_w(t;m,\eta)=1-\exp\left[-\left(\frac{t}{\eta}\right)^m\right] \tag{7.93}$$

当寿命为威布尔分布时,具有如下的可靠性参数。

(1) 平均寿命与寿命方差

$$E(T)=\mu_T=\delta+\eta\Gamma\left(1+\frac{1}{m}\right)$$

$$V(T)=\sigma_T^2=\eta^2\left\{\Gamma\left(1+\frac{2}{m}\right)-\left[\Gamma\left(1+\frac{1}{m}\right)\right]^2\right\} \tag{7.94}$$

(2) 可靠性

$$R(t)=\exp\left[-\left(\frac{t-\delta}{\eta}\right)^m\right] \tag{7.95}$$

(3) 失效率

$$\lambda(t)=\frac{f_w(t;m,\eta,\delta)}{R(t)}=\frac{m}{\eta}\left(\frac{t-\delta}{\eta}\right)^{m-1} \tag{7.96}$$

(4) 平均失效率

$$\overline{\lambda(t)}=\frac{1}{t}\int_0^t\lambda(x)\mathrm{d}x=\frac{1}{t}\left(\frac{t-\delta}{\eta}\right)^m \tag{7.97}$$

$$\overline{\lambda^*(t)}=\frac{1}{t-\delta}\int_0^t\lambda(x)\mathrm{d}x=\frac{(t-\delta)^{m-1}}{\eta^m}=\frac{1}{m}\lambda(t) \tag{7.98}$$

(5) 可靠性寿命与特征寿命

$$t(R) = \delta + \eta\left(\ln\frac{1}{R}\right)^{\frac{1}{m}} \tag{7.99}$$

当 $R = e^{-1} = 0.368$ 时，得到特征寿命

$$t(e^{-1}) = \delta + \eta \tag{7.100}$$

若 $T \sim f_w(t;m,\eta,\delta)$，则 $Z = \dfrac{T-\delta}{\eta}$ 的分布函数为

$$F_z(z) = 1 - \exp(-z^m) \tag{7.101}$$

该分布函数称为标准威布尔分布。

若 $T \sim f_w(t;m,\eta)$，则 $X = \ln T$ 服从对数威布尔分布，也称极小值 I 型分布，其分布函数为

$$F_x(x) = 1 - \exp\left[-\exp(\frac{x-\mu}{\sigma})\right] \quad -\infty < x < +\infty \tag{7.102}$$

式中　$\mu = \ln\eta$ 表示位置参数；$\sigma = 1/m$ 表示尺度参数。

若令 $Z' = \dfrac{X-\mu}{\sigma}$，则 Z' 为 $\mu = 0, \sigma = 1$ 的对数威布尔分布，又称为标准对数威布尔分布，其分布函数为

$$F_{z'}(z') = 1 - \exp[-\exp(z')] \tag{7.103}$$

本节介绍一种计算简便，精度较高的数值分析法，以获得寿命分布中未知参数的估计，即最佳线性不变估计 BLIE(Best Linear Invariant Estimation)。

设 $\hat{\theta}$ 是寿命分布中未知参数 θ 的估计量，若 $\hat{\theta}$ 满足以下条件：

① $\hat{\theta}$ 是子样的线性函数，例如从正态母体 $N(\mu,\sigma)$ 中抽取一个子样 $X_1, X_2, \cdots, X_n$，用子样的线性组合 $\bar{X} = \dfrac{1}{n}\sum\limits_{i=1}^{n} X_i$ 来估计 μ。$\bar{X}$ 即为子样的线性函数。

② $\text{MSE}(\hat{\theta})/\sigma_2$（$\hat{\theta}$ 对 θ 的均方误差 $\text{MSE}\hat{\theta} = E(\hat{\theta}-\theta)^2$）与参数 μ、σ 无关，是一个常数，即 $\hat{\theta}$ 具备不变性。

② $\text{MSE}(\hat{\theta})$ 是在 θ 的一切线性不变估计量中为最小。

符合以上 3 个条件的 $\hat{\theta}$，则称 $\hat{\theta}$ 为最佳线性不变估计，简记为 BLIE。

下面重点针对双参数威布尔分布，容量为 $n \leqslant 25$ 时，定数截尾子样情况进行分析。

1.点估计

对威布尔分布参数 m, η 进行估计时，可利用式(7.102)先将威布尔分布化成对数威布尔分布，即极小值 I 型分布。对其参数 μ、σ 作出估计，然后根据 $\mu = \ln\eta, \sigma = \dfrac{1}{m}$ 关系式得到 m 和 η 的估计。

设从威布尔寿命型产品随机抽取 n 件，进行寿命试验，试验到有 r 件失效时为止。失效时

间依次排列为

$$t_{(1)} \leqslant t_{(2)} \leqslant \cdots \leqslant t_{(r)}$$

取自然对数后，有

$$\ln t_{(1)} \leqslant \ln t_{(2)} \leqslant \cdots \leqslant \ln t_{(r)}$$

于是，对数威布尔分布的参数 μ、σ 的 BLIE 为

$$\tilde{\sigma} = \sum_{j=1}^{r} C_l(n,r,j) \ln t_{(j)}$$

$$\tilde{\mu} = \sum_{j=1}^{r} D_l(n,r,j) \ln t_{(j)} \tag{7.104}$$

若对 t_i 取以 10 为底的对数，有

$$\lg t_{(1)} \leqslant \lg t_{(2)} \leqslant \cdots \leqslant \lg t_{(r)}$$

于是

$$\tilde{\sigma} = 2.302\,6 \sum_{j=1}^{r} C_l(n,r,j) \lg t_{(j)}$$

$$\tilde{\mu} = 2.302\,6 \sum_{j=1}^{r} D_l(n,r,j) \lg t_{(j)} \tag{7.105}$$

式中 $C_l(n,r,j)$——σ 的最佳线性不变估计权系数；

$D_l(n,r,j)$——μ 的最佳线性不变估计权系数。

对不同的 n、r，这两个系数可查表(见表 7.2)。

m 与 η 的估计为

$$\widetilde{m} = \frac{1}{\tilde{\sigma}}$$

$$\tilde{\eta} = e^{\tilde{\mu}} \tag{7.106}$$

其中 $\widetilde{m}$ 是 m 的有偏估计，对此作如下修正，即

$$\widetilde{m}' = \frac{g_{r,n}}{1 + l_{r,n}} \widetilde{m} \tag{7.107}$$

式中 $\dfrac{g_{r,n}}{1 + l_{r,n}}$—— 修偏系数。

对不同的 n、r，可查有关表(详见参考文献[1])。

将所得的 $\widetilde{m}$、$\tilde{\eta}$ 代入式(7.92) ~ 式(7.100)，并令式中 $\delta = 0$，即可得到各种可靠性尺度量的点估计。

【例 7.13】 设某产品寿命服从威布尔分布，现从一批中抽取 10 台，试验到 6 台失效结束试验，每台失效时间为 277、327、341、373、405、470 h，试用 BLIE 方法求 m，η，$t(0.95)$，$R(140)$ 的点估计。

解　已知 $n=10, r=6, t_{(j)}$ 如题所示,数据如表7.2所示。

将失效时间依次排列于表7.2中第2列,将失效时间取对数,列于表7.2中第3列。

表7.2　威布尔分布计算数据表

j	t_j	$\ln t_j$	$C_I(n,r,j)$	$C_I(n,r,j)\ln t_j$	$D_I(n,r,j)$	$D_I(n,r,j)\ln t_j$
1	277	5.624 0	−0.150 0	−0.843 6	−0.058 0	−0.326 2
2	327	5.790 0	−0.150 5	−0.871 4	−0.039 6	−0.229 3
3	341	5.831 9	−0.136 9	−0.798 4	−0.012 5	−0.072 9
4	373	5.921 6	−0.112 2	−0.664 4	0.022 3	0.132 1
5	405	6.003 9	−0.075 7	−0.454 5	0.065 8	0.395 1
6	470	6.152 7	0.625 3	3.847 3	1.022 1	6.288 7

查表,在 $n=10, r=6$ 行中查出 $C_I(10,6,j), D_I(10,6,j)$,分别列于表第4列、第6列。

① 分别计算 $C_I(10,6,j)\cdot\ln t$ 和 $D_I(10,6,j)\cdot\ln t_j$,将计算结果分别列于表7.2中第5列、第7列。

将表7.2中第5列、第7列数据分别代数相加,得 $\tilde{\sigma}=0.251\,0, \tilde{\mu}=6.187\,5$。查表,得到修偏系数 $g_{6,10}=0.834\,2, l_{6,10}=0.165\,8$。

② 分别计算 $\tilde{m}$ 与 $\tilde{\eta}$

$$\tilde{m}=\frac{1}{0.251\,0}=4.651, \tilde{m}'=\frac{g_{r,n}}{1+l_{r,n}}\tilde{m}=\frac{0.834\,2}{1.165\,8}\times 4.651=3.328$$

$$\tilde{\eta}=\mathrm{e}^{\tilde{\mu}}=\mathrm{e}^{6.187\,5}=486.6$$

将 $\tilde{m}'$ 与 $\tilde{\eta}$ 代入式(7.99)中,并令式中的 $\delta=0$,得

$$\tilde{t}(0.95)=\tilde{\eta}\left[\ln\frac{1}{0.95}\right]^{\frac{1}{\tilde{m}'}}=486.6\left[\ln\frac{1}{0.95}\right]^{\frac{1}{3.328}}=199\ \mathrm{h}$$

将 $\tilde{m}'$ 与 $\tilde{\eta}$ 代入式(7.95)中,并令式中的 $\delta=0$,得

$$\tilde{R}(140)=\exp\left[-\left(\frac{140}{\tilde{\eta}}\right)^{\tilde{m}'}\right]=\exp\left[-\left(\frac{140}{486.6}\right)^{3.328}\right]=0.984\,3$$

2.区间估计

(1) m 的区间估计

由于很难找到用BLIE方法得到的 $\tilde{\mu}$、$\tilde{\sigma}$ 的分布解析形式,故采用随机模拟的方法来计算 $\frac{\tilde{\sigma}}{\sigma}$ 的分布分位数,并由此得到 σ 的置信区间,进而得到 m 的置信区间。

构造统计量

$$W=\frac{\tilde{\sigma}}{\sigma}$$

于是有

$$P(W \leqslant w_\alpha) = \alpha$$

式中的 w_α 为 W 分布的 α 分位数,可查相应的表。

当置信度为 $1-\alpha$ 时,有

$$P\left\{w_{\alpha/2} \leqslant \frac{\tilde{\sigma}}{\sigma} \leqslant w_{1-\alpha/2}\right\} = 1-\alpha \tag{7.108}$$

将 $m = \dfrac{1}{\sigma}$ 代入式(7.108),有

$$P\left\{\frac{w_{\alpha/2}}{\tilde{\sigma}} \leqslant m \leqslant \frac{w_{1-\alpha/2}}{\tilde{\sigma}}\right\} = 1-\alpha$$

故 m 的双侧置信区间为

$$\frac{w_{\alpha/2}}{\tilde{\sigma}} \leqslant m \leqslant \frac{w_{1-\alpha/2}}{\tilde{\sigma}} \tag{7.109}$$

同样,置信度为 $1-\alpha$ 时,m 的单侧置信上、下限为

$$m_{\mathrm{U}} = \frac{w_{1-\alpha}}{\tilde{\sigma}}$$

$$m_{\mathrm{L}} = \frac{w_\alpha}{\tilde{\sigma}} \tag{7.110}$$

(2)η、$t(R_0)$、$R(t_0)$ 的区间估计

为了得到 η、$t(R_0)$、$R(t_0)$ 的区间估计,首先考虑给定概率 p 时,对数威布尔分布 $F_X(x)$ 的 p 分位数 x_p 的区间估计。x_p 满足

$$F_X(x_p) = 1 - \exp\left[-\exp\left(\frac{x_p-\mu}{\sigma}\right)\right] = p$$

构造统计量

$$V_{1-p} = \frac{\tilde{\mu} - x_p}{\tilde{\sigma}} \tag{7.111}$$

式中 $x_p = \ln t_p$,是对数威布尔分布 $F_X(x)$ 的 p 分位数。于是有

$$P(V_{1-p} \leqslant U_{1-p,\alpha}) = \alpha$$

式中 $U_{1-p,\alpha}$ 是 V_{1-p} 的 α 下侧分位数。当置信度为 $1-\alpha$ 时,有

$$P\{U_{1-p,\alpha/2} \leqslant V_{1-p} \leqslant U_{1-p,1-\alpha/2}\} = 1-\alpha \tag{7.112}$$

将式(7.111)代入式(7.112),得

$$P\{\tilde{\mu} - \tilde{\sigma}U_{1-p,\alpha/2} \leqslant x_p \leqslant \tilde{\mu} - \tilde{\sigma}U_{1-p,\alpha/2}\} = 1-\alpha$$

由于 $x_p = \ln t_p$,$p = 1-R$,而 $t(p)$ 即 $t(R)$,因此

$$t(p) = t(R) = \exp(x_p)$$

于是 $t(R_0)$ 的双侧置信区间为

$$\exp\{\tilde{\mu} - \tilde{\sigma}U_{1-(1-R_0),1-\alpha/2}\} \leqslant t(R_0) \leqslant \exp\{\tilde{\mu} - \tilde{\sigma}U_{1-(1-R_0),\alpha/2}\} \tag{7.113}$$

同样,置信度为 $1-\alpha$ 时,$t(R_0)$ 的单侧置信区间为

$$t(R_0) \geqslant \exp\{\tilde{\mu} - \tilde{\sigma} U_{1-(1-R_0),1-\alpha}\} \tag{7.114}$$

当 $p = 1 - e^{-1} = 0.632$ 时,$t_p = \eta, x_p = \ln\eta = \mu, V_{1-p} = V_{0.368}$,即统计量

$$V_{0.368} = \frac{\tilde{\mu} - \mu}{\tilde{\sigma}}$$

对不同的 n、r,$V_{0.368}$ 分布的下侧分位数可查相应表。只要用 $V_{0.368,\alpha}$ 去分别代替式(7.113)、(7.114)中的 $U_{1-(1-R_0),1-\alpha}$,即可得到 η 的双侧置信区间,即

$$\exp\{\tilde{\mu} - \tilde{\sigma} U_{0.368,1-\alpha/2}\} \leqslant \eta \leqslant \exp\{\tilde{\mu} - \tilde{\sigma} U_{0.368,\alpha/2}\}$$

η 的单侧置信区间为

$$\eta \geqslant \exp\{\tilde{\mu} - \tilde{\sigma} U_{0.368,1-\alpha}\} \tag{7.115}$$

对任意给定时间 t_0 的可靠性 $R(t_0)$ 的单侧置信下限,仍然可以用 V_{1-p} 的分位数表求得。

由于 $x_0 = \ln t_0$,故可计算统计量

$$V_{R(t_0)} = \frac{\tilde{\mu} - x_0}{\tilde{\sigma}}$$

当置信度为 $1-\alpha$ 时,可从 V_{1-p} 的分位数表查得与 $V_{R(t_0)}$ 相近的两个 $U_{1-p,1-\alpha}$ 值,然后插值得到与 $V_{R(t_0)}$ 相应的 $R_L(t_0)$。

【例 7.14】 求上例中产品在 80% 置信度下,$m,\eta,t(0.95),R(140)$ 的 BLIE 方法的区间估计。

解　已知 $n = 10, r = 6, \tilde{\sigma} = 0.215\,0, \tilde{\mu} = 6.187\,5$

(1)m 的单、双侧置信区间由式(7.109)估计式得

$$\frac{w_{0.1}}{\tilde{\sigma}} \leqslant m \leqslant \frac{w_{0.9}}{\tilde{\sigma}}$$

$$\frac{0.45}{0.215\,0} \leqslant m \leqslant \frac{1.32}{0.215\,0}$$

$$2.093 \leqslant m \leqslant 6.140$$

由 m 的单侧上下限,得

$$m_U = \frac{w_{0.8}}{\hat{\sigma}} = \frac{1.15}{0.215\,0} = 5.349$$

$$m_L = \frac{w_{0.2}}{\hat{\sigma}} = \frac{0.55}{0.215\,0} = 2.558$$

可由式(7.113)得 $t(0.95)$ 的单双侧置信区间,由 $t(R_0)$ 公式得

$$\exp(6.187\,5 - 0.215\,0 V_{0.95,0.9}) \leqslant t(0.95) \leqslant \exp(6.187\,5 - 0.215\,0 U_{0.95,0.1})$$

$$\exp(6.187\,5 - 0.215\,0 \times 6.24) \leqslant t(0.95) \leqslant \exp(6.187\,5 - 0.215\,0 \times 2.23)$$

$$127.2\ \text{h} \leqslant t(0.95) \leqslant 301.3\ \text{h}$$

由式(7.114)得 $t(R_0)$ 的单侧区间,即

$$t(R_0) \geqslant \exp(6.187\,5 - 0.215\,0V_{0.95,0.8}) = \exp(6.187\,5 - 0.215\,0 \times 5.21) = 158.75\ \text{h}$$

(2) η 的单、双置信区间由 η 公式得

$$\exp(6.187\,5 - 0.215\,0V_{0.368,0.9}) \leqslant \eta \leqslant \exp(6.187\,5 - 0.215\,0V_{0.368,0.1})$$

$$\exp(6.187\,5 - 0.215\,0 \times 0.54) \leqslant \eta \leqslant \exp(6.187\,5 - 0.215\,0 \times (-1.03))$$

$$433.3\ \text{h} \leqslant \eta \leqslant 607.3\ \text{h}$$

(3) 由 η 单边值估计得

$$\eta \geqslant \exp(6.187\,5 - 0.215V_{0.368,0.8}) = \exp(6.187\,5 - 0.215 \times 0.36) = 450.4\ \text{h}$$

(4) $R(140)$ 单侧置信下限

由 $t_0 = 140, x_0 = \ln t_0 = 4.941\,6$,计算得

$$V_{R(t_0)} = \frac{\tilde{\mu} - x_0}{\tilde{\sigma}} = \frac{6.187\,5 - 4.941\,6}{0.215} = 5.794\,9$$

由统计表查得对应于 $V_R(t_0) = 5.794\,9$,内插可得

$$U_{0.95,0.8} = 5.21$$

$$U_{0.99,0.2} = 8.19$$

求得

$$R_L(140) = 0.957\,9$$

系统可靠性综合评定

7.5　金字塔式可靠性综合评定

7.5.1　概　述

前面我们讨论了单元产品可靠性评定方法,但对于不同单元产品组成的系统,其可靠性如何评定呢?对系统可靠性,当然可以像单元产品一样,根据系统的试验信息来对系统可靠性进行评定。但是我们知道,系统试验一般符合金字塔程序,如图 7.6 所示。由图可见,一般"级"越高,试验数量越少,而系统的试验数量更少,要评定系统可靠性,必然存在着信息量不足的问题。这就需要在评定系统可靠性时,充分利用以下各级的可靠性信息,有可能使全系统一级的试验数量减少,节省产品的研制经费与研制周期。

为了解决这样的问题,提出了系统可靠性的综合评定。它实质上是根据已知的系统的结构函数(如串联、并联、混联以及既非串联也非并联的复杂网络等系统),利用系统以下各级的试验信息(如成败型试验、指数寿命试验、其他类型试验等),自下而上直到全系统,逐级确定可靠

性置信下限。由于这种方法具有金字塔式逐级综合的特点,因此又称金字塔式可靠性综合评定。

7.5.2　金字塔式评估方法

由于不同单元组成的系统的方式不同,单元的失效分布类型也不同,它们直接影响计算结果,在评估中的置信下限也存在着随机性,采用一般的算法不可能得到满意的结果。评估系统的可靠性时,在认识单元的失效分布类型的基础上来计算系统的可靠性。通常单元失效分布类型主要有 3 种,成败型、寿命型与应力强度型或性能型,如表 7.3 所示。从表中可以看出,即使各单元可靠性认识值分布已知时,系统认识值的分布也是很难确定的,尤其小子样的情况更为困难。

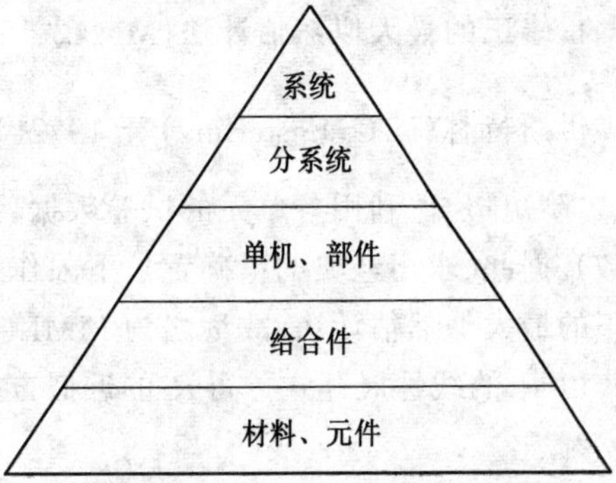

图 7.6　金字塔程序模型

按照经典估计理论很难得到系统可靠性综合的严格方法,因此统计工作者对不同途径的近似方法作了大量研究,给出了不少求系统可靠性置信限的近似方法。下面我们仅介绍系统结构函数比较简单的且试验类型也不太复杂的串联系统。

表 7.3　单元失效分布类型

类　　型	试验结果或特征量分布	对可靠性规律的认识
成败型	二项分布	贝塔分布(评价密度函数)
寿命型	多为指数分布	对数伽玛分布(评价密度函数)
应力强度型或性能型	多为正态分布	可靠性的评价函数

7.5.3　系统可靠性近似置信限估计

若 m 个成败型试验的单元产品彼此独立且串联,则系统可靠性为

$$R = \prod_{i=1}^{m} R_i$$

假设试验 n_i 次,成功 x_i,则 R_i 的点估计为

$$\hat{R}_i = \frac{x_i}{n_i}$$

如果将系统看做单元产品,试验 n 次,成功 x 次,则点估计为

$$\hat{R} = \frac{x}{n} = \prod_{i=1}^{m} \hat{R}_i = \prod_{i=1}^{m} \frac{x_i}{n_i} \tag{7.116}$$

1.修正的最大似然估计法(MML)

伊斯特林(R.G.Easterling)于1972年提出的近似法是将 $\hat{R}=\prod_{i=1}^{l}\hat{R}_i$ 先线性展开,然后以一、二阶矩拟合,利用各单元的试验数据,折算成系统等效试验数 n 与等效成功数 x(或等效失败数)。据此,求出经典的精确置信下限作为系统可靠性置信下限的近似值,该法实际上是经过修正的最大似然估计法,故称之为MML(Modification of the Maximum Likelihood)法。

由 $\hat{R}$ 的线性展开式可得 $\hat{R}$ 的近似方差,即

$$D(\hat{R})=\sum_{i=1}^{l}\left(\frac{\partial\hat{R}}{\partial\hat{R}_i}\right)^2_{\hat{R}_i=R_i}D(\hat{R}_i) \tag{7.117}$$

式中

$$\left.\frac{\partial\hat{R}}{\partial\hat{R}_i}\right|_{\hat{R}_i=R_i}=\frac{R}{\hat{R}_i}$$

由 n_i 次试验中成功次数 x_i 为二项分布变量,故

$$D(x_i)=n_iR_i(1-R_i)$$

即

$$D(\hat{R}_i)=D\left(\frac{x_i}{n_i}\right)=\frac{R_i(1-R_i)}{n_i} \tag{7.118}$$

同理

$$D(\hat{R})=D\left(\frac{x}{n}\right)=\frac{R(1-R)}{n} \tag{7.119}$$

将式(7.118)代入到式(7.117)中,然后比较式(7.119),可得

$$\frac{1-R}{nR}=\sum_{i=1}^{l}\frac{1-R_i}{n_iR_i}$$

式中的 R、R_i 分别用 $\hat{R}$、$\hat{R}_i$ 代替,得

$$\frac{1-\hat{R}}{n\hat{R}}=\sum_{i=1}^{l}\frac{1-\hat{R}_i}{n_i\hat{R}_i} \tag{7.120}$$

或

$$\frac{F}{nx}=\sum_{i=1}^{l}\frac{F_i}{n_ix_i} \tag{7.121}$$

联立式(7.116)与式(7.121),解得

$$n=\frac{\prod_{i=1}^{l}\frac{n_i}{x_i}-1}{\sum_{i=1}^{l}\frac{1}{x_i}-\sum_{i=1}^{l}\frac{1}{n_i}} \tag{7.122}$$

$$F = n(1 - \prod_{i=1}^{l} \frac{x_i}{n_i})$$

$$x = n \prod_{i=1}^{l} \frac{x_i}{n_i}; \hat{x} = \hat{n} \prod_{i=1}^{l} \frac{x_i}{n_i}$$

$$\hat{F} = n(1 - \prod_{i=1}^{l} \frac{\hat{x}_i}{n_i})$$

据(n,F)，取定置信度(γ)，由式

$$\sum_{x=0}^{F} \binom{n}{x} R_L^{n-x} (1 - R_L)^x = 1 - \gamma \tag{7.123}$$

解得系统可靠性置信下限 R_L。此法仅局限于 n_i 较大、单元可靠性很高的场合使用，当$\frac{F_i}{n_i}$为一阶小量时，有

$$\prod_{i=1}^{l} \frac{n_i}{x_i} = \prod_{i=1}^{l} (1 + \frac{F_i}{x_i}) \approx 1 + \sum_{i=1}^{l} \frac{F_i}{x_i} = 1 + \sum_{i=1}^{l} \frac{n_i}{x_i} - 1$$

故式(7.122) 近似为

$$n \approx \frac{\sum_{i=1}^{l} \frac{n_i}{x_i} - 1}{\sum_{i=1}^{l} \frac{1}{x_i} - \sum_{i=1}^{l} \frac{1}{n_i}} \tag{7.124}$$

$$F = n(1 - \prod_{i=1}^{l} \frac{x_i}{n_i}) \tag{7.125}$$

2.修正极大似然法和序贯压缩组合法(CMSR 法)

CMSR 法是在试验次数最小单元无失效的情况下只进行一次压缩，然后仍然应用 MML 折合公式进行计算。如果串联系统不存在试验数最小的无失效单元，则 CMSR 法直接等于 MML 法。设研究的为 m 个成败型单元的串联系统，第 i 个单元试验 n_i 次，成功 x_i 次，$i = \overline{1,m}$，在这些单元中无失败单元，即试验次数等于成功次数。CMSR 法求可靠性置信下限的基本步骤如下。

① 将 m 个单元的试验信息按 $n_i(i = \overline{1,m})$ 的数值从大到小排序。

② 舍去中间无失败单元(试验次数非最小的无失败单元)，选出试验次数最小的无失败单元(n_l, x_l)，再选出试验次数大于 n_l 的最小有失败单元为(n_i, x_i)，即 $n_i \geqslant n_l, n_i \geqslant x_i, n_l = x_l$，对这两个单元的试验信息，按以下各式进行压缩综合，即当 $x_i > n_l$ 时

$$\left.\begin{aligned} (n_i, x_i) &\rightarrow \left(n_i \frac{n_l}{x_i}, x_l\right) \\ (n_l, x_l) &\rightarrow (n_l, x_l) \end{aligned}\right\} \rightarrow \left(n_i \frac{n_l}{x_i}, x_l\right) \tag{7.126}$$

即

$$(n_i,x_i),(n_l,x_l)\to\left(n_i\frac{n_l}{x_i},x_l\right)$$

当 $x_i = n_l$ 时,同理得

$$(n_i,x_i),(n_l,x_l)\to(n_i,x_l)$$

当 $x_i < n_l$ 时,亦可得

$$(n_i,x_i),(n_l,x_l)\to\left(n_i,x_l\frac{x_i}{n_l}\right)$$

【例 7.15】 有由 4 个单元组成的串联系统,各单元的试验信息(n_i,x_i)分别为(30,30)、(60,59)、(45,45)、(50,49),对该系统各单元的实验信息进行压缩综合,使系统不含无失败单元。

解 (1) 对系统 4 个组成单元进行排序

4 个单元的试验信息按 $n_i(i=\overline{1,4})$ 从大到小排序结果为$(n_1,x_1)=(60,59)$,$(n_2,x_2)=(50,49)$,$(n_3,x_3)=(45,45)$,$(n_4,x_4)=(30,30)$。

(2) 确定 $n_l,x_l;n_i,x_i$

去掉中间无失效单元(n_3,x_3);第四个单元为试验次数最小的无失效单元,即$(n_l,x_l)=(30,30)$;第二个单元为试验次数次小有失败单元,即$(n_i,x_i)=(50,49)$。可确定 $n_l=30$,$x_l=30$,$n_i=50$,$x_i=49$。

(3) 对(n_l,x_l)和(n_i,x_i)单元进行压缩综合

因为 $x_i > n_l$,故得

$$(n_i,x_i),(n_l,x_l)=(n_2,x_2),(n_4,x_4)\to\left(n_2\frac{n_4}{x_2},x_4\right)=\left(50\times\frac{30}{49},30\right)=$$

$$(30.6,30)\triangleq(n_{2,4},x_{2,4})$$

(4) 结论

压缩综合后,该系统由 2 个单元组成,它们是$(n_1,x_1)=(60,59)$、$(n_{2,4},x_{2,4})=(30.6,30)$。

对压缩综合结果(即与原系统等效的、都是有失败单元的系统)应用 MML 方法,计算该等效系统的等效试验次数 $\hat{F}=n\left(1-\prod_{i=1}^{l}\frac{\hat{x}_i}{n_i}\right)$、等效成功次数 $\hat{x}$ 和等效失败次数 $\hat{F}$。

根据求得的 $\hat{x}$、$\hat{F}$ 和规定的置信度 γ,查附表 3 得系统可靠性的置信下限 R_L。

【例 7.16】 串联系统各个成败型单元可靠性试验数据如图 7.7 所示,若置信度 $\gamma=0.9$,求该系统的置信下限。

解 由图可知,该图中无失效单元(100,100),(107,107),故不能用 MML 法,而应采用 CMSR 法求解。

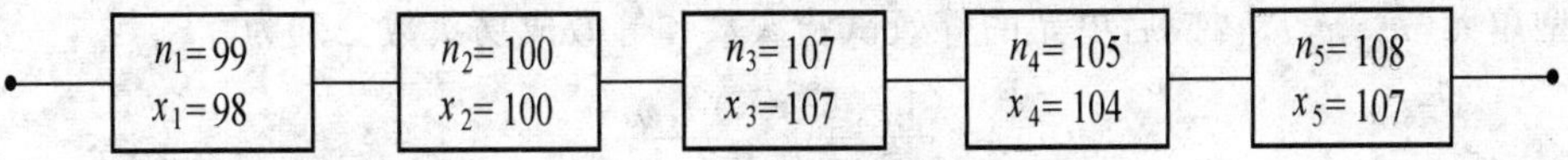

图 7.7　串联系统可靠性框图

(1) 按 n_i 从大到小给单元排序为(108,107),(107,107)(105,104),(100,100),(99,98)。

(2) 去掉中间无失效单元(107,107),选出试验次数最小无失败单元(100,100) 和次小有失败单元(105,104) 进行压缩综合。由于 $x_i > n_l$,即 $104 > 100$,故得

$$(105,104),(100,100) \rightarrow (105 \times \frac{100}{104},100) = (100.96,100)$$

故图的等效系统如图 7.8 所示。

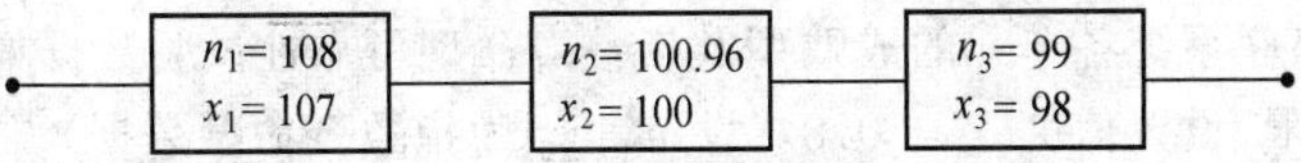

图 7.8　等效系统可靠性框图

(3) 求系统的 $\hat{n}$、$\hat{x}$ 和 $\hat{F}$

对于图的等效系统中各单元均未有失败数据进行试验,故应用 MML 得

$$\hat{n} = \frac{\prod_{i=1}^{3} \frac{n_i}{x_i} - 1}{\sum_{i=1}^{3} \frac{1}{x_i} - \sum_{i=1}^{3} \frac{1}{n_i}} = \frac{\frac{108}{107} \times \frac{100.96}{100} \times \frac{99}{98} - 1}{\frac{1}{107} + \frac{1}{100} + \frac{1}{98} - \frac{1}{108} - \frac{1}{100.96} - \frac{1}{99}} = 103.4$$

$$\hat{x} = \hat{n} \prod_{i=1}^{3} \frac{x_i}{n_i} = 103.4 \times \frac{107}{108} \times \frac{100}{100.96} \times \frac{98}{99} = 100.4$$

$$\hat{F} = \hat{n} - \hat{x} = 103.4 - 100.4 = 3$$

(4) 求系统的 R_L

由 $\gamma = 0.9$,查附表 3 求得 R_L

$$n = 103, F = 3 \text{ 时}, R_\mathrm{L} = 0.936\,3$$

$$n = 104, F = 3 \text{ 时}, R_\mathrm{L} = 0.936\,9$$

故当 $\hat{n} = 103.4, \hat{F} = 3$ 时,用插值得

$$R_\mathrm{L} = 0.936\,3 + (0.936\,9 - 0.936\,3) \times 0.4 = 0.936\,5$$

故该系统的可靠性置信下限 $R_\mathrm{L} = 0.936\,5$。

3.指数寿命型串联系统的 CMSR 法

指数寿命型单元产品在工程上应用很广泛。由于成败型单元的可靠性评估已经比较成熟,因此,指数寿命型数据的可靠性评估,是将其指数寿命型数据转换成成败型数据,然后通过成败型数据的计算方法进行计算,这就是 CMSR 法的特点。

在这里引用已经推导出的公式,进行数据转换。将第 i 个指数寿命型单元(z_i, η_i) 等效转

换为成败型单元($\hat{n}_i,\hat{x}_i$),转换后单元的等效试验次数和等效成功次数分别为

$$\hat{n}_i = \frac{(1-e^{-Z_i/\eta_i})\cdot\eta_i^2}{e^{-Z_i/\eta_i}\cdot Z_i}$$

$$\hat{x}_i = \frac{(1-e^{-Z_i/\eta_i})\cdot\eta_i^2}{Z_i}$$

式中　η_i——被转换指数寿命型单元的等效任务数,$\eta_i = T/t_0$(寿命试验的总试验时间 T 与任务时间 t_0 的比值);

Z_i——与被转换指数寿命型单元试验失效率 γ_i 有关的量值,对定数截尾试验时,$Z_i = \gamma_i$;对其他形式寿命试验时,$Z_i = \gamma_i + 1$。

【例 7.17】　串联系统各单元的成败型及指数寿命型可靠性试验数据如图 7.9 所示,试求系统可靠性置信下限,设置信度 $\gamma = 0.8$。(设 n_3, z_3 为指数寿命型数据)

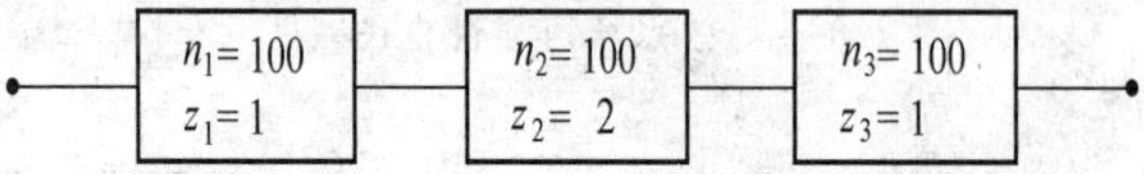

图 7.9　成败型单元串联系统的可靠性框图

解　(1) 将第 3 个指数寿命型的单元等效转换成成败单元。由上式得

$$\hat{n}_3 = \frac{(1-e^{-Z_3/\eta_3})\cdot\eta_3^2}{e^{-Z_3/\eta_3}\cdot Z_3} = \frac{(1-e^{-1/100})\times 100^2}{e^{-1/100}\times 1} = 100.5$$

$$\hat{x}_3 = \frac{(1-e^{-Z_3/\eta_3})\cdot\eta_3^2}{Z_3} = \frac{(1-e^{-1/100})\times 100^2}{1} = 99.5$$

等效系统各种数据如图 7.10 所示。

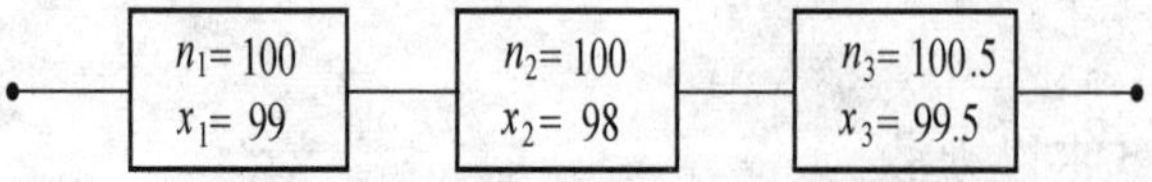

图 7.10　等效系统可靠性框图

(2) 求系统的 $\hat{n}$、$\hat{x}$ 和 $\hat{F}$

由于图中成败型串联系统没有不失效单元,所以选用 MML 法。故

$$\hat{n} = \frac{\prod_{i=1}^{m}\frac{n_i}{x_i}-1}{\sum_{i=1}^{m}\frac{1}{x_i}-\sum_{i=1}^{m}\frac{1}{n_i}} = \frac{\prod_{i=1}^{3}\frac{n_i}{x_i}-1}{\sum_{i=1}^{3}\frac{1}{x_i}-\sum_{i=1}^{3}\frac{1}{n_i}}$$

$$\hat{n} = \frac{\frac{100}{99}\times\frac{100}{98}\times\frac{100.5}{99.5}-1}{\frac{1}{99}+\frac{1}{98}+\frac{1}{99.5}-\frac{1}{100}-\frac{1}{100}-\frac{1}{100.5}} = 101.4$$

$$\hat{x} = \hat{n}\prod_{i=1}^{m}\frac{x_i}{n_i} = \hat{n}\prod_{i=1}^{3}\frac{x_i}{n_i} = 101.4 \times \frac{99}{100} \times \frac{98}{100} \times \frac{99.5}{100.5} = 97.4$$

$$\hat{F} = \hat{n} - \hat{x} = 101.4 - 97.4 = 4 \quad (\text{这里 } \hat{F} \text{ 为失效数})$$

(3) 求系统的 R_L

根据附表 3,当 $\gamma = 0.8$,$\hat{n} = 101.4$,$\hat{F} = 4$,查得 R_L 值。

$n = 101$,$F = 4$ 时,$R_L = 0.934\,4$;$n = 102$,$F = 4$ 时,$R_L = 0.935\,0$。

求 $\hat{n} = 101.4$,$\hat{F} = 4$,查表并进行内插,得 $R_L = 0.934\,4 + (0.935\,0 - 0.934\,4) \times 0.4 = 0.934\,6$,故系统可靠性置信下限为 $R_L = 0.934\,6$。

复杂系统的可靠性评估问题正在研究中,有关内容可查有关文献。

4.等效分析法

按照经典理论很难得到系统可靠性综合评定的严格方法,下面仅就串联系统的一种实用方法介绍如下。

由于串联系统的可靠性取决于组成系统的最薄弱环节,从这一点出发,利用各组成单元试验数据折合成的系统等效数据,再进行系统评定。设系统由 k 个单元组成,试验数据为(n_i,F_i),$i = 1, k$,n_i 为第 i 个单元的试验数,F_i 为第 i 个单元的失效数,则系统可靠性最大似然估计为

$$\hat{R} = \prod_{i=1}^{k}\frac{n_i - F_i}{n_i}$$

将系统的各个试验数从小到大排列为($n_{(1)}, n_{(2)}, \cdots, n_{(k)}$),并取系统等效试验数为

$$n_{(1)} = \min(n_{(1)}, n_{(2)}, \cdots, n_{(k)})$$

则系统等效失效数为

$$F = n_{(1)}\left(1 - \prod_{i=1}^{k}\frac{n_i - F_i}{n_i}\right)$$

记[F]为不超过 F 的整数部分,取定置信度 γ,由下式

$$\sum_{x=0}^{[F]+1}\binom{n_{(1)}}{x}R_1^{n_{(1)}-x}(1 - R_1)^x = 1 - \gamma$$

可解得 R_1,由下式

$$\sum_{0}^{[F]}\binom{n_{(1)}}{x}R_2^{n_{(1)}-x}(1 - R_2)^x = 1 - \gamma \tag{7.127}$$

又可解得 R_2。最后按 F 在(R_1, R_2)中进行线性内插,内插值即为系统可靠度置信下限的近似值 R_L。该方法仅适用于成败型实验数据单元串联系统可靠性综合评定。对于非成败型试验数据,必须将其转变成成败型数据。下面介绍一种转换方法。根据单元的可靠性点估计 $\hat{R}_i$ 与可靠性置信下限 $R_L(\gamma)$,可将非成败型数据转变成成败型数据(n_i^*, s_i^*),(n_i^*, s_i^*)即为第 i 个单

元转换后的数据,即成功数据,由下列方程组解得,即

$$s_i^* = n_i^* \hat{R}_i$$

$$(1/\beta(s_i^*, n_i^* - s_i^* + 1))\int_0^{R_{iL}(\gamma)} x^{s_i^* - 1}(1 - x)^{n_i^* - s_i^*} \mathrm{d}x = 1 - \gamma$$

式中 β—— 分布函数。

【例 7.18】 设某系统由 3 个子系统组成串联系统,试验数据类型分别为指数寿命型、威布尔型寿命型、应力 - 强度型,已知各子系统可靠性评定结果为数据表格,如表 7.4 所示。试求置信度 $\gamma = 0.8$ 下的系统可靠性置信下限。

表 7.4 各种分布类型子系统数据表

数据类型	$\hat{R}_i$	$\hat{R}_{iL}(\gamma)$	γ
指数寿命型	0.978 5	0.965 8	0.9
威布尔寿命型	0.984 3	0.957 9	0.8
应力 - 强度型	0.998 7	0.975 0	0.9

解 首先将非成败型数据转换成成败型数据,利用 7.5.3 节 4 中与例 7.17 的方法进行转换,其结果为:指数寿命型子系统:$(n_1^*, s_1^*) = (394.5, 386.02)$;威布尔寿命型子系统:$(n_2^*, s_2^*) = (76.22, 75.02)$;应力 - 强度型子系统:$(n_3^*, s_3^*) = (99.75, 99.63)$。得

$$\hat{R} = \prod_{i=1}^{3} \frac{n_i^* - F_i^*}{n_i^*} = 0.978\,5 \times 0.984\,6 \times 0.998\,7 = 0.962\,1$$

系统等效试验数为

$$n_{(1)} = \min\{n_{(1)}, n_{(2)}, n_{(3)}\} = \{76.22, 99.75, 394.5\} = 76.22$$

系统等效失败数为

$$F = 76.22(1 - 0.962\,1) = 2.89$$

按成败公式(7.127),计算或查表得可靠度

$$F = 2.85,\quad R_1 = 0.928\,8,\quad F = 2.90,\quad R_2 = 0.944\,7$$

$$(R_1, R_2) = (0.928\,8, 0.944\,7)$$

在(R_1, R_2)中线性内插,得系统可靠性置信下限的近似值为

$$R_L = 0.930$$

7.5.4 系统可靠性评定的一般步骤

前面我们讨论了系统可靠性评定的数学方法,但是在整个可靠性评定过程中,数学计算方面的工作只占很小的比重,大量的工作是要根据产品研制情况进行工程分析。如果这部分工作没有做好,就不可能从工程、物理意义上提出问题,也就不可能正确地应用数学模型得出符合

工程实际的结论。可靠性评定是一种定量化的可靠性分析，它要在设计、试验、生产、储存直到使用的各个阶段中进行。

对于一个复杂系统可靠性评定而言，必须具备以下的基本环节，评定工作流程如图 7.11 所示。

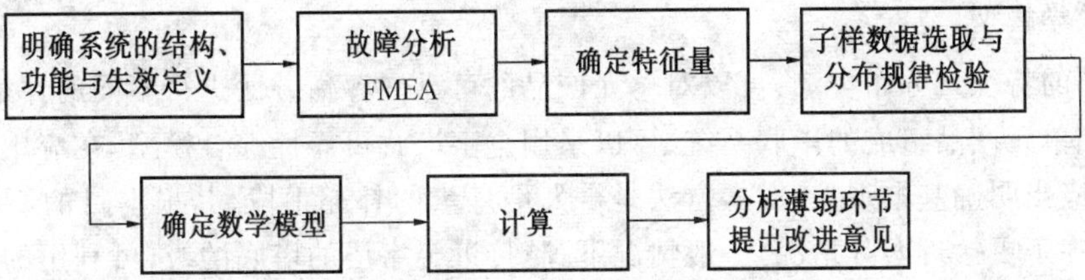

图 7.11　可靠性评定工作流程

1. 明确系统的结构、功能与失效的定义

系统可靠性评定的第一步是按照系统的技术状态（结构状态）、系统工作模式、工作阶段、系统功能框图和可靠性框图，根据系统的功能要求，明确规定失效的定义。一般地说，系统不能完成规定的功能时称为失效。有两种类型或两种程度的失效：一种是性能失效或参数失效，在设计要求上，性能偏差不允许超出一定的极限；还可能有另一种失效模式，那就是仪器根本不工作，例如没有输出，这是性能超差的极限情况。如检查其原因，可能是某一元件损坏，这就是第二类失效，或者叫结构失效（一般性能超差的原因也可能是某一元件性能超差或损坏）。失效又可分为渐变的和突变的两类，电气设备的性能漂移或机械运动部件的磨损等是渐变的，电子元器件的随机失效或机械零件破坏等往往是突然发生的。仪器根本不工作这类明显的失效或突然发生的失效，要规定其定义比较容易，而性能超差到什么程度作为失效或渐变的失效，这需要事先经过分析研究，才能明确规定其定义。

2. FMEA 与特征量选取

分析系统内部各个部件可能有的各种失效模式，每种失效模式可能造成的后果，发生概率及严重程度，这一系列分析即 FMEA。系统可靠性评定一般应在 FMEA 的基础上进行。

所谓特征量，就是能够反映产品可靠性的随机变量。发生失效的情况是多种多样的，基本查明失效模式不一定就找到能反映产品可靠性恰当的特征量，还需要深入地分析。从工程、物理意义上提出问题，分析故障模式，寻找特征量，为建立数学模型提供了物理基础，这样才能使可靠性评定结论更加符合实际。

3. 子样数据选取与分布规则检验

为了评定系统可靠性，希望取得足够多的数据。试验数据可以来自现场使用，也可来自实验室，可以有多种来源。判别哪些数据是否能用是一个重要问题，其准则是如果产品技术状态、生产状态、试验环境条件和工作条件都符合规定，这样取得的试验数据或测量数据可以使用；

否则不能使用。例如,在试验中发生失效以后对产品设计作过某种更改,因而试验时的技术状态不符合修改后供交付使用的产品技术状态,这样的试验数据就不能使用。关于检验的规则,如果在工程分析基础上确认串联系统中该单元可靠性远高于其他单元,则该单元可不参加综合评定,使得串联环节减少。

4.确定数学模型

根据不同的特征量分布类型,可以对单元产品的可靠性评估方法进行不同的评定。对于互相独立的不同单元产品组成的串联系统,可以采用金字塔式可靠性综合模型。在应用金字塔式综合方法时,应当明确基本观点,即本方法是扩大信息量的补充手段,其根本目的不在于提高评定结果,而在于更接近实际情况。一般情况下,越接近金字塔的塔底的级,可利用的试验信息越多,这是进行综合评估确定数学模型应考虑的原则。

5.分析薄弱环节,提出改进措施

通过可靠性评定可以发现薄弱环节,针对薄弱环节,分析问题性质,寻找原因,在可能范围内提出有效的改进措施,从而提高可靠性。另外,可靠性评定也为今后同类产品的研制积累并提供了经验和参考数据。

习　题

1.对飞机的飞行速度进行 15 次独立测量,测得数据分别为 422.2,418.7,425.6,420.3,425.8,423.1,428.2,438.3,434.0,411.3,417.2,413.5,441.3,423.0 m/s。求样本均值与样本标准差。

2.假设 1 题数据服从正态分布,试求均方差的无偏估计及极大似然估计值。

3.设 $X_1,X_2,\cdots$ 是来自正态分布母体 $N(\mu,\sigma^2)$ 的一个子样,其中 μ 和 σ^2 均未知。试求 $\theta=P(X>\alpha)$ 的极大似然估计(MLE)。

4.设产品的寿命服从指数分布。总试验时间 6 080 h、发生 9 次失效,总数为 n,无替换,定数截尾(n,无,数)。试确定置信水平为 0.95 时平均寿命 μ 的置信区间和单侧置信下限。

5.设产品的寿命服从指数分布,抽取 100 个产品进行有替换寿命试验。当发生 15 个产品失效时停止试验,最后一个失效时间为 1 100 h。试求置信水平为 0.90 的平均寿命 μ 的单侧置信下限。

6.在 5 题中寻求 $t=10$ h、100 h 时可靠度的置信水平为 0.90 的双侧置信区间。

7.设某产品的寿命服从威布尔分布。先从中随机抽取 60 个进行截尾寿命试验,试验进行到有 30 个产品失效时停止。观察到的 30 个失效时间为 1,9,18,21,24,20,34,43,48,48,50,60,62,63,67,67,84,100,102,111,114,116,116,117,118,133,135,139,163,171。试用 GLUE(简单线性无偏估计)作出威布尔分布中两个参数的估计。

8.某仪器零件长度 X 服从正态分布。现随机抽取 8 件进行测量,结果为 8.10,9.2,9.5,

10.6,10.2,10.7,10.9,10.8 mm。求该种零件的均值、标准差的点估计、置信区间估计(γ = 0.8)?

9. 某型号加热器的技术指标规定,最大温升不允许超过 1 000℃。现抽取 14 台加热器测量结果,其平均温度 $\bar{t}$ = 950℃,子样标准差 S_i = 15℃。若加热器温升服从正态分布,问加热器性能可靠性点估计与置信下限估计(γ = 0.9) 为多少?

10. 设某系统由 4 个单元串联组成,设各单元试验结果为(n_1,F_1) = (20,0),(n_2,F_2) = (25,1),(n_3,F_3) = (40,1),(n_4,F_4) = (30,0)。试用 MML 法求系统可靠性置信下限。

11. 设某系统由 4 个单元串联组成,各单元寿命服从指数分布,各单元均作定时截尾试验,单元任务时间均为 2 h,试验结果为(T_1,r_1) = (200,1),(T_2,r_2) = (240,2),(T_3,r_3) = (220,1),(T_4,r_4) = (280,2)。取置信度 0.8,试用 MML 法求系统可靠性置信下限。

12. 已知由 4 个单元组成的串联系统,各单元的试验信息为(n_i,x_i),即分别为(90,85),(60,59),(75,75) 与(80,70),试应用修正极大似然法与序贯压缩组合法(CMSR) 进行数据压缩综合,使系统内不含无效单元。

第 8 章　软件可靠性

8.1　引　　言

随着计算机系统应用范围的日趋广泛，软件的销售量和使用量呈几何级数增长，软件的规模越来越大，软件系统的复杂性也急剧升高，随之而来的问题就是大的软件系统成本高、可靠性差，甚至有时人的大脑已无法理解和驾驭人类本身所创造出来的复杂逻辑系统，从而产生软件危机。因软件故障造成的重大事故不乏其例，例如，F－16 的导航软件中的错误使其在飞越赤道时引起飞机翻转；爱国者导弹因软件问题误伤了 28 名美国士兵；由于控制系统 Fortran 程序少一个逗点，致使控制系统未能发出正确的指令，从而使美国的一次宇宙飞行失败。可见，软件可靠性问题在软件工程实践中极为重要，对软件可靠性问题的研究在国际上已十分活跃。

8.2　软件可靠性的基本概念

8.2.1　软件可靠性的含义

关于软件可靠性的确切含义，国际学术界曾经有过长期的争论。对软件可靠性的理解一般有广义和狭义两种。

广义的理解是指一切旨在避免、减少、处理、度量软件故障（错误、缺陷、失效）的分析、设计、测试方法、技术和实践活动。与之相关的术语有软件可靠性度量、软件可靠性设计、软件可靠性建模、软件可靠性测试、软件可靠性管理等。狭义的理解则指软件无失效运行的定量度量。与之相关的术语有软件可靠度、软件失效强度、软件平均失效时间等。在工程上常用软件可靠度来代替软件可靠性。软件可靠度即是软件在规定的运行环境中和规定的时间内无故障运行的概率。这里提到的“规定的运行环境”和“规定的时间”，在工程上有重要的意义，现进一步解释如下。

1.环境条件

环境条件包括与程序存储、运行有关的计算机及其操作系统。例如，计算机的型号、字长、内存容量、外存介质的数量及容量、输入和输出设备的数量、通信网络、操作系统和数据管理系统、编译程序及其他支持软件。这些因素虽然对程序的运行有重要的影响，但是在使用中一般没有变化。

环境条件还包括软件的输入分布。程序在启动运行时,需要给变量赋值,即给程序提供输入数据。输入数据可能由外部设备输入,也可能早已存储于计算机内等待读取。程序运行一次所需的输入数据构成程序输入空间的一个元素,这个元素是一个多维向量。全体输入向量的集合构成程序的输入空间。一组输入数据经过程序处理后得到一组输出数据,这些输出数据构成一个输出向量,全部输出向量的集合构成程序的输出空间。程序输入空间的元素数量非常庞大,程序运行中每个元素被选用的概率互不相同,形成一定的概率分布,我们称这个概率分布为程序的运行剖面。程序不同的运行状态,对应于不同的运行剖面。

2.时间度量

在软件的测试和运行中有三种时间度量。第一种是日历时间,即指日常生活中使用的日、周、月、年等计时单元;第二种是时钟时间,即指从程序运行开始,到运行结束所用的时、分、秒,其中包括等待时间和其他辅助时间,但是不包括计算机停机占用的时间;第三种是执行时间,即指计算机在执行程序时,实际占用的中心处理器(CPU)的时间,所以又称为 CPU 时间。例如,某软件在一周内运行 48 h,CPU 工作的时间是运行时间的 2/3,则日历时间是 1 周,时钟时间是 48 h,CPU 时间是 32 h。如果所考察的系统处于稳定的工作状态,平均每周运行的时钟时间和 CPU 时间变化不大,则 3 种时间单元可按相应的比例系数加以折算。经验表明,在这 3 种时间单元中,以采用 CPU 时间作为可靠性度量的效果较好。

8.2.2　缺陷、故障与失效

缺陷、故障与失效词义相近,各家的解释也不尽相同,在软件领域使用这些词汇时更易混淆,需要加以专门的说明与区分,以便能够正确地收集软件可靠性数据。

在软件寿命周期的各阶段,人的行动会使软件在一定条件下不能或将不能完成规定的功能。例如:

① 使用方提出的用户需求是不完整的,有遗漏。

② 软件开发方误解了使用方的需求。

③ 软件开发方没有完全实现使用方需求或潜在的需求。

④ 概要设计没有完全实现需求规范,详细设计没有完全实现概要设计规范,编程没有完全实现详细设计规范等。

⑤ 选用了不完整或不正确的算法或判别逻辑等。

⑥ 人为疏漏。

由于人的行动使软件存在“缺陷”,软件缺陷是存在于软件(文档、数据、程序)之中的那些不希望或不可接收的偏差,一个软件可能存在若干个缺陷。软件缺陷是存在于软件内部的、静态的一种形式。

如果执行一次任务时用不到有缺陷的部分程序,则软件仍能正确工作;如果在执行一次任务时用到有缺陷的部分程序,则软件的计算或判决就会与规定不符合,使软件或其组成部分丧失了在规定的限度内执行所要求的功能的能力，即“故障”。软件故障是一种动态的概念，它只有当软件在其应用环境中运行时才能被观察到。

如果故障使软件不能完成规定功能，则为“失效”。如上所述，我们把软件的故障与失效分开。软件的故障不一定使软件在执行任务时失效。例如，有一种软件设计叫“容错”设计，所谓容错就是产品在出现有限数目的硬件或软件故障的情况下，产品仍可提供连续正确执行的内在能力，此时，产品可以出故障但不出现失效。容错设计的软件可以有某些规定数目的故障但不导致失效，但对无容错的软件而言，故障即失效。

综上所述，当一个软件缺陷被激活时，便产生一个软件故障，同一个软件缺陷在不同条件下被激活，可能产生不同的软件故障。软件故障如果没有及时的容错措施加以处理，便不可避免地导致软件失效，同一个软件故障在不同条件下可能产生不同的软件失效。软件失效机理可描述为：软件缺陷→软件故障→软件失效。

8.2.3 软件可靠性与硬件可靠性的区别

硬件可靠性理论的建立已经有相当长的历史，在建立软件可靠性理论时，人们在很大程度上借鉴了硬件可靠性理论的许多成功经验。但软件与硬件有很多不同点，例如，软件中的故障源是在设计阶段的人为因素所产生的缺陷，而硬件中的故障源则是因为物理性能的恶化所造成的，这也就决定了软件可靠性概念与硬件可靠性概念之间有很大的区别，整理概括如下。

① 软件可靠性在意义上区别于硬件可靠性，它主要关心的实际上是软件的设计质量。

② 硬件失效是物理变化过程，可以是由设计、生产、使用和维护中的缺陷造成，也可以由于磨损或别的与应力有关的现象造成。有时候失效发生前的告警是有用的；而软件失效是因为设计过程中引入程序中的错误所产生的结果，与生产（拷贝）、使用和维护的关系甚小，且没有磨损现象，在发生故障前无告警。

③ 硬件可修理，并且修理可使设备恢复功能或提高使用可靠性；软件则无修理可言，惟有重新设计和重新编码，如果因此消除了错误且不引入新的错误，可得到更高的可靠性。

④ 硬件可靠性随时间的增长而降低，降低的程度与老炼期、正常工作期及磨损期有关，即可靠性与工作时间直接有关；软件可靠性随时间的增长可能会提高，提高的程度与检测和改正错误的效果有关，与工作时间无直接关系。

⑤ 硬件可靠性与环境因素有关；软件可靠性几乎不受外部环境的影响，除非环境影响了程序的输入。

⑥ 大多数用于硬件可靠性的冗余技术，并不能改进软件可靠性。如果各并联部分分支程序完全一样，一支失效，别的支同样失效，这样的冗余便不能改进软件可靠性；如果各并联程序是由不同的小组编写和检查了的不同的程序，这样的冗余有可能改进软件可靠性。

⑦ 软件故障不能像硬件那样采用断开失效部件的办法来克服。

⑧ 关于硬件可靠性已有完整的数学理论加以描述，但对于软件可靠性的数学理论尚待建

立。

⑨ 硬件有失效的浴盆曲线,而软件的失效率随错误的排除而下降。

8.3　软件可靠性的基本特征量

软件的质量主要是由以下 6 个方面因素决定。

① 时间因素。包括平均故障间隔时间(mean time between failures,简称 MIBF)、平均失效前时间(mean time to failure,简称 MTTF)、系统平均不工作间隔时间(mean time between system downs,简称 MTBD)、平均修复时间(mean time to repair,简称 MTTR)等。

② 缺陷频数。包括软件缺陷数、文件缺陷数和用户提出的补充要求数等。

③ 与软件可靠性有关的百分率。主要包括可靠性、有效性、可维护性、故障率、不合格率、延迟率、错误操作率、原因不明率、同故障事件率、可靠性经济率等。

④ 对软件的投入。包括完成软件用了不同水平的工作人员的工作日数或工时数和对软件的检查项目数及对用户提出的要求采取对策的费用等。

⑤ 软件特性。包括软件的复杂性、标准化程度、寿命周期、结构及规模大小等。

⑥ 使用方特性。包括使用软件的系统的特点(如实时系统、嵌入式系统),计算机的特点,所用的质量标准等。

显然,软件质量是众多因素及指标的综合反映,在软件可靠性评估中,需根据软件的特点,选择适当的可靠性参数作为软件质量指标,常用的可靠性参数有以下几种。

(1)系统平均不工作间隔时间(MTBD)

系统平均不工作间隔时间反映了系统的稳定性,即

$$\mathrm{MTBD} = \frac{T_v}{(d+1)}$$

式中　T_v—— 软件系统正常工作的总时间(h);

d—— 系统由于软件故障而停止工作的次数。

(2) 系统不工作次数

在一定时期内,由于软件故障而停止工作,必须由操作者介入再启动才能继续工作的次数称为系统不工作次数。

(3) 有效性 A

有效性 A 综合反映了系统的可靠性和维修性,即

$$A = \frac{T_v}{T_v + T_D}$$

亦可表达为

$$A = \frac{\mathrm{MTBD}}{\mathrm{MTBD} + \mathrm{MDT}}$$

式中　T_v—— 软件正常工作的总时间(h)；

T_D—— 由于软件故障使系统不工作的时间(h)；

MDT—— 平均不工作的时间(h)。

(4) 平均修复时间(MTTR)

平均修复时间反映了出现软件缺陷后采取对策的效率。在一定程度上也反映了软件企业对社会服务的责任心。

(5) 平均不工作时间(MDT)

平均不工作时间是指由于软件故障,系统不工作的均值。

(6) 初期故障率

一般以软件交付使用方后的三个月内为初期故障期。初期故障率以每 100 h 的故障为单位,用它来评价交付使用时的软件质量与预测什么时候软件可靠性基本稳定。初期故障率的大小取决于软件设计水平、检查项目数、软件规模、软件调试彻底与否等因素。

(7) 偶然故障率

一般以软件交付给使用方四个月后为偶然故障期。偶然故障率一般以每 1 000 h 的故障数为单位,它反映了软件处于稳定状态下的质量。

(8) 使用方误用率

使用方不按照软件规范及说明等文件使用造成的错误叫“使用方误用”。在总使用次数中,使用方误用次数占的百分率叫“使用方误用率”。造成使用方误用的原因之一是使用方对“说明”理解不深,操作不熟练,但也有可能是说明书没有讲清楚而引起误解。另外还有软件系统的可操作性还应改进、对使用方的使用培训还不够深入等。生产方有责任及时调查使用方误用的原因,对软件功能加以改进。

(9) 用户提出补充要求数

用户提出补充要求数主要是反映软件未能充分满足用户的需要,有些要求是特定用户的特殊要求,生产方为了更好地为社会服务,应该尽力满足他们的要求。有些要求是带有普遍性的,这就要求给予足够重视,因为它反映了原来的软件功能还不够全面。

(10) 处理能力

处理能力有各种指标,例如,可用每小时平均处理多少文件、每项工作的反应时间多少秒等来表示,具体情况根据需要而定。在评价软件及系统的经济效益时需用这项指标。

8.4　软件可靠性的模型

8.4.1　概　述

软件可靠性与软件的开发方法、软件的测试策略、开发所使用的程序设计语言、运行的环境条件、参加开发的软件工程人员等众多因素有关。一个好的软件可靠性模型，似乎应尽可能多地将这众多因素包括进去，然而实际上并非如此，并且也不可能做到。软件可靠性模型必须考虑到以下软件错误的特性。

① 它们应与每个模型的结构和使用频率无关。

② 软件不存在物理的性能退化过程。

③ 软件错误通常是相互有关的，它们一般不会独立出现，总存在某种逻辑上的关系。

④ 在改错过程中往往引入新的错误。

⑤ 软件可靠性与人为因素关系密切，与测试策略直接有关。

软件可靠性模型，对软件可靠性估测起着核心的作用。参数以软件的故障历史为基础来加以估计的模型，对于软件的质量保证有直接意义。这样的模型有一个共同的前提，即软件故障能够用一个概率分布来加以描述。所有的模型都要求输入故障数据，但它们要求输入的数据在形式上是不同的。一般有日历时间、操作时间、执行时间、排错时间、故障间隔时间、观察到的故障数、排除的错误个数等。模型的输出，根据它们的估测目的，形式也是不一样的，有软件中的初始错误个数、剩余错误个数、故障密度函数值、达到特定可靠性指标（或故障率指标）所需要继续测试的时间等。

软件可靠性模型种类众多，现已不下百余种。许多模型为了理论上处理容易，作了许多假设，其中很多与实际有出入，因此在实际使用软件可靠性模型进行估测之前，一定要仔细选择那些与开发实际相符合或接近的模型，这里仅介绍几种常用的模型。

8.4.2 JM(Jelinski-Moranda) 模型

JM 模型是最具代表性的早期软件可靠性马尔科夫过程的数学模型，它的假设是：

① 软件中的初始错误个数为一个未知但固定的常数，用 N_0 表示。

② 错误一旦被查出即被完全排除，于是每次排错后，N_0 就要减去 1。

③ 在任何时候的故障率都与软件中的剩余错误个数成正比，比例常数用 ϕ 表示。

设 $t_1, t_2, \cdots, t_n$ 表示相继出现的错误之间的时间区间样本。根据假设，在每两个错误之间只有惟一的故障率，t_i 的密度为

$$P(t_i) = \phi[N_0 - (i-1)]\exp\{-\phi[N_0 - (i-1)]t_i\} \tag{8.1}$$

由式(8.1)可得到似然函数为

$$L(t_1, t_2, \cdots, t_n) = \prod_{i=1}^{n} \phi[N_0 - (i-1)]\exp\{-\phi[N_0 - (i-1)]t_i\}$$

其中，n 为样本大小，即到当前时刻为止排除的错误个数。

由最大似然估计法有

$$\ln L = \sum_{i=1}^{n} \ln\{[N_0 - (i-1)]\phi\} - \sum_{i=1}^{n}[N_0 - (i-1)]\phi t_i =$$

$$\sum_{i=1}^{n}\ln[N_0-(i-1)]+n\ln\phi-\sum_{i=1}^{n}[N_0-(i-1)]\phi t_i$$

$$\frac{\partial \ln L}{\partial N_0}=\sum_{i=1}^{n}\frac{1}{N_0-(i-1)}-\sum_{i=1}^{n}\phi t_i=0$$

$$\frac{\partial \ln L}{\partial \phi}=\frac{n}{\phi}-\sum_{i=1}^{n}[N_0-(i-1)]t_i=0$$

令

$$\sum_{i=1}^{n}t_i=T$$

则有

$$\phi=\frac{n}{N_0T-\sum_{i=1}^{n}(i-1)t_i} \tag{8.2}$$

$$\sum_{i=1}^{n}\frac{1}{N_0-(i-1)}=\frac{nT}{N_0T-\sum_{i=1}^{n}(i-1)t_i}=\frac{n}{N_0-\frac{1}{T}\sum_{i=1}^{n}(i-1)t_i} \tag{8.3}$$

显然,式(8.3)中不含 ϕ,由测试收集的数据,可计算出 $T=\sum_{i=1}^{n}t_i$ 与 $\sum_{i=1}^{n}(i-1)t_i$ 的值,将其代入式(8.3),可解出 N_0 的估计值 $\hat{N}_0$,将 $\hat{N}_0$ 代入式(8.2),可解出 ϕ 的估计值 $\hat{\phi}$,即

$$\sum_{i=1}^{n}\frac{1}{\hat{N}_0-(i-1)}=\frac{n\sum_{i=1}^{n}t_i}{\hat{N}_0\sum_{i=1}^{n}t_i-\sum_{i=1}^{n}(i-1)t_i}$$

$$\hat{\phi}=\frac{n}{\hat{N}_0\sum_{i=1}^{n}t_i-\sum_{i=1}^{n}(i-1)t_i}$$

【例 8.1】 表 8.1 所示的是美国海军舰队计算机程序设计中心的海军战术数据系统中一个大模块的软件可靠性数据,在制造阶段共查出 26 个错误。

表 8.1 可靠性数据

错误数 n	1	2	3	4	5	6	7	8	9	10
错误间隔时间 t_i	9	12	11	4	7	2	5	8	5	7
错误数 n	11	12	13	14	1	16	17	18	19	20
错误间隔时间 t_i	1	6	1	9	4	1	3	3	6	1
错误数 n	21	22	23	24	25	26				
错误间隔时间 t_i	11	33	7	91	2	1				

将其代入公式算得:$\hat{N}_0=31.215\,8$,$\hat{\phi}=0.006\,85$,即估计软件共有错误 31.215 8 个,实

际上此软件大模块共有错误 34 个,可见模型与实际情况还是较为符合的。

8.4.3　G-O(Goel-Okumoto)模型

G-O 模型是把累积故障数 $N(t)$ 作为时间的变化量,属于非齐次泊松过程模型。设 $N(t)$ 为 t 时刻的累积失效数,$m(t)$ 为 $N(t)$ 的期望值,有

$$m(t) = \mathrm{E}[N(t)] = a(1 - \mathrm{e}^{-bt})$$

式中　a—— 最终的失效数期望值;

b—— 每个错误的发现率,则 t 时刻的累积失效数为非齐次泊松过程,即

$$P\{N(t) = n\} = \frac{[m(t)]^n}{n!}\mathrm{e}^{-m(t)}$$

$$\lambda(t) = \frac{\mathrm{d}m(t)}{\mathrm{d}t} = ab\mathrm{e}^{-bt}$$

由最大似然估计法可求出 a 与 b 的估计值 $\hat{a}$,$\hat{b}$,即

$$\frac{n}{\hat{a}} = 1 - \exp(-\hat{b}t_n)$$

$$\frac{n}{\hat{b}} = \hat{a}t_n\exp(-\hat{b}t_n) + \sum_{i=1}^{n} t_i$$

式中　t_n—— 第 n 个故障出现的时间。

由表 8.1 的数据可解得 a 和 b 的最大似然估计为 $\hat{a} = 33.993\,5$,$\hat{b} = 0.005\,79$,即估计软件共有错误 33.993 5 个。

8.4.4　Musa 模型

Musa 模型以实际的执行时间作为基础,它的假设是:

① 软件中的错误全部彼此独立,在任何时候它们都以一个为常数的平均发生率(按每条指令计算的平均数)进行分布。

② 故障之间的执行时间比平均的指令执行时间长。

③ 用于测试的空间覆盖了软件的使用空间。

④ 在测试或操作期间,提供给软件每次运行所使用的输入集合都是随机选取的。

⑤ 执行期间的故障均被观测出,并记录。

⑥ 引起每一次故障的错误,在测试重新开始前就被修正了,错误经更正后不再出现。

Musa 模型的主要参数有以下几个。

① τ,即从开始到当前为止的总执行时间。

② N_0,即开始测试时程序的固有错误数。

③ T_0,即开始测试时,软件的 MTTF 初值。

④ C,即测试压缩因子(含义为测试期间故障的查明率与使用期间的故障查明率的平均

比值,一般近似为软件在测试期间与使用期间每天的平均执行时间之比)。

已改正的错误数 n 为

$$n = N_0\left[1 - \exp\left(\frac{-C\tau}{N_0 T_0}\right)\right]$$

τ 时刻的 MTTF 为

$$T = T_0 \exp\left(\frac{C\tau}{N_0 T_0}\right)$$

程序的可靠度函数为

$$R(t) = \exp\left(-\frac{\tau}{T}\right)$$

为使 T 的值从 T_1 增至 T_2,要多排除 Δn 次故障,则

$$\frac{T_0}{T} = \exp\left(\frac{-C\tau}{N_0 T_0}\right)$$

故有

$$n = N_0\left(1 - \frac{T_0}{T}\right)$$

$$\Delta n = n_2 - n_1 = N_0 T_0\left(\frac{1}{T_1} - \frac{1}{T_2}\right)$$

所需的执行时间为

$$\Delta\tau = \frac{N_0 T_0}{C}\ln\left(\frac{T_2}{T_1}\right)$$

8.4.5 模型的比较

利用 Iannino、Musa、Okumoto 和 Littlewood 于 1984 年提出的原则性比较标准,我们可以评价软件可靠性模型,判定它们的价值,比较它们的优劣,比较标准包括预测的有效性、能力、假设的质量、可应用性以及简捷性。

1.预测的有效性

预测的有效性是指模型根据现在和过去的故障行为(即指故障数据),预测将来的故障行为的能力。这一能力只有当故障行为发生变化时才有意义,因此,它可以应用于测试阶段或操作运行的维护阶段,以及对软件作特别修改时,预测的有效性可通过故障数和故障时间两种方式表示出来。

2.模型的能力

模型的能力包括模型软件对在开发过程中软件开发管理人员所要求的量能够以令人满意的精度进行估计的能力,以及在使用阶段对用户所要求的量进行精确估计的能力。

3. 模型假设的质量

模型假设的质量应考虑以下几个方面。

(1) 如果对一个假设进行测试是可能的,则由数据所支持的假设的重要性的优先级别应高于其他的假设,且所有采用该假设的模型,都应优于其他模型。

(2) 如果对假设的测试不可能进行,就应从逻辑上的一致性观点和软件工程经验的观点出发,以判断假设的真实程度。

(3) 应该对一个假设的明确性和显然成立的程度进行判断。

4. 可应用性

对于模型的可应用性的优先等级,我们应该将模型应用于不同的开发环境、不同的操作运行环境,以及不同的软件寿命周期阶段,用不同大小、不同结构、不同功能的软件产品进行判断。

5. 简捷性

模型的简捷性主要体现在以下三个方面。

① 在收集为模型所要求的数据方面,应该是简单经济的,这一点是最为重要的。

② 模型在概念上应该是简单易懂的。

③ 模型应易于用程序来实现,程序应运行快速而且代价低廉,除初始的输入数据外,不应该要求其他的人工干预。

习　题

1. 什么是软件可靠性?它与硬件可靠性有何区别?

2. 如何区别软件缺陷与软件故障?

3. 据估计某程序有 300 个错误,测试开始时记录在案的 MTTF = 1.5 h,设测试的压缩因子为 4,为将余下的错误数减至 10,需要多少测试时间,运行 50 h 时的可靠度为多少?

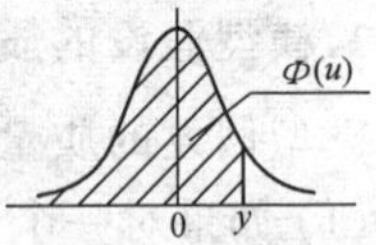

附表1 正态分布分位数表

$$\Phi(u)=\int_{-\infty}^{t}\frac{1}{2\pi}e^{\frac{u^{2}}{2}}dt$$

u	0.00	0.01	0.02	0.03	0.04	0.05	0.06	0.07	0.08	0.09
0.0	0.500 0	0.504 0	0.579 8	0.512 0	0.516 0	0.519 9	0.523 9	0.527 9	0.531 9	0.535 9
0.1	0.539 8	0.543 8	0.547 8	0.551 7	0.556 7	0.559 6	0.563 6	0.567 5	0.571 4	0.575 3
0.2	0.579 3	0.583 2	0.587 1	0.591 0	0.948 4	0.598 7	0.602 6	0.606 4	0.610 3	0.614 1
0.3	0.617 9	0.621 7	0.625 5	0.629 3	0.633 1	0.636 8	0.640 6	0.644 3	0.648 0	0.651 7
0.4	0.655 4	0.659 1	0.662 8	0.666 4	0.670 0	0.736 5	0.677 2	0.680 8	0.684 4	0.687 9
0.5	0.691 5	0.695 0	0.698 5	0.701 9	0.705 4	0.708 8	0.712 3	0.715 7	0.719 0	0.722 4
0.6	0.725 7	0.729 1	0.732 4	0.735 7	0.738 9	0.742 2	0.745 4	0.748 6	0.751 7	0.754 9
0.7	0.758 0	0.761 1	0.764 2	0.767 3	0.770 4	0.773 4	0.776 4	0.779 4	0.782 3	0.785 2
0.8	0.788 1	0.791 0	0.793 9	0.796 7	0.799 5	0.802 3	0.805 1	0.807 9	0.810 6	0.813 3
0.9	0.815 9	0.818 6	0.821 2	0.823 8	0.826 4	0.828 9	0.831 5	0.834 0	0.836 5	0.838 9
1.0	0.841 3	0.843 8	0.846 1	0.848 5	0.850 8	0.853 1	0.855 4	0.857 7	0.859 9	0.862 1
1.1	0.864 3	0.856 7	0.868 6	0.870 8	0.872 9	0.874 9	0.877 0	0.879 0	0.881 0	0.883 0
1.2	0.884 9	0.886 9	0.888 8	0.890 7	0.892 5	0.894 4	0.896 2	0.898 0	0.899 7	0.901 5
1.3	0.903 2	0.904 9	0.906 6	0.908 2	0.909 9	0.911 5	0.913 1	0.914 7	0.916 2	0.917 7
1.4	0.919 2	0.920 7	0.922 2	0.923 6	0.925 1	0.926 5	0.927 9	0.929 2	0.930 6	0.931 9
1.5	0.933 2	0.934 5	0.935 7	0.937 0	0.938 2	0.939 4	0.940 6	0.941 8	0.942 9	0.944 1
1.6	0.942 5	0.946 3	0.947 4	0.948 4	0.949 5	0.950 5	0.951 5	0.952 5	0.953 5	0.954 5
1.7	0.955 4	0.956 4	0.957 3	0.958 2	0.959 1	0.959 9	0.960 8	0.961 6	0.962 5	0.963 3
1.8	0.964 1	0.964 9	0.965 6	0.966 4	0.967 1	0.967 8	0.968 6	0.969 3	0.969 9	0.970 6
1.9	0.971 3	0.971 9	0.972 6	0.973 2	0.973 8	0.974 4	0.975 0	0.975 6	0.976 1	0.976 7
2.0	0.977 3	0.977 8	0.978 3	0.978 8	0.979 3	0.979 8	0.980 3	0.980 8	0.981 2	0.981 7
2.1	0.982 1	0.982 6	0.983 0	0.983 4	0.983 8	0.984 2	0.984 6	0.985 0	0.985 4	0.985 7
2.2	0.986 1	0.986 4	0.986 8	0.987 1	0.987 5	0.987 8	0.988 1	0.988 4	0.988 7	0.989 0
2.3	0.989 3	0.989 6	0.989 8	0.990 1	0.990 4	0.990 6	0.990 9	0.991 1	0.991 3	0.991 6
2.4	0.991 8	0.992 0	0.992 2	0.992 5	0.992 7	0.992 9	0.993 1	0.993 2	0.993 4	0.993 6
2.5	0.993 8	0.994 0	0.994 1	0.994 3	0.994 5	0.994 6	0.994 8	0.994 9	0.995 1	0.995 2
2.6	0.995 3	0.995 5	0.995 6	0.995 7	0.995 9	0.996 0	0.996 1	0.996 2	0.996 3	0.996 4
2.7	0.996 5	0.996 6	0.996 7	0.996 8	0.996 9	0.997 0	0.997 1	0.997 2	0.997 3	0.997 4
2.8	0.997 4	0.997 5	0.997 6	0.997 7	0.997 7	0.997 8	0.997 9	0.997 9	0.998 0	0.998 1
2.9	0.998 1	0.998 2	0.998 3	0.998 3	0.998 4	0.998 4	0.998 5	0.998 5	0.998 6	0.998 6
3.0	0.998 7	0.998 7	0.998 7	0.998 8	0.998 8	0.998 9	0.998 9	0.998 9	0.999 0	0.999 0
3.1	0.999 0	0.999 1	0.999 1	0.999 1	0.999 2	0.999 2	0.999 2	0.999 2	0.999 3	0.999 3
3.2	0.999 3	0.999 3	0.999 4	0.999 4	0.999 4	0.999 4	0.999 4	0.999 5	0.999 5	0.999 5
3.3	0.999 5	0.995 3	0.999 6	0.999 6	0.999 6	0.999 6	0.999 6	0.999 6	0.999 6	0.999 7
3.4	0.999 7	0.999 7	0.999 7	0.999 7	0.999 7	0.999 7	0.999 7	0.999 7	0.999 7	0.999 8
3.5	0.999 8	0.999 8	0.999 8	0.999 8	0.999 8	0.999 8	0.999 8	0.999 8	0.999 8	0.999 8
3.6	0.999 8	0.999 8	0.999 9	0.999 9	0.999 9	0.999 9	0.999 9	0.999 9	0.999 9	0.999 9
3.7	0.999 9	0.999 9	0.999 9	0.999 9	0.999 9	0.999 9	0.999 9	0.999 9	0.999 9	0.999 9
3.8	0.999 9	0.999 9	0.999 9	0.999 9	0.999 9	0.999 9	0.999 9	0.999 9	0.999 9	1.000 0
3.9	1.000 0	1.000 0	1.000 0	1.000 0	1.000 0	1.000 0	1.000 0	1.000 0	1.000 0	1.000 0
4.0	1.000 0	1.000 0	1.000 0	1.000 0	1.000 0	1.000 0	1.000 0	1.000 0	1.000 0	1.000 0
4.1	1.000 0	1.000 0	1.000 0	1.000 0	1.000 0	1.000 0	1.000 0	1.000 0	1.000 0	1.000 0
4.2	1.000 0	1.000 0	1.000 0	1.000 0	1.000 0	1.000 0	1.000 0	1.000 0	1.000 0	1.000 0
4.3	1.000 0	1.000 0	1.000 0	1.000 0	1.000 0	1.000 0	1.000 0	1.000 0	1.000 0	1.000 0
4.4	1.000 0	1.000 0	1.000 0	1.000 0	1.000 0	1.000 0	1.000 0	1.000 0	1.000 0	1.000 0
4.5	1.000 0	1.000 0	1.000 0	1.000 0	1.000 0	1.000 0	1.000 0	1.000 0	1.000 0	1.000 0
4.6	1.000 0	1.000 0	1.000 0	1.000 0	1.000 0	1.000 0	1.000 0	1.000 0	1.000 0	1.000 0
4.7	1.000 0	1.000 0	1.000 0	1.000 0	1.000 0	1.000 0	1.000 0	1.000 0	1.000 0	1.000 0
4.8	1.000 0	1.000 0	1.000 0	1.000 0	1.000 0	1.000 0	1.000 0	1.000 0	1.000 0	1.000 0
4.9	1.000 0	1.000 0	1.000 0	1.000 0	1.000 0	1.000 0	1.000 0	1.000 0	1.000 0	1.000 0

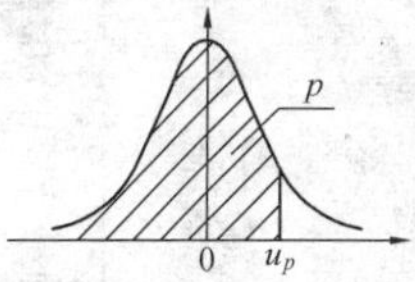

续附表 1　正态分布分位数表

$$u_p:\int_{-\infty}^{u}\frac{1}{2\pi}e^{-\frac{u^2}{2}}du = p$$

p	0.000	0.001	0.002	0.003	0.004	0.005	0.006	0.007	0.008	0.009
0.50	0.000 0	0.002 5	0.005 0	0.007 5	0.010 0	0.012 5	0.015 0	0.017 5	0.020 1	0.022 6
0.51	0.025 1	0.027 6	0.300 8	0.325 9	0.351 0	0.037 6	0.040 1	0.042 6	0.045 1	0.047 6
0.52	0.050 2	0.052 7	0.055 2	0.576 8	0.060 2	0.062 7	0.065 2	0.067 7	0.070 2	0.072 8
0.53	0.075 3	0.077 8	0.080 3	0.828 1	0.085 3	0.087 8	0.090 4	0.092 9	0.295 4	0.097 9
0.54	0.100 4	0.103 0	0.105 5	0.108 0	0.110 5	0.113 0	0.115 6	0.118 1	0.120 6	0.123 1
0.55	0.125 7	0.128 2	0.130 7	0.133 2	0.135 8	0.138 3	0.140 8	0.143 4	0.145 9	0.148 4
0.56	0.151 0	0.153 5	0.156 0	0.158 6	0.161 1	0.163 7	0.166 2	0.168 7	0.171 3	0.173 8
0.57	0.176 4	0.178 9	0.181 5	0.184 0	0.186 6	0.189 1	0.191 7	0.194 2	0.196 8	0.199 3
0.58	0.201 9	0.204 5	0.207 0	0.209 6	0.212 1	0.214 7	0.217 3	0.219 8	0.224 0	0.225 0
0.59	0.227 5	0.230 1	0.232 7	0.235 3	0.237 8	0.240 4	0.243 0	0.245 6	0.248 2	0.250 8
0.60	0.253 3	0.255 9	0.258 5	0.261 1	0.263 7	0.266 3	0.268 9	0.271 5	0.274 1	0.276 7
0.61	0.279 3	0.281 9	0.284 5	0.287 1	0.289 8	0.292 4	0.295 0	0.297 6	0.330 2	0.302 9
0.62	0.305 5	0.308 1	0.310 7	0.313 4	0.316 0	0.318 6	0.321 3	0.323 9	0.326 6	0.329 2
0.63	0.331 9	0.334 5	0.337 2	0.339 8	0.342 5	0.345 1	0.347 8	0.350 5	0.353 1	0.355 8
0.64	0.358 5	0.361 1	0.363 8	0.366 5	0.369 2	0.371 9	0.374 5	0.377 2	0.379 9	0.382 6
0.65	0.385 3	0.388 0	0.390 7	0.393 4	0.396 1	0.398 9	0.401 6	0.404 3	0.407 0	0.409 7
0.66	0.412 5	0.415 2	0.417 9	0.420 7	0.423 4	0.426 1	0.428 9	0.431 6	0.434 4	0.437 2
0.67	0.439 9	0.442 7	0.445 4	0.448 2	0.451 0	0.453 8	0.456 5	0.593 3	0.426 1	0.464 9
0.68	0.467 7	0.470 5	0.473 3	0.476 1	0.478 9	0.481 7	0.484 5	0.487 4	0.490 2	0.493 0
0.69	0.495 9	0.498 7	0.501 5	0.504 4	0.507 2	0.510 1	0.512 9	0.515 8	0.518 7	0.521 5
0.70	0.524 4	0.527 3	0.530 2	0.533 0	0.535 9	0.538 8	0.541 7	0.544 6	0.547 6	0.550 5
0.71	0.553 4	0.556 3	0.559 2	0.562 2	0.565 1	0.568 1	0.571 0	0.574 0	0.576 9	0.579 9
0.72	0.582 8	0.585 8	0.588 8	0.591 8	0.594 8	0.597 8	0.600 8	0.603 8	0.606 8	0.609 8
0.73	0.612 8	0.615 8	0.618 9	0.621 9	0.625 0	0.628 0	0.631 1	0.634 1	0.637 2	0.640 3
0.74	0.643 3	0.646 4	0.649 5	0.652 6	0.655 7	0.658 8	0.662 0	0.665 1	0.668 2	0.671 3
0.75	0.674 5	0.677 6	0.680 8	0.684 0	0.687 1	0.690 3	0.693 5	0.696 7	0.699 9	0.703 1
0.76	0.706 3	0.709 5	0.712 8	0.716 0	0.719 2	0.722 5	0.725 7	0.729 0	0.732 3	0.735 6
0.77	0.738 8	0.742 1	0.745 5	0.748 8	0.752 1	0.755 4	0.758 8	0.762 1	0.765 5	0.768 8
0.78	0.772 2	0.775 6	0.779 0	0.782 4	0.785 8	0.789 2	0.792 6	0.796 1	0.799 5	0.803 0
0.79	0.806 4	0.809 9	0.813 4	0.816 9	0.820 4	0.823 9	0.827 4	0.831 0	0.834 5	0.838 1
0.80	0.841 6	0.845 2	0.848 8	0.852 4	0.856 0	0.859 6	0.863 3	0.866 9	0.870 6	0.874 2
0.81	0.877 9	0.881 6	0.885 3	0.889 0	0.892 7	0.896 5	0.900 2	0.904 0	0.907 8	0.911 6
0.82	0.915 4	0.919 2	0.923 0	0.926 9	0.930 7	0.934 6	0.938 5	0.942 4	0.946 3	0.950 2
0.83	0.954 2	0.958 1	0.962 1	0.966 1	0.970 1	0.974 1	0.978 2	0.982 2	0.986 3	0.990 4
0.84	0.994 5	0.998 6	1.002 7	1.006 9	1.011 0	1.015 2	1.019 4	1.023 7	1.027 9	1.032 2
0.85	1.036 4	1.040 7	1.045 1	1.049 4	1.053 7	1.058 1	1.062 5	1.066 9	1.071 4	1.075 8
0.86	1.080 3	1.084 8	1.089 3	1.093 9	1.098 5	1.103 1	1.107 7	1.112 3	1.117 0	1.121 7
0.87	1.126 4	1.131 1	1.135 9	1.140 7	1.145 5	1.150 3	1.155 2	1.160 1	1.165 0	1.170 0
0.88	1.175 0	1.180 0	1.185 0	1.190 1	1.195 2	1.200 4	1.205 5	1.210 7	1.216 0	1.221 2
0.89	1.226 5	1.231 9	1.237 2	1.242 6	1.248 1	1.253 6	1.259 1	1.264 6	1.270 2	1.275 9
0.90	1.281 6	1.287 3	1.293 0	1.298 8	1.304 7	1.310 6	1.316 5	1.322 5	1.328 5	1.334 6
0.91	1.340 8	1.346 9	1.353 2	1.359 5	1.365 8	1.372 2	1.378 7	1.385 2	1.391 7	1.398 4
0.92	1.405 1	1.411 8	1.418 7	1.425 5	1.432 5	1.439 5	1.446 6	1.453 8	1.461 1	1.468 4
0.93	1.475 8	1.483 3	1.490 9	1.498 5	1.506 3	1.514 1	1.522 0	1.530 1	1.538 2	1.546 4
0.94	1.554 8	1.563 2	1.571 8	1.580 5	1.589 3	1.598 2	1.607 2	1.616 4	1.625 8	1.653 5
0.95	1.644 9	1.654 6	1.664 6	1.674 7	1.684 9	1.695 4	1.706 0	1.716 9	1.727 9	1.739 2
0.96	1.750 7	1.762 4	1.774 4	1.786 6	1.799 1	1.811 9	1.825 0	1.838 4	1.852 2	1.866 3
0.97	1.880 8	1.895 7	1.911 0	1.926 8	1.943 1	1.960 0	1.977 4	1.995 4	2.014 1	2.033 5
0.98	2.053 7	2.074 9	2.096 9	2.120 1	2.144 4	2.170 1	2.197 3	2.226 2	2.257 1	2.290 4
0.99	2.326 3	2.365 6	2.408 9	2.457 3	2.512 1	2.575 8	2.652 1	2.747 8	2.878 2	3.090 2

附表 2　χ^2 分布表

$$P(\chi^2 > \chi^2_\alpha(f)) = \alpha$$

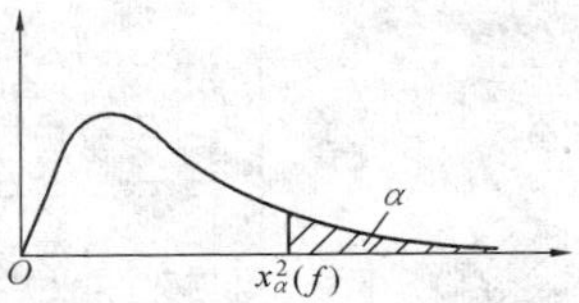

u \ α	0.99	0.98	0.95	0.90	0.80	0.70	0.50	0.30	0.20	0.10	0.05	0.02	0.1	0.001
1	$0.0^{3}15\,7$	$0.0^{3}62\,8$	$0.0^{2}39\,3$	0.015 8	0.064 2	0.148	0.455	1.074	1.642	2.706	3.841	5.412	6.635	10.828
2	0.0201	0.0404	0.103	0.211	0.446	0.713	1.386	2.408	3.219	4.605	5.991	7.824	9.210	13.816
3	0.115	0.185	0.352	0.584	1.005	1.424	2.366	3.665	4.642	6.251	7.815	9.837	11.345	16.266
4	0.297	0.429	0.711	1.064	1.649	2.195	3.357	4.878	5.989	7.779	9.488	11.668	12.277	18.467
5	0.554	0.752	1.145	1.610	2.343	3.000	4.351	6.064	7.289	9.236	11.070	13.388	15.068	20.515
6	0.872	1.134	1.635	2.204	3.070	3.828	5.348	7.231	8.558	10.645	12.592	15.033	16.812	22.458
7	1.239	1.564	2.167	2.833	3.822	4.671	6.346	8.383	9.803	12.017	14.067	16.622	18.475	24.322
8	1.646	2.032	2.733	3.490	4.594	5.527	7.344	9.524	11.303	13.362	15.507	18.168	20.090	26.125
9	2.088	12.532	3.325	4.168	5.380	6.393	8.343	10.656	12.242	14.684	16.919	19.679	21.666	27.877
10	2.558	3.059	3.940	4.865	6.179	7.267	9.342	11.781	13.442	15.987	18.307	21.161	23.209	29.588
11	3.053	3.609	4.575	5.578	6.989	8.148	10.341	12.899	14.631	17.275	19.675	22.618	24.725	31.264
12	3.571	4.178	5.226	6.304	7.807	9.034	11.340	14.011	15.812	18.549	21.026	24.054	26.217	32.909
13	4.107	4.765	5.892	7.042	8.634	9.926	12.340	15.119	16.985	19.812	22.362	25.472	27.688	34.528
14	4.660	5.368	6.571	7.790	9.467	10.821	13.339	16.222	18.151	21.064	23.685	26.873	29.141	36.123
15	5.229	5.985	7.261	8.547	10.307	11.721	14.339	17.322	19.311	22.307	24.996	28.259	30.578	37.697
16	5.812	6.614	7.962	9.312	11.152	12.624	15.338	18.418	20.465	23.542	26.296	29.633	32.000	39.252
17	6.408	7.255	8.672	10.085	12.002	13.531	16.338	19.511	21.615	24.769	27.587	30.995	33.409	40.790
18	7.015	7.906	9.390	10.865	12.857	14.440	17.338	20.601	22.760	25.989	28.869	32.346	34.805	42.312
19	7.633	8.567	10.117	11.651	13.716	15.352	18.338	21.689	23.900	27.204	30.144	33.687	36.191	43.820
20	8.260	9.237	10.851	12.443	14.578	16.266	19.337	22.775	25.038	28.412	31.410	35.020	37.560	45.315
21	8.897	9.915	11.591	13.240	15.445	17.182	20.337	23.858	26.171	29.615	32.671	36.343	38.932	46.797
22	9.542	10.600	12.338	14.041	16.314	18.101	21.337	24.939	27.301	30.813	33.924	37.659	40.289	48.268
23	10.196	11.293	13.091	14.848	17.187	19.021	22.337	26.018	28.429	32.007	35.172	38.968	41.638	49.728
24	10.856	11.992	13.848	15.659	18.062	19.943	23.337	27.096	29.553	33.196	36.415	40.270	42.980	51.179
25	10.524	12.697	14.611	16.473	18.940	20.867	24.337	28.172	30.675	34.382	37.652	41.566	44.314	52.618
26	12.198	13.409	15.379	17.292	19.820	21.792	25.336	29.246	31.795	35.563	38.885	42.856	45.642	54.052
27	12.879	14.125	16.151	18.114	20.703	22.719	26.336	30.319	32.912	36.741	40.113	44.140	46.963	55.476
28	13.565	14.847	16.928	18.939	21.588	23.647	27.336	31.391	34.027	37.916	41.337	45.419	48.278	56.893
29	14.256	15.574	17.708	19.768	22.475	24.577	28.336	32.461	35.139	39.087	42.557	46.692	49.588	58.301
30	14.953	16.306	18.493	20.599	23.364	25.508	29.336	33.530	36.250	40.256	43.773	47.962	50.892	59.703

附表 3　二项分布可靠性单侧上限表

（$\gamma = 0.8$）

n \ F	0	1	2	3	4	5	6	7	8	9	10
20	0.922 7	0.857 6	0.798 0	0.741 4	0.686 7	0.633 5	0.581 6	0.530 8	0.480 9	0.432 0	0.384 0
25	0.937 7	0.885 0	0.836 5	0.790 4	0.745 7	0.702 2	0.659 5	0.617 7	0.576 4	0.535 8	0.496 0
30	0.947 7	0.903 5	0.682 7	0.823 8	0.786 1	0.941 1	0.713 1	0.677 6	0.642 5	0.607 9	0.573 7
35	0.955 1	0.916 9	0.878 3	0.848 1	0.815 4	0.783 5	0.752 2	0.721 3	0.690 8	0.660 7	0.630 9
40	0.960 6	0.927 0	0.893 5	0.866 4	0.837 7	0.809 5	0.781 9	0.754 6	0.727 7	0.701 1	0.674 7
45	0.964 8	0.933 5	0.905 3	0.878 2	0.855 2	0.830 0	0.805 3	0.780 9	0.756 7	0.732 9	0.709 2
50	0.968 3	0.941 3	0.916 4	0.892 5	0.869 2	0.846 5	0.824 1	0.802 0	0.780 2	0.758 6	0.737 2
55	0.971 2	0.946 5	0.923 8	0.902 0	0.880 8	0.860 1	0.839 6	0.819 5	0.799 5	0.779 8	0.760 2
60	0.973 5	0.950 9	0.930 0	0.910 0	0.890 5	0.871 4	0.852 6	0.834 1	0.815 7	0.797 6	0.779 5
65	0.975 5	0.954 6	0.935 2	0.916 8	0.898 8	0.881 1	0.863 7	0.846 5	0.829 5	0.812 7	0.795 8
70	0.977 2	0.957 8	0.939 9	0.922 6	0.905 9	0.889 4	0.873 2	0.857 2	0.841 4	0.825 7	0.810 1
75	0.978 8	0.960 6	0.960 6	0.917 7	0.912 0	0.896 6	0.881 5	0.866 5	0.851 7	0.837 0	0.822 5
80	0.980 1	0.963 0	0.947 3	0.932 1	0.917 4	0.903 0	0.888 7	0.874 7	0.860 8	0.847 0	0.833 3
85	0.981 2	0.965 2	0.950 3	0.936 1	0.922 2	0.908 6	0.895 2	0.881 9	0.868 8	0.855 8	0.842 9
90	0.982 3	0.967 1	0.953 1	0.939 6	0.926 5	0.913 6	0.900 9	0.894 1	0.876 0	0.863 6	0.851 4
95	0.983 2	0.968 8	0.955 5	0.942 7	0.930 3	0.918 1	0.906 0	0.888 4	0.882 4	0.870 7	0.859 1
100	0.984 0	0.970 4	0.957 7	0.945 5	0.933 7	0.922 1	0.910 6	0.899 3	0.888 1	0.877 0	0.866 0
110	0.985 5	0.973 0	0.961 5	0.950 4	0.939 7	0.929 1	0.918 7	0.908 4	0.898 1	0.888 0	0.878 0
120	0.986 7	0.975 2	0.964 7	0.954 5	0.944 6	0.934 9	0.925 3	0.915 9	0.906 5	0.897 2	0.888 0
130	0.987 7	0.977 1	0.967 4	0.958 0	0.948 8	0.939 9	0.931 0	0.922 3	0.913 6	0.905 0	0.896 5
140	0.988 6	0.978 8	0.969 7	0.961 0	0.952 5	0.944 1	0.935 9	0.927 8	0.919 7	0.911 7	0.803 8
160	0.990 0	0.981 4	0.973 5	0.965 8	0.958 4	0.951 0	0.943 8	0.936 7	0.929 6	0.922 6	0.915 7
180	0.991 1	0.983 5	0.976 4	0.969 6	0.962 9	0.956 4	0.950 0	0.943 7	0.937 4	0.931 1	0.924 9
200	0.992 0	0.985 1	0.978 7	0.972 6	0.966 6	0.960 8	0.955 0	0.949 3	0.943 6	0.938 0	0.932 4
250	0.993 6	0.988 1	0.983 0	0.978 1	0.973 3	0.968 6	0.964 0	0.959 3	0.954 8	0.950 3	0.945 8
300	0.994 7	0.990 1	0.985 8	0.981 7	0.977 7	0.973 8	0.969 9	0.966 1	0.962 3	0.958 5	0.954 8
350	0.995 4	0.991 5	0.987 8	0.984 0	0.980 9	0.977 5	0.974 2	0.970 9	0.967 6	0.964 4	0.961 2
400	0.996 0	0.992 5	0.989 3	0.986 3	0.983 3	0.980 3	0.977 4	0.974 5	0.971 7	0.968 8	0.966 0
450	0.996 4	0.993 4	0.990 5	0.987 8	0.987 8	0.982 5	0.979 9	0.977 3	0.974 8	0.972 3	0.969 8
500	0.996 8	0.994 0	0.991 5	0.989 0	0.986 6	0.984 2	0.981 9	0.979 6	0.977 3	0.975 1	0.972 8
550	0.997 1	0.994 6	0.992 2	0.990 0	0.987 8	0.985 7	0.983 6	0.981 5	0.979 4	0.977 3	0.975 3
600	0.997 3	0.995 0	0.992 9	0.990 8	0.988 8	0.986 8	0.984 9	0.983 0	0.981 1	0.979 2	0.977 3
650	0.997 5	0.995 4	0.993 4	0.991 5	0.989 7	0.987 9	0.986 1	0.984 3	0.982 5	0.980 8	0.979 1
700	0.997 7	0.995 7	0.993 9	0.992 1	0.990 4	0.988 7	0.987 1	0.985 4	0.983 8	0.982 2	0.980 6
750	0.997 9	0.996 0	0.994 3	0.992 7	0.991 1	0.989 5	0.987 9	0.986 4	0.984 9	0.983 4	0.981 8
800	0.998 0	0.996 2	0.994 7	0.993 1	0.991 6	0.990 1	0.988 7	0.987 2	0.985 8	0.984 4	0.983 0
850	0.998 1	0.996 5	0.995 0	0.993 5	0.992 1	0.990 7	0.989 3	0.988 0	0.986 6	0.985 3	0.984 0
900	0.998 2	0.996 7	0.995 3	0.993 9	0.992 5	0.991 2	0.989 9	0.988 7	0.987 4	0.986 1	0.984 9
950	0.998 3	0.996 9	0.995 5	0.994 2	0.992 9	0.991 7	0.990 5	0.989 3	0.988 0	0.986 5	0.985 7
1 000	0.998 4	0.997 0	0.995 7	0.994 5	0.993 3	0.992 1	0.990 9	0.989 8	0.988 6	0.987 9	0.986 4

续附表 3

(γ=0.9)

n \ F	0	1	2	3	4	5	6	7	8	9	10
0	1.000 0										
1	1.100 0	0.900 0									
2	1.000 0	0.948 7	0.683 8								
3	1.000 0	0.965 5	0.804 2	0.535 8							
4	1.000 0	0.974 0	0.857 4	0.679 5	0.437 7						
5	1.000 0	0.979 1	0.889 8	0.753 4	0.583 9	0.369 0					
6	1.000 0	0.982 6	0.907 4	0.799 1	0.666 8	0.510 3	0.318 7				
7	1.000 0	0.985 1	0.921 2	0.830 4	0.721 4	0.596 2	0.452 6	0.280 3			
8	1.000 0	0.986 9	0.931 4	0.853 1	0.760 3	0.655 4	0.338 2	0.406 2	0.250 1		
9	1.000 0	0.988 4	0.939 2	0.870 5	0.789 6	0.699 0	0.599 4	0.490 1	0.368 4	0.225 7	
10	1.000 0	0.989 5	0.945 5	0.884 2	0.812 4	0.732 7	0.645 8	0.551 7	0.449 6	0.336 8	0.205 7
11	1.000 0	0.990 5	0.950 5	0.895 2	0.830 8	0.759 5	0.682 3	0.599 5	0.510 8	0.415 2	0.310 2
12	1.000 0	0.991 3	0.954 8	0.904 3	0.845 8	0.781 3	0.711 8	0.637 7	0.559 0	0.475 3	0.385 5
13	1.000 0	0.991 9	0.958 3	0.912 0	0.858 4	0.799 5	0.736 8	0.669 1	0.598 2	0.523 4	0.444 3
14	1.000 0	0.992 5	0.961 3	0.918 5	0.869 1	0.814 9	0.756 8	0.695 4	0.630 9	0.593 1	0.492 0
15	1.000 0	0.993 0	0.964 0	0.924 1	0.878 2	0.828 0	0.774 4	0.717 8	0.658 5	0.596 5	0.531 7
16	1.000 0	0.993 4	0.966 3	0.929 0	0.886 2	0.839 4	0.789 6	0.737 1	0.682 2	0.625 0	0.565 4
17	1.000 0	0.993 8	0.968 3	0.933 3	0.893 2	0.849 4	0.802 8	0.753 9	0.702 7	0.649 6	0.594 5
18	1.000 0	0.994 2	0.970 1	0.937 1	0.899 4	0.858 2	0.814 5	0.768 6	0.720 8	0.671 2	0.619 8
19	1.000 0	0.994 5	0.971 7	0.940 5	0.904 9	0.866 1	0.824 9	0.781 7	0.736 7	0.690 2	0.642 1
20	1.000 0	0.994 7	0.973 1	0.943 6	0.909 8	0.873 1	0.834 1	0.793 3	0.750 9	0.707 1	0.661 8
21	1.000 0	0.995 0	0.974 4	0.946 3	0.914 2	0.879 4	0.842 5	0.803 8	0.763 7	0.722 2	0.679 5
22	1.000 0	0.995 2	0.975 6	0.948 8	0.918 3	0.885 1	0.850 0	0.813 3	0.775 2	0.735 8	0.695 4
23	1.000 0	0.995 4	0.976 6	0.951 1	0.921 9	0.890 3	0.856 8	0.821 8	0.785 6	0.748 2	0.709 7
24	1.000 0	0.995 6	0.977 6	0.953 2	0.925 3	0.895 0	0.863 1	0.829 7	0.795 1	0.759 4	0.722 8
25	1.000 0	0.995 8	0.978 5	0.955 1	0.928 3	0.899 4	0.868 8	0.836 8	0.803 8	0.769 7	0.734 7
26	1.000 0	0.996 0	0.979 4	0.956 8	0.931 2	0.903 4	0.874 0	0.843 4	0.811 7	0.779 1	0.745 6
27	1.000 0	0.996 1	0.980 1	0.958 5	0.933 8	0.907 1	0.878 9	0.849 5	0.819 1	0.787 8	0.755 7
28	1.000 0	0.996 2	0.980 8	0.960 0	0.936 2	0.910 5	0.883 4	0.855 1	0.825 9	0.795 8	0.765 0
29	1.000 0	0.996 4	0.981 5	0.961 4	0.938 5	0.913 7	0.887 5	0.860 3	0.832 2	0.803 2	0.773 6
30	1.000 0	0.996 5	0.982 1	0.962 7	0.940 6	0.916 6	0.891 4	0.865 2	0.838 0	0.810 1	0.781 6
31	1.000 0	0.996 6	0.982 7	0.963 9	0.942 5	0.919 4	0.895 0	0.869 7	0.843 5	0.816 6	0.789 0
32	1.000 0	0.996 7	0.983 3	0.965 1	0.944 4	0.922 0	0.898 4	0.873 9	0.848 6	0.822 6	0.796 0
33	1.000 0	0.996 8	0.983 8	0.966 1	0.946 1	0.924 4	0.962 6	0.877 9	0.853 4	0.828 2	0.802 5
34	1.000 0	0.996 9	0.984 2	0.967 1	0.947 7	0.926 7	0.904 6	0.881 6	0.857 9	0.833 5	0.808 6
35	1.000 0	0.997 0	0.984 7	0.968 1	0.949 2	0.928 8	0.907 4	0.885 1	0.862 1	0.838 5	0.814 3
36	1.000 0	0.997 1	0.985 1	0.969 0	0.950 7	0.930 9	0.910 0	0.888 4	0.866 1	0.843 1	0.619 7
37	1.000 0	0.997 2	0.985 5	0.969 8	0.952 0	0.932 8	0.912 5	0.891 5	0.869 8	0.847 6	0.824 8
38	1.000 0	0.997 2	0.985 9	0.970 6	0.953 3	0.934 6	0.914 9	0.894 4	0.873 4	0.851 7	0.829 6
39	1.000 0	0.997 3	0.986 3	0.971 4	0.954 5	0.936 3	0.917 1	0.897 2	0.876 7	0.855 7	0.834 2

续附表 3

n \ F	0	1	2	3	4	5	6	7	8	9	10
40	1.000 0	0.997 4	0.986 6	0.972 1	0.955 7	0.937 9	0.919 3	0.899 9	0.879 9	0.859 4	0.838 5
41	1.000 0	0.997 4	0.987 0	0.972 8	0.956 8	0.939 5	0.921 3	0.902 4	0.882 9	0.863 0	0.842 6
42	1.000 0	0.997 5	0.987 3	0.973 5	0.957 8	0.940 9	0.923 2	0.904 8	0.885 8	0.866 3	0.846 5
43	1.000 0	0.997 6	0.987 6	0.974 1	0.958 8	0.942 3	0.925 0	0.907 1	0.888 5	0.869 6	0.850 2
44	1.000 0	0.997 6	0.987 8	0.974 7	0.959 8	0.943 7	0.926 8	0.909 2	0.891 1	0.872 6	0.853 7
45	1.000 0	0.997 7	0.988 1	0.975 3	0.960 7	0.945 0	0.928 4	0.911 3	0.893 6	0.875 5	0.857 1
46	1.000 0	0.997 7	0.988 4	0.975 8	0.961 5	0.946 2	0.930 0	0.913 3	0.896 0	0.878 3	0.860 3
47	1.000 0	0.997 8	0.988 6	0.976 3	0.962 4	0.947 3	0.931 6	0.915 2	0.898 3	0.881 0	0.863 4
48	1.000 0	0.997 8	0.988 9	0.976 8	0.963 2	0.948 5	0.933 0	0.917 0	0.900 5	0.883 6	0.866 3
49	1.000 0	0.997 9	0.989 1	0.977 3	0.963 9	0.949 5	0.934 4	0.918 7	0.902 6	0.886 0	0.869 1
50	1.000 0	0.997 9	0.989 3	0.977 8	0.964 7	0.950 6	0.935 7	0.920 4	0.904 6	0.886 4	0.871 8
51	1.000 0	0.997 9	0.989 5	0.978 2	0.965 4	0.951 5	0.937 0	0.922 0	0.906 5	0.890 6	0.874 4
52	1.000 0	0.998 0	0.989 7	0.978 6	0.966 0	0.952 5	0.938 3	0.923 5	0.908 3	0.892 8	0.876 9
53	1.000 0	0.998 0	0.989 9	0.979 0	0.966 7	0.953 4	0.939 4	0.925 0	0.910 1	0.894 8	0.879 3
54	1.000 0	0.998 1	0.990 1	0.979 4	0.967 3	0.954 3	0.940 6	0.926 4	0.911 8	0.896 8	0.881 6
55	1.000 0	0.998 1	0.990 3	0.979 8	0.967 9	0.955 1	0.941 7	0.927 8	0.913 4	0.898 8	0.883 8
56	1.000 0	0.998 1	0.990 5	0.980 2	0.968 5	0.955 9	0.942 7	0.929 1	0.915 0	0.900 6	0.885 9
57	1.000 0	0.998 2	0.990 6	0.980 5	0.969 0	0.956 7	0.943 8	0.930 3	0.916 5	0.902 4	0.888 0
58	1.000 0	0.998 2	0.990 8	0.980 8	0.969 6	0.957 5	0.944 8	0.931 6	0.918 0	0.904 1	0.890 0
59	1.000 0	0.998 2	0.991 0	0.981 2	0.970 1	0.958 2	0.945 7	0.932 8	0.919 4	0.905 8	0.891 9
60	1.000 0	0.998 2	0.991 1	0.981 5	0.970 6	0.958 9	0.946 6	0.933 9	0.920 8	0.907 4	0.893 7
61	1.000 0	0.998 3	0.991 2	0.981 8	0.971 1	0.959 6	0.947 5	0.935 0	0.922 1	0.909 0	0.895 5
62	1.000 0	0.998 3	0.991 4	0.982 1	0.971 6	0.960 3	0.948 4	0.936 1	0.923 4	0.910 5	0.897 3
63	1.000 0	0.998 3	0.991 5	0.982 4	0.972 0	0.960 9	0.949 2	0.937 1	0.924 6	0.911 9	0.898 9
64	1.000 0	0.998 4	0.991 7	0.982 7	0.972 5	0.961 5	0.950 0	0.938 1	0.925 8	0.913 3	0.900 5
65	1.000 0	0.998 4	0.991 8	0.982 9	0.927 9	0.962 1	0.950 8	0.939 1	0.927 0	0.914 7	0.902 1
66	1.000 0	0.998 4	0.991 9	0.983 2	0.973 3	0.962 7	0.951 6	0.940 0	0.928 1	0.916 0	0.903 6
67	1.000 0	0.998 4	0.992 0	0.983 4	0.973 7	0.963 3	0.952 3	0.940 9	0.929 2	0.917 3	0.905 1
68	1.000 0	0.998 5	0.992 2	0.983 7	0.974 1	0.963 8	0.953 0	0.941 8	0.930 3	0.918 5	0.906 5
69	1.000 0	0.998 5	0.992 3	0.983 9	0.974 5	0.994 3	0.953 7	0.942 7	0.931 3	0.919 7	0.907 9
70	1.000 0	0.998 5	0.992 4	0.984 2	0.974 8	0.964 8	0.954 4	0.943 5	0.932 3	0.920 9	0.909 3
71	1.000 0	0.998 5	0.992 5	0.984 4	0.975 2	0.965 3	0.955 0	0.944 3	0.933 3	0.922 0	0.910 6
72	1.000 0	0.998 5	0.992 6	0.984 6	0.975 6	0.965 8	0.955 6	0.945 1	0.934 2	0.923 1	0.911 8
73	1.000 0	0.998 6	0.992 7	0.984 8	0.975 9	0.966 3	0.956 3	0.945 8	0.935 1	0.924 2	0.913 1
74	1.000 0	0.998 6	0.992 8	0.985 0	0.976 2	0.966 8	0.956 9	0.946 6	0.936 0	0.925 3	0.914 3
75	1.000 0	0.998 6	0.992 9	0.985 2	0.976 5	0.967 2	0.957 4	0.947 3	0.936 9	0.926 3	0.915 4
76	1.000 0	0.998 6	0.993 0	0.985 4	0.976 8	0.967 7	0.958 0	0.948 0	0.937 8	0.927 3	0.916 6
77	1.000 0	0.998 6	0.993 1	0.985 6	0.977 2	0.968 1	0.858 6	0.948 7	0.938 6	0.928 2	0.917 7
78	1.000 0	0.998 7	0.993 2	0.985 9	0.977 4	0.968 5	0.959 1	0.949 4	0.939 4	0.929 2	0.918 7
79	1.000 0	0.998 7	0.993 2	0.986 0	0.977 7	0.968 9	0.959 6	0.950 0	0.940 2	0.930 1	0.919 8

续附表 3

n \ F	0	1	2	3	4	5	6	7	8	9	10
80	1.000 0	0.998 7	0.993 3	0.986 1	0.978 0	0.969 3	0.960 1	0.950 7	0.940 9	0.931 0	0.920 8
81	1.000 0	0.998 7	0.993 4	0.986 3	0.978 3	0.969 7	0.960 6	0.951 3	0.941 7	0.931 8	0.921 8
82	1.000 0	0.998 7	0.993 5	0.986 5	0.978 6	0.970 0	0.961 1	0.951 9	0.942 4	0.932 7	0.922 8
83	1.000 0	0.998 7	0.993 6	0.986 6	0.978 8	0.970 4	0.961 6	0.952 5	0.943 1	0.933 5	0.923 7
84	1.000 0	0.998 7	0.993 7	0.986 8	0.979 1	0.970 8	0.962 1	0.953 0	0.943 8	0.934 3	0.924 7
85	1.000 0	0.998 8	0.993 7	0.987 0	0.979 3	0.971 1	0.962 5	0.953 6	0.944 4	0.935 1	0.925 6
86	1.000 0	0.998 8	0.993 8	0.987 1	0.979 6	0.971 5	0.962 9	0.954 1	0.945 1	0.935 8	0.926 4
87	1.000 0	0.998 8	0.993 9	0.987 3	0.979 8	0.971 8	0.963 4	0.954 7	0.945 7	0.936 6	0.927 8
88	1.000 0	0.998 9	0.993 9	0.987 4	0.980 0	0.972 1	0.963 8	0.955 2	0.946 4	0.937 3	0.928 1
89	1.000 0	0.998 8	0.994 0	0.987 5	0.980 3	0.972 4	0.964 2	0.955 7	0.947 0	0.938 0	0.929 0
90	1.000 0	0.998 8	0.994 1	0.987 7	0.980 5	0.972 7	0.964 6	0.956 2	0.947 6	0.938 7	0.929 8
91	1.000 0	0.998 8	0.994 1	0.987 8	0.980 7	0.973 0	0.965 0	0.956 7	0.948 2	0.939 4	0.930 5
92	1.000 0	0.998 8	0.994 2	0.988 0	0.980 9	0.973 3	0.965 4	0.957 2	0.948 7	0.940 1	0.931 3
93	1.000 0	0.998 9	0.994 3	0.988 1	0.981 1	0.973 6	0.965 8	0.957 6	0.949 3	0.940 7	0.932 1
94	1.000 0	0.998 9	0.994 3	0.988 2	0.981 3	0.973 9	0.966 1	0.958 1	0.949 8	0.941 4	0.932 8
95	1.000 0	0.998 9	0.994 4	0.988 3	0.981 5	0.974 2	0.966 5	0.958 5	0.950 4	0.942 0	0.933 5
96	1.000 0	0.998 9	0.994 4	0.988 5	0.981 7	0.974 4	0.966 8	0.959 0	0.950 9	0.942 6	0.934 2
97	1.000 0	0.998 9	0.994 5	0.988 6	0.981 9	0.974 7	0.967 2	0.959 4	0.951 4	0.943 2	0.934 9
98	1.000 0	0.998 9	0.994 6	0.988 7	0.982 1	0.975 0	0.967 5	0.959 8	0.951 9	0.943 8	0.935 6
99	1.000 0	0.998 9	0.994 6	0.988 8	0.982 3	0.975 2	0.967 9	0.960 2	0.952 4	0.944 4	0.936 2
100	1.000 0	0.998 9	0.994 7	0.988 9	0.982 4	0.975 5	0.968 2	0.960 6	0.952 9	0.945 0	0.936 0
101	1.000 0	0.999 0	0.994 7	0.989 0	0.982 5	0.975 7	0.968 5	0.961 0	0.953 3	0.945 5	0.937 5
102	1.000 0	0.999 0	0.994 8	0.989 1	0.982 8	0.976 0	0.968 8	0.961 4	0.953 8	0.946 0	0.938 1
103	1.000 0	0.999 0	0.994 8	0.989 3	0.983 0	0.976 2	0.969 1	0.961 8	0.954 3	0.946 6	0.938 8
104	1.000 0	0.999 0	0.994 9	0.989 4	0.983 1	0.976 4	0.969 4	0.962 2	0.954 7	0.947 1	0.939 4
105	1.000 0	0.999 0	0.994 9	0.989 5	0.983 3	0.976 7	0.969 7	0.962 5	0.955 1	0.947 6	0.939 9
106	1.000 0	0.999 0	0.995 0	0.989 6	0.983 4	0.976 9	0.970 0	0.962 9	0.955 6	0.948 1	0.940 5
107	1.000 0	0.999 0	0.995 0	0.989 7	0.983 6	0.977 1	0.970 3	0.963 2	0.956 0	0.948 6	0.941 1
108	1.000 0	0.999 0	0.995 1	0.989 8	0.983 7	0.977 3	0.970 6	0.963 6	0.956 4	0.949 1	0.941 6
109	1.000 0	0.999 0	0.995 1	0.989 8	0.983 9	0.977 5	0.970 8	0.963 9	0.956 8	0.949 6	0.942 2
110	1.000 0	0.999 0	0.995 2	0.989 9	0.984 0	0.977 7	0.971 1	0.964 2	0.957 2	0.950 0	0.942 7
111	1.000 0	0.999 1	0.995 2	0.990 0	0.984 2	0.977 9	0.971 4	0.964 6	0.957 6	0.950 5	0.943 2
112	1.000 0	0.999 1	0.995 2	0.990 1	0.984 3	0.978 1	0.971 6	0.964 9	0.958 0	0.950 9	0.943 7
113	1.000 0	0.999 1	0.995 3	0.990 2	0.984 5	0.978 3	0.971 9	0.965 2	0.958 4	0.951 4	0.944 2
114	1.000 0	0.999 1	0.995 3	0.990 3	0.984 6	0.978 5	0.972 1	0.965 5	0.958 7	0.951 8	0.944 7
115	1.000 0	0.999 1	0.995 4	0.990 4	0.984 7	0.978 7	0.972 4	0.965 8	0.959 1	0.952 2	0.945 2
116	1.000 0	0.999 1	0.995 4	0.990 4	0.984 9	0.978 9	0.972 6	0.966 1	0.959 4	0.952 6	0.945 7
117	1.000 0	0.999 1	0.995 4	0.990 5	0.985 0	0.979 1	0.972 8	0.966 4	0.959 8	0.953 0	0.946 2
118	1.000 0	0.999 1	0.995 5	0.990 6	0.985 1	0.979 2	0.973 1	0.966 7	0.960 1	0.953 4	0.946 6
119	1.000 0	0.999 1	0.995 5	0.990 7	0.985 5	0.979 4	0.973 3	0.967 0	0.960 5	0.953 8	0.947 1

附表 4　二项分布可靠性单侧下限表

（$\gamma = 0.9$）

n \ F	0	1	2	3	4	5	6	7	8	9	10
0	0.000 0										
1	0.100 0	0.000 0									
2	0.318 2	0.051 3	0.000 0								
3	0.464 2	0.195 8	0.034 5	0.000 0							
4	0.562 3	0.320 5	0.142 6	0.026 0	0.000 0						
5	0.631 0	0.416 1	0.246 6	0.112 2	0.020 9	0.000 0					
6	0.681 3	0.489 7	0.333 2	0.200 9	0.092 6	0.017 4	0.000 0				
7	0.719 7	0.547 4	0.403 8	0.278 6	0.169 6	0.078 8	0.014 9	0.000 0			
8	0.749 9	0.593 8	0.461 8	0.344 6	0.239 7	0.146 9	0.068 6	0.013 1	0.000 0		
9	0.774 3	0.631 6	0.509 9	0.400 6	0.301 0	0.210 4	0.129 5	0.060 8	0.011 6	0.000 0	
10	0.794 3	0.663 2	0.550 4	0.448 3	0.354 2	0.267 3	0.187 6	0.115 8	0.054 5	0.010 5	0.000 0
11	0.811 1	0.689 8	0.584 8	0.489 2	0.400 5	0.317 7	0.240 5	0.169 2	0.104 8	0.049 5	0.009 5
12	0.825 4	0.742 5	0.614 5	0.524 7	0.441 0	0.362 3	0.288 2	0.218 7	0.154 2	0.095 7	0.045 2
13	0.837 7	0.732 2	0.640 2	0.555 7	0.476 6	0.401 8	0.330 9	0.263 7	0.200 5	0.141 6	0.088 0
14	0.848 3	0.749 3	0.662 8	0.583 0	0.508 0	0.436 9	0.369 1	0.304 6	0.243 2	0.185 1	0.130 8
15	0.857 7	0.764 4	0.682 7	0.607 2	0.536 0	0.468 3	0.403 5	0.341 5	0.282 2	0.225 6	0.172 0
16	0.866 0	0.777 8	0.700 4	0.628 8	0.561 1	0.496 5	0.434 6	0.375 0	0.317 8	0.262 9	0.210 4
17	0.873 3	0.789 8	0.716 3	0.648 1	0.583 6	0.521 9	0.462 6	0.405 5	0.350 4	0.297 3	0.246 1
18	0.879 9	0.800 5	0.730 6	0.665 6	0.604 0	0.545 0	0.488 2	0.433 3	0.380 2	0.328 8	0.279 2
19	0.885 9	0.810 2	0.743 5	0.681 4	0.622 5	0.566 0	0.511 4	0.458 7	0.407 5	0.357 9	0.309 8
20	0.891 3	0.819 0	0.755 2	0.695 8	0.639 3	0.585 1	0.532 7	0.482 0	0.432 7	0.384 8	0.338 2
21	0.896 2	0.827 1	0.766 0	0.709 0	0.654 8	0.602 7	0.552 3	0.503 4	0.455 8	0.409 5	0.364 4
22	0.900 6	0.834 4	0.775 8	0.721 1	0.669 0	0.618 8	0.570 3	0.523 2	0.477 3	0.432 5	0.388 8
23	0.904 7	0.841 2	0.784 8	0.732 2	0.682 0	0.633 7	0.586 9	0.541 4	0.497 1	0.453 8	0.411 5
24	0.908 5	0.847 4	0.793 1	0.742 5	0.694 1	0.647 5	0.602 4	0.558 4	0.515 5	0.473 6	0.432 6
25	0.912 0	0.853 1	0.800 9	0.752 0	0.705 3	0.660 3	0.616 7	0.574 2	0.532 7	0.492 0	0.452 3
26	0.915 2	0.858 5	0.808 0	0.760 8	0.715 8	0.672 3	0.630 0	0.588 9	0.548 7	0.509 3	0.470 7
27	0.918 3	0.863 4	0.814 7	0.769 1	0.725 5	0.683 4	0.642 5	0.602 6	0.563 6	0.525 4	0.488 0
28	0.921 1	0.868 1	0.820 9	0.776 8	0.734 5	0.693 8	0.654 1	0.615 5	0.577 6	0.540 6	0.504 2
29	0.923 7	0.872 4	0.826 7	0.784 0	0.743 0	0.703 5	0.665 1	0.627 5	0.590 8	0.554 8	0.519 4
30	0.926 1	0.876 4	0.832 2	0.790 7	0.751 0	0.712 6	0.675 3	0.638 9	0.603 2	0.568 1	0.533 7
31	0.928 4	0.880 2	0.837 3	0.797 0	0.758 5	0.721 2	0.685 0	0.649 5	0.614 8	0.580 7	0.547 2
32	0.930 6	0.893 9	0.842 1	0.803 0	0.765 6	0.729 3	0.694 1	0.659 6	0.625 8	0.592 6	0.560 0
33	0.932 6	0.887 2	0.846 7	0.808 6	0.772 2	0.737 0	0.702 7	0.669 1	0.636 2	0.603 9	0.572 1
34	0.934 5	0.890 3	0.851 0	0.814 0	0.778 5	0.744 2	0.710 8	0.678 1	0.646 0	0.614 5	0.583 5
35	0.936 3	0.893 4	0.855 0	0.819 0	0.784 5	0.751 0	0.718 5	0.686 6	0.655 4	0.624 6	0.594 4
36	0.938 0	0.896 2	0.858 8	0.823 6	0.790 1	0.757 5	0.725 8	0.694 7	0.664 2	0.634 2	0.604 7
37	0.939 7	0.898 9	0.862 5	0.828 3	0.795 5	0.763 7	0.732 7	0.702 4	0.672 6	0.543 3	0.614 5
38	0.941 2	0.901 5	0.865 9	0.832 6	0.800 6	0.769 5	0.739 3	0.709 7	0.680 6	0.652 0	0.623 8
39	0.942 7	0.903 9	0.869 2	0.836 7	0.805 4	0.775 1	0.745 6	0.716 6	0.688 2	0.660 3	0.632 7

续附表 4

n \ F	0	1	2	3	4	5	6	7	8	9	10
40	0.944 1	0.906 2	0.872 4	0.840 6	0.810 0	0.780 4	0.751 5	0.723 3	0.695 5	0.668 2	0.641 2
41	0.945 4	0.908 4	0.875 4	0.844 3	0.814 4	0.785 5	0.757 3	0.729 6	0.702 4	0.675 7	0.649 3
42	0.946 7	0.910 5	0.878 2	0.847 8	0.818 6	0.790 3	0.762 7	0.735 7	0.709 1	0.682 9	0.657 1
43	0.947 9	0.912 5	0.880 9	0.851 2	0.822 6	0.794 9	0.767 9	0.741 4	0.715 4	0.689 8	0.664 5
44	0.949 0	0.914 5	0.883 5	0.854 4	0.826 5	0.799 4	0.772 9	0.747 0	0.721 5	0.696 4	0.671 6
45	0.950 1	0.916 3	0.886 0	0.857 5	0.830 2	0.803 6	0.777 7	0.752 3	0.727 3	0.702 7	0.678 4
46	0.961 2	0.918 1	0.888 4	0.860 5	0.833 7	0.807 7	0.782 3	0.757 4	0.732 9	0.708 8	0.685 0
47	0.952 2	0.919 7	0.890 7	0.863 4	0.837 1	0.811 6	0.786 7	0.762 3	0.738 3	0.714 6	0.691 3
48	0.953 2	0.921 4	0.892 9	0.866 1	0.840 3	0.815 3	0.790 9	0.767 0	0.743 4	0.720 2	0.697 3
49	0.954 1	0.922 9	0.895 0	0.868 7	0.843 4	0.818 9	0.795 0	0.771 5	0.748 4	0.725 6	0.703 1
50	0.955 0	0.924 4	0.897 0	0.871 2	0.846 5	0.822 4	0.798 9	0.775 8	0.753 1	0.730 8	0.708 7
51	0.955 9	0.925 9	0.899 0	0.873 7	0.849 3	0.825 7	0.802 6	0.780 0	0.757 7	0.735 8	0.714 1
52	0.956 7	0.927 2	0.900 9	0.876 0	0.852 1	0.828 9	0.806 3	0.784 0	0.762 1	0.740 6	0.719 3
53	0.957 5	0.928 6	0.902 7	0.878 3	0.854 8	0.832 0	0.809 7	0.787 9	0.766 4	0.745 2	0.724 3
54	0.958 3	0.929 9	0.904 4	0.880 5	0.857 4	0.835 0	0.813 1	0.791 6	0.770 5	0.749 7	0.729 1
55	0.959 0	0.931 1	0.906 1	0.882 6	0.859 9	0.837 9	0.816 4	0.795 3	0.774 5	0.754 0	0.733 8
56	0.959 7	0.932 3	0.907 7	0.884 6	0.862 3	0.840 7	0.819 5	0.798 8	0.778 3	0.758 2	0.738 3
57	0.960 4	0.933 5	0.909 3	0.886 5	0.864 6	0.843 4	0.822 5	0.802 1	0.782 0	0.762 2	0.742 6
58	0.961 1	0.934 6	0.910 8	0.888 4	0.866 9	0.845 9	0.825 5	0.805 4	0.785 6	0.766 1	0.746 9
59	0.961 7	0.935 7	0.912 3	0.890 3	0.869 1	0.848 5	0.828 3	0.808 6	0.789 1	0.769 9	0.750 9
60	0.962 4	0.936 7	0.913 7	0.892 0	0.871 2	0.850 9	0.831 1	0.811 6	0.792 5	0.773 6	0.754 9
61	0.963 0	0.937 7	0.915 1	0.893 8	0.873 2	0.853 3	0.833 7	0.814 6	0.795 7	0.777 1	0.758 7
62	0.963 5	0.938 7	0.916 4	0.895 4	0.875 2	0.855 5	0.836 3	0.817 4	0.798 9	0.780 5	0.762 4
63	0.964 1	0.939 7	0.917 7	0.897 0	0.877 1	0.857 7	0.838 8	0.820 2	0.801 9	0.783 9	0.766 0
64	0.964 7	0.940 6	0.919 0	0.898 6	0.879 0	0.859 9	0.841 2	0.822 9	0.804 9	0.787 1	0.765 9
65	0.965 2	0.941 5	0.920 2	0.900 1	0.880 8	0.862 0	0.843 6	0.825 6	0.807 8	0.790 2	0.772 9
66	0.965 7	0.942 3	0.921 4	0.901 6	0.882 5	0.864 0	0.845 9	0.828 1	0.810 6	0.793 3	0.776 2
67	0.966 2	0.943 2	0.922 5	0.903 0	0.884 2	0.866 0	0.848 1	0.830 6	0.813 3	0.796 2	0.779 4
68	0.966 7	0.944 0	0.923 6	0.904 4	0.885 9	0.867 9	0.850 3	0.833 0	0.815 9	0.799 1	0.782 5
69	0.967 2	0.944 8	0.924 7	0.905 7	0.887 5	0.869 7	0.852 4	0.835 3	0.818 5	0.801 9	0.758 8
70	0.967 6	0.945 6	0.925 8	0.907 0	0.889 0	0.871 5	0.854 4	0.837 6	0.821 0	0.804 6	0.788 5
71	0.968 1	0.946 3	0.926 8	0.908 3	0.890 6	0.873 3	0.856 4	0.839 8	0.823 4	0.807 3	0.791 3
72	0.968 5	0.947 0	0.927 8	0.909 6	0.892 0	0.875 0	0.858 3	0.841 9	0.825 8	0.809 9	0.794 1
73	0.969 0	0.947 8	0.928 7	0.910 8	0.893 5	0.876 8	0.860 2	0.844 0	0.828 1	0.812 4	0.796 8
74	0.969 4	0.948 5	0.929 7	0.911 9	0.894 9	0.878 3	0.862 0	0.846 1	0.830 3	0.814 8	0.799 5
75	0.969 8	0.949 1	0.930 6	0.913 1	0.896 2	0.879 8	0.863 8	0.848 0	0.832 5	0.817 2	0.802 0
76	0.970 2	0.949 8	0.931 5	0.914 2	0.897 6	0.881 4	0.865 5	0.850 0	0.834 6	0.819 5	0.804 5
77	0.970 5	0.950 4	0.932 4	0.915 3	0.898 9	0.882 9	0.867 2	0.851 9	0.836 7	0.821 8	0.807 0
78	0.970 9	0.951 0	0.933 2	0.916 4	0.900 1	0.884 3	0.868 9	0.853 7	0.838 7	0.824 0	0.809 4
79	0.971 3	0.951 7	0.934 0	0.917 4	0.901 4	0.885 8	0.870 5	0.855 5	0.840 7	0.826 1	0.811 7

续附表 4

n \ F	0	1	2	3	4	5	6	7	8	9	10
80	0.971 6	0.952 2	0.934 8	0.918 4	0.902 6	0.887 2	0.872 1	0.857 2	0.842 6	0.828 2	0.814 0
81	0.972 0	0.952 8	0.935 6	0.919 4	0.903 7	0.888 5	0.873 6	0.859 0	0.844 5	0.830 3	0.816 2
82	0.972 3	0.953 4	0.936 4	0.920 3	0.904 9	0.889 8	0.875 1	0.860 6	0.846 4	0.832 3	0.818 3
83	0.972 6	0.953 9	0.937 1	0.921 3	0.906 0	0.891 1	0.876 6	0.862 3	0.848 2	0.834 2	0.820 5
84	0.973 0	0.954 5	0.937 9	0.922 2	0.907 1	0.892 4	0.878 0	0.683 8	0.849 9	0.836 1	0.822 5
85	0.973 3	0.955 0	0.938 6	0.923 1	0.908 2	0.893 6	0.879 4	0.865 4	0.851 6	0.838 0	0.824 5
86	0.973 6	0.955 5	0.939 3	0.924 0	0.909 2	0.894 8	0.880 8	0.866 9	0.853 3	0.839 8	0.826 5
87	0.973 9	0.956 0	0.940 0	0.924 8	0.910 2	0.896 0	0.882 1	0.868 4	0.854 9	0.841 6	0.828 4
88	0.974 2	0.956 5	0.940 7	0.925 7	0.911 2	0.897 2	0.883 4	0.869 9	0.856 5	0.843 4	0.830 3
89	0.974 5	0.957 0	0.941 3	0.926 5	0.912 2	0.898 3	0.884 7	0.871 3	0.858 1	0.845 1	0.832 2
90	0.974 7	0.957 5	0.941 9	0.927 3	0.913 1	0.899 4	0.885 9	0.872 7	0.859 6	0.846 7	0.834 0
91	0.975 0	0.957 9	0.942 6	0.928 1	0.914 1	0.900 5	0.887 1	0.874 0	0.861 1	0.848 4	0.835 8
92	0.975 3	0.958 4	0.943 2	0.928 8	0.915 0	0.901 5	0.888 3	0.875 4	0.862 6	0.850 0	0.837 5
93	0.975 5	0.958 8	0.943 8	0.929 6	0.915 9	0.902 6	0.889 5	0.876 7	0.864 0	0.851 5	0.839 2
94	0.975 8	0.959 3	0.944 4	0.930 3	0.916 8	0.903 6	0.890 7	0.878 0	0.865 4	0.853 1	0.840 8
95	0.976 1	0.959 7	0.944 9	0.931 0	0.917 6	0.904 6	0.891 8	0.879 2	0.866 8	0.854 6	0.842 5
96	0.976 3	0.960 1	0.945 5	0.931 7	0.918 5	0.905 5	0.892 9	0.880 4	0.868 2	0.856 0	0.844 1
97	0.976 5	0.960 5	0.946 1	0.932 4	0.919 3	0.906 5	0.894 0	0.881 6	0.869 5	0.857 5	0.845 6
98	0.996 8	0.960 9	0.946 6	0.933 1	0.920 1	0.907 4	0.895 0	0.882 8	0.870 8	0.858 9	0.847 1
99	0.977 0	0.961 3	0.947 1	0.933 8	0.920 9	0.908 3	0.896 0	0.884 0	0.872 1	0.860 3	0.848 6
100	0.977 2	0.961 7	0.947 7	0.934 4	0.921 7	0.909 2	0.897 1	0.885 1	0.873 3	0.861 6	0.850 1
101	0.977 5	0.962 0	0.948 2	0.935 1	0.922 4	0.910 1	0.898 1	0.886 2	0.874 5	0.863 0	0.851 6
102	0.977 7	0.962 4	0.948 7	0.935 7	0.923 2	0.911 0	0.899 0	0.887 3	0.875 7	0.864 3	0.853 0
103	0.977 9	0.962 8	0.949 2	0.936 3	0.923 9	0.911 8	0.900 0	0.888 4	0.876 9	0.865 6	0.854 4
104	0.978 1	0.963 1	0.949 6	0.936 9	0.924 6	0.912 6	0.900 9	0.889 4	0.878 1	0.866 8	0.855 7
105	0.978 3	0.963 5	0.950 1	0.937 5	0.925 3	0.913 5	0.901 9	0.890 4	0.879 2	0.868 1	0.857 1
106	0.978 5	0.963 8	0.950 6	0.938 1	0.926 0	0.914 3	0.902 8	0.891 5	0.880 3	0.869 3	0.858 4
107	0.978 7	0.964 1	0.951 0	0.938 6	0.926 7	0.915 0	0.903 6	0.892 4	0.881 4	0.870 5	0.859 7
108	0.978 9	0.964 5	0.951 5	0.939 2	0.927 3	0.915 8	0.904 5	0.893 4	0.882 5	0.871 6	0.860 9
109	0.979 1	0.964 8	0.951 9	0.939 7	0.928 0	0.916 6	0.905 4	0.894 4	0.883 5	0.872 8	0.862 2
110	0.979 3	0.965 1	0.952 3	0.940 3	0.928 6	0.917 3	0.906 2	0.895 3	0.884 6	0.873 9	0.863 4
111	0.979 5	0.965 4	0.952 8	0.940 8	0.929 3	0.918 0	0.907 0	0.896 2	0.885 6	0.875 0	0.864 6
112	0.979 7	0.965 7	0.953 2	0.941 3	0.929 9	0.918 8	0.907 8	0.897 1	0.886 6	0.876 1	0.865 8
113	0.979 8	0.966 0	0.953 6	0.941 8	0.930 5	0.919 5	0.908 7	0.898 0	0.887 5	0.877 2	0.866 9
114	0.980 0	0.966 3	0.954 0	0.942 3	0.931 1	0.920 2	0.909 4	0.898 9	0.888 5	0.878 2	0.868 1
115	0.980 2	0.966 6	0.954 4	0.942 8	0.931 7	0.920 8	0.910 2	0.899 8	0.889 5	0.879 3	0.869 2
116	0.980 3	0.966 9	0.954 8	0.943 3	0.932 3	0.921 5	0.911 0	0.900 6	0.890 4	0.880 3	0.870 3
117	0.980 5	0.967 2	0.955 2	0.943 8	0.932 8	0.922 2	0.911 7	0.901 4	0.891 3	0.881 3	0.871 4
118	0.980 7	0.967 4	0.955 5	0.944 3	0.933 4	0.922 8	0.912 5	0.902 3	0.892 2	0.882 3	0.872 4
119	0.980 8	0.957 7	0.957 7	0.944 7	0.933 9	0.923 5	0.913 2	0.903 1	0.893 1	0.883 2	0.873 5

附表 5　t 分布表

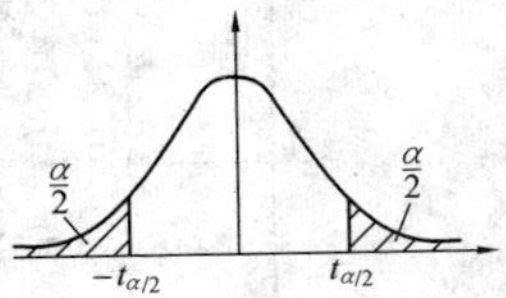

$P(|t| > t_{\alpha/2}) = \alpha$

“(　　)”中值是单侧分位数 t_α

u \ α	0.9 (0.45)	0.8 (0.4)	0.7 (0.35)	0.6 (0.3)	0.5 (0.25)	0.4 (0.2)	0.3 (0.15)	0.2 (0.1)	0.1 (0.05)	0.05 (0.025)	0.02 (0.01)	0.01 (0.005)	0.001 (0.000 5)
1	0.158	0.325	0.510	0.727	1.000	1.376	1.963	3.078	6.314	12.706	31.821	63.657	636.619
2	0.142	0.289	0.445	0.617	0.816	1.061	1.386	1.885	2.920	4.303	6.965	9.925	31.598
3	0.137	0.277	0.424	0.584	0.765	0.978	1.250	1.638	2.353	3.182	4.541	5.841	12.924
4	0.134	0.271	0.414	0.569	0.741	0.941	1.190	1.533	2.132	2.776	3.747	4.604	8.610
5	0.132	0.267	0.408	0.559	0.727	0.920	1.156	1.476	2.015	2.571	3.365	4.032	6.859
6	0.131	0.265	0.404	0.553	0.718	0.9063	1.134	1.440	1.943	2.447	3.143	3.404	5.959
7	0.130	0.263	0.402	0.549	0.711	0.896	1.119	1.415	1.895	2.365	2.998	3.499	5.405
8	0.130	0.262	0.399	0.546	0.706	0.889	1.108	1.397	1.860	2.306	2.896	3.355	5.041
9	0.129	0.261	0.398	0.543	0.703	0.883	1.100	1.383	1.833	2.262	2.821	3.250	4.781
10	0.129	0.260	0.397	0.542	0.700	0.879	1.093	1.372	1.812	2.228	2.764	3.169	4.587
11	0.129	0.260	0.396	0.540	0.697	0.876	1.088	1.363	1.796	2.201	2.718	3.106	4.437
12	0.128	0.259	0.395	0.539	0.695	0.873	1.083	1.356	1.782	2.179	2.681	3.055	4.318
13	0.128	0.259	0.394	0.538	0.694	0.870	1.079	1.350	1.771	2.160	2.650	3.012	4.221
14	0.128	0.258	0.393	0.537	0.692	0.868	1.076	1.345	1.761	2.145	2.624	2.977	4.140
15	0.128	0.258	0.393	0.536	0.691	0.865	1.074	1.341	1.753	2.131	2.602	2.947	4.073
16	0.128	0.258	0.392	0.535	0.690	0.865	1.071	1.337	1.746	2.120	2.583	2.921	4.015
17	0.128	0.257	0.392	0.534	0.689	0.863	1.069	1.333	1.740	2.110	2.567	2.898	3.965
18	0.127	0.257	0.392	0.534	0.688	0.862	1.067	1.330	1.734	2.101	2.552	2.878	3.922
19	0.127	0.257	0.391	0.533	0.688	0.861	1.066	1.328	1.729	2.093	2.539	2.861	3.883
20	0.127	0.257	0.391	0.533	0.687	0.860	1.064	1.325	1.725	2.086	2.528	2.845	3.850
21	0.127	0.257	0.391	0.532	0.686	0.859	1.063	1.323	1.721	2.080	2.518	2.831	3.819
22	0.127	0.256	0.390	0.532	0.686	0.858	1.061	1.321	1.717	2.074	2.508	2.819	3.792
23	0.127	0.256	0.390	0.532	0.685	0.858	1.060	1.319	1.714	2.069	2.500	2.807	3.767
24	0.127	0.256	0.390	0.531	0.685	0.857	1.059	1.318	1.711	2.064	2.492	2.797	3.745
25	0.127	0.256	0.390	0.531	0.684	0.856	1.058	1.316	1.708	2.060	2.485	2.787	3.725
26	0.127	0.256	0.390	0.531	0.684	0.856	1.058	1.315	1.706	2.056	2.479	2.779	3.707
27	0.127	0.256	0.389	0.531	0.684	0.855	1.057	1.314	1.703	2.052	2.473	2.771	3.690
28	0.127	0.256	0.389	0.530	0.683	0.855	1.056	1.313	1.701	2.048	2.467	2.763	3.674
29	0.127	0.256	0.389	0.530	0.683	0.854	1.055	1.311	1.699	2.045	2.462	2.756	3.659
30	0.127	0.256	0.389	0.530	0.683	0.854	1.055	1.310	1.697	2.042	2.457	2.750	3.646
40	0.126	0.255	0.388	0.529	0.681	0.851	1.050	1.303	1.684	2.021	2.423	2.704	3.551
60	0.126	0.254	0.387	0.527	0.679	0.848	1.046	1.296	1.671	3.000	2.390	2.660	3.460
120	0.126	0.254	0.386	0.526	0.677	0.845	1.041	1.289	1.658	1.980	2.358	2.617	3.373
∞	0.126	0.253	0.385	0.524	0.674	0.842	1.036	1.282	1.645	1.960	2.326	2.576	3.291

附表 6 F 分布表

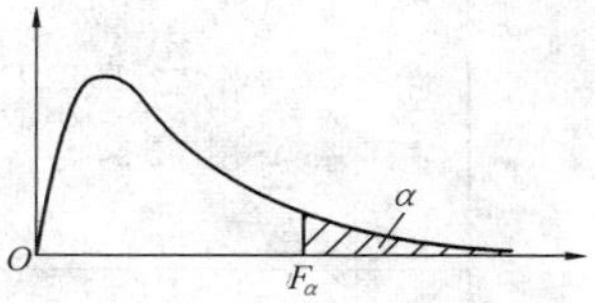

$P(F > F_\alpha) = \alpha$

$\alpha = 0.10$

u_2 \ u_1	1	2	3	4	5	6	7	8	9	10	15	20	30	50	100	200	500	∞
1	39.2	49.5	53.6	55.8	57.2	58.2	58.9	59.4	59.9	60.2	61.2	61.7	62.3	62.7	63.0	63.2	63.3	63.3
2	8.53	9.00	9.16	9.24	9.29	9.33	9.35	9.37	9.38	9.39	9.42	9.44	9.46	9.47	9.48	9.49	9.49	9.49
3	5.54	5.46	5.39	5.34	5.31	5.28	5.27	5.25	5.24	5.23	5.20	5.18	5.17	5.15	5.14	5.14	5.14	5.13
4	4.54	4.32	4.19	4.11	4.05	4.01	3.98	3.95	3.94	3.92	3.87	3.84	3.82	3.80	3.78	3.77	3.76	3.76
5	4.06	3.78	3.62	3.52	3.45	3.40	3.37	3.34	3.32	3.30	3.24	3.21	3.17	3.15	3.13	3.12	3.11	3.10
6	3.78	3.46	3.29	3.18	3.11	3.05	3.01	2.98	2.96	2.94	2.87	2.84	2.80	2.77	2.75	2.73	2.73	2.72
7	3.59	3.26	3.07	2.96	2.88	2.83	2.78	2.75	2.72	2.70	2.63	2.59	2.56	2.52	2.50	2.48	2.48	2.47
8	3.46	3.11	2.92	2.81	2.73	2.67	2.62	2.59	2.56	2.54	2.46	2.42	2.38	2.35	2.32	2.31	2.30	2.29
9	3.36	3.01	2.81	2.69	2.61	2.55	2.51	2.47	2.44	2.42	2.34	2.30	2.25	2.22	2.19	2.17	2.17	2.16
10	3.28	2.92	2.73	2.61	2.52	2.46	2.41	2.38	2.35	2.32	2.24	2.20	2.16	2.12	2.09	2.07	2.06	2.06
11	3.23	2.86	2.66	2.54	2.45	2.39	2.34	2.30	2.27	2.25	2.17	2.12	2.08	2.04	2.00	1.99	1.98	1.97
12	3.18	2.81	2.61	2.48	2.39	2.33	2.28	2.24	2.21	2.19	2.10	2.06	2.01	1.97	1.94	1.92	1.91	1.90
13	3.14	2.76	2.56	2.43	2.35	2.28	2.23	2.20	2.16	2.14	2.05	2.01	1.96	1.92	1.88	1.86	1.85	1.85
15	3.07	2.70	2.49	2.36	2.27	2.21	2.16	2.12	2.09	2.06	1.97	1.92	1.87	1.83	1.79	1.77	1.76	1.76
16	3.05	2.67	2.46	2.33	2.24	2.18	2.13	2.09	2.06	2.03	1.94	1.89	1.84	1.79	1.76	1.74	1.73	1.72
17	3.03	2.64	2.44	2.31	2.22	2.15	2.10	2.06	2.03	2.00	1.91	1.86	1.81	1.76	1.73	1.71	1.69	1.69
18	3.01	2.62	2.42	2.29	2.20	2.13	2.08	2.04	2.00	1.98	1.89	1.84	1.78	1.74	1.70	1.68	1.67	1.66
19	2.99	2.61	2.40	2.27	2.18	2.11	2.06	2.02	1.98	1.96	1.86	1.81	1.76	1.71	1.67	1.65	1.64	1.63
20	2.97	2.59	2.38	2.25	2.16	2.09	2.04	2.00	1.96	1.94	1.84	1.79	1.74	1.69	1.65	1.63	1.62	1.61
22	2.95	2.56	2.35	2.22	2.13	2.06	2.01	1.97	1.93	1.90	1.81	1.76	1.70	1.65	1.61	1.59	1.58	1.57
24	2.93	2.54	2.33	2.19	2.10	2.04	1.95	1.94	1.91	1.88	1.78	1.73	1.67	1.62	1.58	1.56	1.54	1.53
26	2.91	2.52	2.31	2.17	2.08	2.01	1.96	1.92	1.88	1.86	1.76	1.71	1.65	1.59	1.55	1.53	1.51	1.50
28	2.89	2.50	2.29	2.16	2.06	2.00	1.94	1.90	1.87	1.84	1.74	1.69	1.63	1.57	1.53	1.50	1.49	1.48
30	2.88	2.49	2.28	2.14	2.05	1.98	1.93	1.88	1.85	1.82	1.72	1.67	1.61	1.55	1.51	1.48	1.47	1.46
40	2.84	2.44	2.23	2.09	2.00	1.93	1.87	1.83	1.79	1.76	1.66	1.61	1.54	1.48	1.43	1.41	1.39	1.38
50	2.81	2.41	2.20	2.06	1.97	1.90	1.84	1.80	1.76	1.73	1.63	1.57	1.50	1.44	1.39	1.36	1.34	1.33
60	2.79	2.39	2.18	2.04	1.95	1.87	1.82	1.77	1.74	1.71	1.60	1.54	1.48	1.41	1.36	1.33	1.31	1.29
80	2.77	2.37	2.15	2.02	1.92	1.85	1.79	1.75	1.71	1.68	1.57	1.51	1.44	1.38	1.32	1.28	1.26	1.24
100	2.76	2.36	2.14	2.00	1.91	1.83	1.78	1.73	1.70	1.66	1.56	1.49	1.42	1.35	1.29	1.26	1.23	1.21
200	2.73	2.33	2.11	1.97	1.88	1.80	1.75	1.70	1.66	1.63	1.52	1.46	1.38	1.31	1.24	1.20	1.17	1.14
500	2.72	2.31	2.10	1.96	1.86	1.79	1.73	1.68	1.64	1.61	1.50	1.44	1.36	1.28	1.21	1.16	1.12	1.09
∞	2.71	2.30	2.08	1.94	1.85	1.77	1.72	1.67	1.63	1.60	1.49	1.42	1.34	1.26	1.18	1.13	1.08	1.00

附表 7　正态分布单侧统计允限系数表

($\gamma=0.9$)

p \ n	0.750	0.9000	0.9500	0.975	0.990	0.999	0.9999
2	5.842	10.253	13.090	15.586	18.500	24.582	29.587
3	2.603	4.258	5.311	6.244	7.340	9.651	11.566
4	1.972	3.183	3.957	4.637	5.438	7.129	8.533
5	1.698	2.742	3.400	3.981	4.666	6.111	7.311
6	1.540	2.494	3.092	3.620	4.243	5.556	6.646
7	1.435	2.333	2.894	3.389	3.972	5.202	6.223
8	1.360	2.219	2.754	3.227	3.783	4.955	5.927
9	1.032	2.133	2.650	3.106	3.641	4.771	5.708
10	1.257	2.066	2.568	3.011	3.532	4.629	5.538
11	1.219	2.011	2.503	2.935	3.443	4.514	5.402
12	1.188	1.966	2.448	2.872	3.371	4.420	5.290
13	1.162	1.928	2.402	2.820	3.309	4.341	5.196
14	1.139	1.895	2.363	2.774	3.257	4.273	5.116
15	1.119	1.867	2.329	2.735	3.212	4.215	5.047
16	1.101	1.842	2.229	2.701	3.172	4.164	4.996
17	1.085	1.819	2.272	2.670	3.137	4.119	4.932
18	1.071	1.800	2.249	2.643	3.105	4.078	4.884
19	1.058	1.782	2.227	2.618	3.077	4.042	4.841
20	1.046	1.765	2.208	2.596	3.052	4.009	4.802

附表 8　正态分布双侧统计允限系数表

($\gamma=0.9$)

p \ n	0.1250	0.100	0.050	0.025	0.010	0.005	0.0005
2	13.537	14.582	17.574	20.082	22.998	24.984	30.672
3	25.050	5.448	6.554	7.516	8.637	9.402	11.595
4	3.500	3.890	4.700	5.405	6.227	6.788	8.533
5	3.009	3.257	3.948	4.500	5.253	5.733	7.110
6	2.583	2.908	3.535	4.082	4.721	5.156	6.407
7	2.474	2.685	3.271	3.783	4.381	4.789	5.960
8	2.327	2.527	3.086	3.574	4.143	4.531	5.647
9	2.217	2.410	2.948	3.418	3.966	4.340	5.415
10	2.131	2.318	2.840	3.296	3.828	4.129	5.235
11	2.061	2.244	2.754	3.199	3.718	4.072	5.090
12	2.004	2.183	2.682	3.118	3.627	3.974	4.971
13	1.955	2.132	2.622	3.050	3.550	3.891	4.871
14	1.914	2.087	2.571	2.993	3.485	3.821	4.786
15	1.878	2.049	2.526	2.942	3.428	3.760	4.712
16	1.346	2.015	2.487	2.898	3.379	3.706	4.647
17	1.919	1.986	2.452	2.859	3.334	3.659	4.590
18	1.793	1.959	2.421	2.825	3.295	3.616	4.539
19	1.770	1.935	2.393	2.793	3.260	3.578	4.493
20	1.750	1.913	2.368	2.765	3.228	3.544	4.451

参考文献

1 胡昌寿.可靠性工程——设计、试验、分析、管理.北京:宇航出版社,1988

2 梅启智.系统可靠性工程基础.北京:科学出版社,1987

3 曹晋华,程侃著.可靠性数学引论.北京:科学出版社,1986

4 茆诗松,王玲玲.可靠性统计.上海:华东师范大学出版社,1984

5 刘品.可靠性工程基础.北京:中国计量出版社,1995

6 凌树森.可靠性在机械强度设计和寿命估计中的应用.北京:宇航出版社,1988

7 王少平.工程可靠性.北京:北京航空航天大学出版社,2000

8 朱明让,何国伟.可靠性工程.北京:宇航出版社,1995

9 周正伐.可靠性工程基础.北京:宇航出版社,1999

10 蒋仁言,左明健.可靠性模型与应用.北京:机械工业出版社,1999

11 徐灏.机械强度的可靠性设计.北京:机械工业出版社,1984

12 高社生,张玲秀.可靠性理论与工程应用.北京:国防工业出版社,2002

13 方国尧.固体火箭发动机系统可靠性分析与设计.北京:宇航出版社,1994

14 肖德辉.可靠性工程.北京:宇航出版社,1985

15 何国伟.可靠性设计.北京:机械工业出版社,1993

16 (加)迪隆编 B S.系统设计和应用的可靠性工程.周广涛译.北京:宇航出版社,1987

17 (美)安德森 R T 编.可靠性设计手册.曾纪科译.北京:国防工业出版社,1981

18 (美)卡帕 K C,兰伯森 L R 著.工程设计中的可靠性.张智铁译.北京:机械工业出版社,1984

19 徐福祥.卫星工程概论.北京:宇航出版社,2001

20 (苏)卓洛托夫 A A,季托夫 M N.空间运载器的可靠性保证.王迺斌译.北京:宇航出版社,1996

21 (美)豪根 E B.机械概率设计.汪一麟等译.机械工业出版社,1985

22 田蔚风,金志华.可靠性技术.上海:上海交通大学出版社,1996

23 刘惟信.机械可靠性设计.北京:清华大学出版社,1996

24 赵涛,林青.可靠性工程基础.天津:天津大学出版社,1999

25 屠滋培.可靠性工程.上海:原子能出版社,2000

26 曾天翔等.可靠性设计手册(第一、二册).北京:航空工业出版社,1987

27 Lewis. E E. Introduction to Reliability Engineering. John Wiley & Sons, Inc. July, 1994
28 Smith D J. Reliability, Maintainability and Risk, Butterworth Heineann, 1993
29 黄锡滋.软件的可靠性与安全性.北京:科学出版社,1993
30 何国伟,王纬.软件可靠性.北京:国防工业出版社,1998
31 Goel A L, Okumoto K. Time-dependent effort-detection rate model for software reliability and other performance measures. IEEE Trans. Rel. 1979, R-28:206~211
32 Quereshi M A, Jeske D R. Using Proxy Failure Times with the Jelinski-Moranda Software Reliability Model. Proceedings the eighth international symposium on software reliability engineering, 1997(2~5):358~365
33 Everett W W. Software Reliability Measurement. IEEE J, Selected Areas in Communication, 1990(2~8):247~250
34 郭永基.可靠性工程原理.北京:清华大学出版社,2002
35 蔡开元.软件可靠性工程基础.北京:清华大学出版社,1998
36 焦景堂.航空机载设备可靠性维修性工程指南.北京:航空工业出版社,1993